KB156367

수학, 영화관에 가다

Math
Goes to the
Movies

버카드 폴스터 · 마티 로스 지음

박유진 옮김

수학, 영화관에 가다

수학, 영화관에 가다

지은이 버카드 폴스터 · 마티 로스
옮긴이 박유진
펴낸이 이리라

편집 이여진 한나래
디자인 에디토리얼 렌즈

2015년 3월 15일 1판 1쇄 펴냄
2023년 1월 20일 1판 5쇄 펴냄

펴낸곳 컬처룩
등록 번호 제2011–000149호
주소 03993 서울시 마포구 동교로 27길 12 씨티빌딩 302호
전화 02.322.7019 | 팩스 070.8257.7019 | culturelook@daum.net
www.culturelook.net

culturelook

1부   영화, 수학을 만나다

일러두기

- 한글 전용을 원칙으로 하되, 필요한 경우 원어나 한자를 병기하였다.
- 한글 맞춤법은 '한글 맞춤법'및 '표준어 규정'(1988), '표준어 모음'(1990)을 적용하였다.
- 외국의 인명, 지명 등은 국립국어원의 외래어 표기법을 따랐으며, 관례로 굳어진 경우는
  예외를 두었다.
- 사용된 기호는 다음과 같다.

  영화, TV 프로그램, 연극, 노래, 신문 및 잡지 등 정기 간행물:〈　〉

  책(단행본):《　》
- 저자가 해당하는 부분을 설명한 경우는 각주(■), 관련 자료나 참고 문헌 등을 알려 주는
  경우는 미주로 했다. 독자의 이해를 돕기 위해 옮긴이와 컬처룩 편집부가 설명한 경우도
  각주(▼)로 했다.
- 영화 가운데 일부는 한국에서 개봉되었을 때의 제목으로 표기하였다.

영화로 만나는 수학의 색다른 즐거움

이한진 한동대학교 수학 교수

일반적으로 수학에 관한 우리의 생각은 학창 시절 수학을 배웠던 경험에 의해 결정된다. 수학에 대해 긍정적인 생각을 가진 사람들은 좋은 수학 선생님을 만나서 즐겁게 수학을 배웠거나 어느 정도 수학에 대한 적성이 있어 수학을 잘했던 사람들이다. 이런 사람들은 아주 소수이고 10명 중 9명은 수학에 대해 안 좋은 기억을 가지고 있다. 수학이 너무나 추상적이어서 현실과 동떨어진 것 같고 너무나 논리적이어서 인간미가 없다고들 말한다.

2001년에 영화 〈뷰티풀 마인드〉가 개봉되었을 때 많은 사람들이 그 영화를 보고 나서 수학이나 수학자에 대해 갖고 있던 생각이 조금 바뀌었다고 한다. 수학자라는 직업이 제법 근사한 직업인 것 같다고 말해 주는 사람도 여럿 있었다. 미디어의 영향력이 사람들의 생각과 취향을 좌우하는 요즘 시대에 이는 어찌 보면 놀라운 일이 아니다. 자신이 좋아 하는 배우가 평소에 어렵게 생각했던 수학 문제들을 근사하게 해결하는 모습은 비록 영화가 만들어 내는 가상 공간에서 벌어지는 일이지만 수학에 대해 조금은 마음의 문을 열 수 있게 해 주었던 게 아닌가 싶다.

사람들이 수학에 대한 즐겁지 않은 기억이나 편견을 갖고 있음에도 불구하고 영화에서 수학자라는 캐릭터 또는 수학이라는 주제가 심심치 않게 등장하는데, 이는 대중을 어느 정도 즐겁게 한다. 영화를 볼 때 기대하는 것이 여러 가지가 있겠지만 현실과 다른 세계를 경험하고 현실에서는 만나기 힘든 독특한 캐릭터를 만나는 것이 영화 보기의 즐거움일 것이다. 수학자라는 캐릭터나 수학이라는 주제가 이런 요구를 비교적 잘 만족시켜 주는 것 같다. 또한 관심이 없었던 주제나 현실에서 접근하기에는 부담스러운 주제라도 영화를 통해 새로운 관심과 흥미를 갖게 되는 것이 '영화의 힘'이라고도 할 수 있다.

《수학, 영화관에 가다》는 다양한 영화에서 등장하는 수학에 대해 소개하고 있다. 〈굿 윌 헌팅〉을 감상하는 데 영화에 나오는 수학을 이해하는 일이 반드시 필요한 것은 아니다. 하지만 필즈상을 수상한 MIT 수학 교수와 윌 헌팅이 함께 연구를 하는 모습을 볼 때 그들이 논하고 있는 수학 문제들이 실제 어떤 것인지 궁금할 수 있다. 이 책을 통해 우리는 그 영화에 다양한 그래프 이론의 문제들이 나오고 있음은 물론 그 문제들의 의미를 알아볼 수 있다. 수에 대한 신비주의적 관점을 영화의 주요 모티브로 사용한 〈파이〉에서는 원주율 파이나 황금비가 갖는 수학적 특성을 우리가 살아가는 실존적 세계의 숨겨진 의미를 드러내는 매개로 사용하고 있음을 확인할 수 있다. 명백하게 수학적 아이디어를 영화 전개의 주요 매개로 사용하는 〈큐브〉와 〈큐브 2〉의 경우는 상당히 정교한 수론에 기초한 아이디어를 사용하고 있다. 또한 4차원 기하학에 등장하는 초입방체의 성질을 흥미롭게 이용하고 있음도 이 책을 통해 알 수 있다.

전반적으로 중학생 정도면 이해할 수 있는 수학(유클리드 기하, 초등대수학)도 등장하지만 수학 전공의 대학원생이 겨우 이해할 수 있는 수준의 수학(호몰로지 대수, 리만 기하의 리치 흐름 등등)도 종종 등장한다. 하지만 수준에 관계없이 영화 안에서 만나는 수학은 색다르고 신기하다. 저자들이 말하는 바처럼 독자들은 어려운 수학을 만나면 건너뛰고 해당 영화만을 보아도 즐거움을 느낄 수 있을 것이다. 특히 영화는 좋아하지만 수학은 어렵게 느꼈던 학생들이나 수학을 가르치면서 적절한 매체를 찾는 교사들을 비롯해 영화 제작에 있어 새로운 주제나 색다른 캐릭터를 찾는 영화학도들에게 부담 없이 읽을 수 있는 책으로 권하고 싶다.

10년 전쯤 충동적으로 우리는 수학이 나오는 영화를 수집하기 시작했다. 그 결과 800여 편의 영화를 DVD, VHS, 16㎜, 레이저디스크, CED 비디오디스크 등의 형태로 소장하고 있다. 이 영화들은 특별히 수학자를 다루는 작품에서부터 무슨 이유로든 익살맞은 수학적 대사가 한마디라도 나오는 작품에 이르기까지 다양하다.

우리는 이런 영화에 나오는 수학에서 재미를 맛보는 사람이 전문 수학자들만이 아님을 깨달았다. 많은 이들이 〈아이큐〉에서 제논의 역설을 설명하는 멕 라이언, 〈메리 앤드류〉에서 피타고라스 정리를 노래하는 대니 케이, 〈인 더 네이비〉에서 왜 $7 \times 13 = 28$인지 버드 애벗에게 설명하는 루 코스텔로 등에게 매료되었다. 우리의 책과 웹 사이트(www.qedcat.com)의 해당 페이지는 그런 흥미진진한 자료를 발견하고 정리해 소개하려는 시도다.

이 책의 독자는 수학자, 수학을 공부하는 학생, 수학 교사, 그리고 더 폭넓게는 토요일 밤을 영화관에서 (팝콘과 함께) 즐기고 수학을 어느 정도 이해하며 유머 감각이 있는 모든 사람들이라 할 수 있다. 다시 말해 우리와 우리 친구들처럼 영화 관람과 마틴 가드너Martin Gardner▼ 같은 이들의 수학 대중화를 자양분 삼아 자란 사람들을 위해 우리는 글을 쓰고 있다.

영화 속 수학을 다룬 예

지금까지 영화에 나오는 수학을 정리하고 대중화하려는 시도가 여러 차례 있었다. 다음은 특히 주목할 만하다.

- 여러 훌륭한 웹 사이트들(모두 구글로 쉽게 찾을 수 있다). 가장 주목할 만한 웹 사이트는 아널드 G. 라인홀드Arnold G. Reinhold의 '영화 속 수학The Math in the Movies'과 알렉스 카스먼Alex Kasman의 '수학적 허구Mathematical Fiction'인데, 둘 다 수학이 나오는 영화의 목록과 줄거리를 담고 있다. 올리버 닐Oliver Knill의 웹 사이트는 수학과 관련된 영화 클립을 보기에 무척 좋은 자료다. 특정 분야를 집중적으로 다루는 전문화된 곳도 있다. 앤드루 네슬러Andrew Nestler와 세라 J. 그린월드Sarah J. Greenwald의 멋진 웹 사이트에서는 〈심슨 가족〉, 스페인의 웹 사이트 '벤더 벤딩 로드리게스의 구부러지지 않는 페이지La Indoblable Página de Bender Bending Rodriguez'의 수학란에서는 〈퓨처라마〉, 울프램Wolfram의 '넘버스Numb3rs' 웹 사이트에서는 TV 드라마 〈넘버스〉에 나오는 수학을 전문적으로 다룬다.
- 몇몇 수학 영화제들이 열리기도 했다. 미켈레 에메르Michele Emmer와 미켈레 물라차니Michele Mulazzani가 2000년에 볼로냐에서 개최한 영화제, 로버트 오서먼Robert Osserman과 마이클 싱어Michael Singer가 2002년에 버클리에서 개최한 시네매스Cinemath 영화제 등등.

▼ 마틴 가드너(1914~2010)는 일생에 걸쳐 레크리에이션 수학 발전에 많은 공헌을 했다. 특히 25년 (1956~1981) 동안 〈사이언티픽 아메리칸〉지에 수학 게임에 관한 칼럼을 게재해 수학의 대중화에 기여했다.

- 키스 데블린Keith Devlin과 이바스 피터슨Ivars Peterson처럼 수학을 대중화하려는 유명한 저자들이 영화 속 수학에 대해 쓴 글들이 있다.[1]
- 미켈레 에메르가 쓴 책과 글.[2]
- 스페인의 알폰소 헤수스 포블라시온 사에스Alfonso Jesús Población Sáez가 쓴 포괄적인 책인 《영화 속 수학*Las Matemáticas en el Cine*》(Spanish Mathematical Society, 2006)이 있다. 알폰소는 이 책과 관련된 웹 사이트 '영화와 수학Cine y matemáticas'도 운영한다.
- 키스 데블린과 게리 로던Gary Lorden이 쓴 책으로 《넘버스 이면의 숫자들: 수학으로 범죄 해결하기*The Numbers Behind NUMB3RS: Solving Crime with Mathematics*》(Plume, 2007)가 있다.

이 책에 대하여

이 책의 목표는 영화 속 수학에 대한 유효한 정보를 보완하고 크게 확장하는 데 있다. 우리는 백과사전처럼 영화에 수학이 나오는 부분을 낱낱이 기록할 생각은 없다. 언급하지 않는 편이 더 나은 지루한 장면이 너무 많기 때문이다. 그리고 몇몇 흥미진진한 이야깃거리를 제외하면 대부분 영화에 초점을 맞추었으며 TV 시리즈물은 다루지 않았다. 특별히 〈심슨 가족〉, 〈퓨처라마〉, 〈넘버스〉의 경우에는 그 작품에 나오는 아주 멋진 수학 부분만 이 책에 포함시켰다. 이 작품들은 그 자체로 방대하고 훌륭한 연구 과제인데, 모두 다른 곳에서 성공적으로 다뤄진 바 있다.

그러나 한편으로는 실용적인 백과사전 같은 책을 써보려 했다. 우리 웹 사이트와 연계하여 대중에게 매력적이고 유용하겠다 싶은 장면들을 모두 찾아내 설명하려고 했다. 우리의 주안점은 실제로 수학과, 영화에서 수학을 보는 재미에 있지 다른 데 있지 않다. 뒤집어 말하면 이 책은 진지한 영화 연구자나 영화 평론가들에게는 거의 도움이 되지 않을 것이다.

이 책에 나오는 예 중에는 아주 우스꽝스럽게 터무니없는 것이 있는가 하면, 아름다운 수학을 매우 멋지게 적용한 것도 있다. 이런 영화들은 (결정적인) 수학적 대사 한마디만 나오는 〈1984〉부터 거의 모든 장면에 수학이 나오는 〈파이〉 같은 작품에 이르기까지 다양하다.

이러한 온갖 자료들을 관리하고 '거기에 무슨 내용이 있는지'를 파악하기 위해 우선 다음과 같은 정리와 기록 작업부터 시작했다.

- 적절한 대사, 장면, DVD 감독 해설, 공개 인터뷰 등을 체계적으로 발췌하고 해설하기
- 다양한 장면에 나오는 칠판, 시험지 등의 내용을 재현하기
- 오류를 발견하고, 모호한 장면을 가능한 한 이해하기
- 앞서 언급한 웹 사이트와 문서를 비롯해서 우리가 찾을 수 있는 영화 속 수학과 관련한 기록 및 해설을 모두 검토하기
- 가능하면 영화의 자문 위원을 맡은 수학자들과 인터뷰하기
- 영화가 소설이나 희곡에 기초한 경우라면 해당 원작을 살펴보기

이 책을 쓰기 시작했을 때 우리는 모든 것을 빠짐없이 다룰 작정이었는데, 우리가 살펴본 자료의 양을 고려해 보면 그럴 수 있었을 것이다. 그랬더라면 두꺼운 책 스무 권이 나왔겠지만 말이다. 우리는 자료를 처리하는 다양한 방법을 고려했는데, 이를테면 영화만 다뤄 보는 것을 생각하기도 했다. 그렇게 했다면 영화가 아닌 작품의 여러 주요 장면을 제외해야 했을 것이다.

구성 면에서 다양하게 실험해 본 후 우리는 콜라주 접근법을 사용하기로 했다. 독립적인 장들을 만들고, 각 장들이 내용, 형식, 문체 면에서 서로

다를 수 있게 했다. 그런 결과 각 장을 특정 자료에 가장 적합한 듯싶은 방식으로 만들 수 있게 되었다.

일부 장들은 특정 주제(4차원, 무한 등)에 기반을 둔다. 그런 장에서는 여러 영화 속의 관련 자료들을 엮어 해당 주제를 수학적으로 조망함으로써 지식과 즐거움을 모두 제공하고자 한다. 또 다른 일부 장들은 〈파이〉나 〈굿 윌 헌팅〉처럼 수학과 밀접하게 관련된 영화 한 편을 중심으로 구성되어 있다. 이런 장에서는 특정 수학은 물론이고 영화의 줄거리도 많이 다룬다. 마지막 두 장에는 실존 수학자, 수학자 역을 맡은 유명 배우를 비롯해 기하학, 확률 등과 같이 내용에 따른 영화 목록이 설명과 함께 실려 있다.

이 책과 관련한 웹 사이트

어떤 영화에 나오는 수학은 정말, '정말' 지루하다. 심지어 좋은 것들만 다루더라도 모든 것을 이 책 한 권에 넣으려 했다면 잡동사니로 미어터질 듯한 따분한 결과물이 나왔을 것이다. 하지만 그래도 관련 자료를 모두 포괄하고 싶었고, 사람들이 우리 자료를 최대한 많이 이용할 수 있게 만들고 싶었다. 그래서 우리가 만든 웹 사이트에 지금까지 본 800여 편의 수학 영화를 각각의 요약과 함께 목록으로 정리해 두었다. 이 웹 사이트에는 여러 영화에서 발췌한 대사와 수많은 영화 클립의 링크도 수록되어 있다. 이런 자료는 관심 있는 사람이면 누구든지 자유롭게 이용할 수 있다.

우리는 옛 작품이든 새 작품이든 영화에 대해 알아가면서 웹 사이트에 세부 사항을 추가할 것이다. 그럼으로써 이 책을 확장하며 계속 업데이트하고자 한다.

영화를 보는 방법

이 책은 영화에 대한 책이다. 우리가 논하는 영화를 보면 이 책의 여러 부분을 제대로 이해하는 데 도움이 될 것이다. 특히 〈뷰티풀 마인드〉와 〈굿 윌 헌팅〉 같은 영화들을 집중적으로 다룬 장에서는 더욱더 그러할 것이다.

영화에서 수학 관련 부분들을 발췌해 수록한 DVD로 이 책을 보완했더라면 더할 나위 없이 좋았겠지만, 그에 필요한 허가를 받기가 불가능했다. 다행하게도 DVD가 대중화되고 유튜브 같은 온라인 동영상 사이트들이 있는 덕분에, 이제 훌륭한 영화에 나오는 수학 장면들 중 상당수를 쉽게 찾아볼 수 있다. 이를 더욱더 쉽게 이용할 수 있도록 우리 웹 사이트에 여러 영화 클립의 링크 목록을 정리해 놓았다.

감사의 말

영화 속에서 수학을 발견해 우리에게 알려 준 여러 친구와 동료들에게 감사를 표한다.

너그럽게 시간을 내어 자신의 경험을 우리에게 말이나 글로 알려 준 여러 영화의 수학 자문 위원들에게 깊이 감사드린다. 레너드 애들먼(〈스니커즈〉), 데이비드 베이어(〈뷰티풀 마인드〉), 베니딕트 H. 그로스(〈뉴욕 소나타〉), 톰 카이퍼와 린다 월드(〈콘택트〉), 패트릭 오도널(〈굿 윌 헌팅〉), 헨리 C. 핑컴(〈로즈 앤드 그레고리〉), 데이비드 W. 프래비카(〈큐브〉).

다음 분들에게도 감사의 뜻을 전하고 싶다. 매우 유익한 조언을 해 준 장 드와이앙과 미켈레 에메르, 〈안토니아스 라인〉의 네덜란드어 대사를 번역해 준 헨드릭 판 말데헴, 〈달의 어두운 면의 언덕〉을 구할 수 있게 해 준 스톡홀름의 스웨덴 국립 도서관, 당구와 다이아몬드 시스템에 대한 전문가적 통찰을 보여 준 데이비드 앨시어토어, 애벗과 코스텔로의 산술 장면의 기원에 대한 견해를 제시해 준 데이비드 톰슨, 이 책을 펴내느라 애쓴 존스 홉킨스 대학교 출판부 편집자 빈센트 버크와 트레버 립스콤과 제니퍼 슬레이터, 최종 원고를 아주 꼼꼼하게 교정해 준 나라야난 사바파티, 형제처럼 열과 성을 다해 비평과 교정을 해 준 제프 로스.

끝으로, 귀중한 조언을 해 주고 무한한 인내심을 발휘하며 이루 헤아릴 수 없는 도움을 베풀어 준 아누와 잉에게도 매우 감사한다.

1부

영화,
수학을 만나다

Math
Goes to the
Movies

영화를 보라!

1부에서는 〈파이〉, 〈굿 윌 헌팅〉 같은 유명한 수학 관련 영화들을 집중적으로 다룬다. 그런 영화들은 대부분 DVD로 쉽게 구할 수 있다. 우리는 독자가 해당 영화를 보았다고 가정하고 각 장을 썼다.

예외라면 비교적 잘 알려져 있지 않은 〈뉴욕 소나타〉(12장)와 오스트레일리아 TV 드라마 〈시티 호미사이드〉의 '온실'(8장) 에피소드다. 여러분이 해당 작품의 DVD를 구할 수 없을 경우에 대비해서 우리 웹 사이트에 중요한 수학 관련 장면의 클립과 대사로 이어지는 링크, 그 밖의 배경 정보를 올려놓았다.

또 다른 예외는 〈다이 하드 3〉(1995)에 나오는 유명한 물통 문제 장면(9장)과 루 코스텔로가 버드 애벗에게 $7 \times 13 = 28$임을 납득시키는 잘 알려진 재미있는 장면(10장)이다. 이런 장면의 클립은 쉽게 찾아볼 수 있고, 우리 웹 사이트에도 링크가 걸려 있다.

1장

굿 매스 헌팅

〈굿 윌 헌팅Good Will Hunting〉(1997)에서 맷 데이먼이 연기한 윌 헌팅은 수학 천재다. 정규 수학 교육을 받은 적이 없는 윌은 이 영화에 처음 등장할 때 스무 살의 나이로 MIT(매사추세츠 공과 대학)에서 잡역부로 일하고 있다. 그는 수학 교수 램보(스텔란 스카스가드)가 칠판에 적어 놓은 몇몇 어려운 (듯한) 문제를 풀어낸다. 아나나 다를까 깊은 인상을 받은 램보는 윌이 다소 비뚤어진 인생을 바로잡도록 도와주려 한다. 그래서 심리학자 동료인 숀(로빈 윌리엄스)에게 도움을 요청한다.

이 작품은 사실 수학이나 수학자에 대한 영화는 아니지만, 여러 장면에서 수학을 찾아볼 수 있다. 이 영화의 수학 자문을 맡은 토론토 대학의 물리학 교수 패트릭 오도널Patrick O'Donnell과 실제로 이야기해 보니, '수학 자문 위원의 해설'을 DVD에 포함시켰더라면 아주 좋았겠다는 생각이 들었다.

여기서 우리 목표 중 하나는 그런 빠져 있는 해설, 다시 말해 〈굿 윌 헌팅〉의 수학 관련 부분을 어떻게 만들었는지에 대한 흥미진진한 뒷이야기를 제공하는 데 있다. 이 해설은 패트릭 오도널과의 전화 인터뷰에 기초하는데, 그는 알고 보니 이야기꾼이었다. 오도널이 들려준 일화의 활기와 재미를 담아내기 위해, 인터뷰의 적절한 부분들을 거의 가감 없이 글로 옮겼다.

이 장의 두 번째 목표는 윌이 푸는 문제와 관련된 수학을 설명하는 것이다. 이 문제들은 행렬에 겁을 먹지만 않으면 누구든 쉽게 이해할 수 있다. 하지만 어떤 독자든 우리가 '더 수준 높은' 수학으로 나아가려고 시도하는 부분은 얼마든지 건너뛰어도 좋다. 그런 수학은 이 영화나 패트릭 오도널의 매력적인 해설을 이해하는 데 전혀 필요하지 않다.

◇ 어떻게 수학 자문 위원이 되었는가

패트릭 오도널　　먼저 정말 재미있는 건 제가 어떻게 자문 위원이 되었나 하는 겁니다. 우리 대학원생과 교수 몇 명이 학교 근처에 점심을 먹으러 나갔죠. 우리는 작은 베트남 식당에 앉아 있었는데, 한 남자와 두 여자가 들어오더니 우리와 가까운 자리에 앉더군요. 그 남자가 계속 나를 쳐다보기에 저는 생각했죠. '나를 아는 사람이거나 내가 아는 사람인가 보군.'

어쨌든 우리는 식당을 나와서 길을 걸어가고 있었어요. 한 스무 걸음 정도 갔을 때 두 여자 중 한 명이 저한테 달려와서는 "우리는 영화를 만들고 있는데, 감독이 선생님을 엑스트라로 출연시키고 싶어 합니다. 그럴 생각이 있으세요?" 하는 겁니다. 저는 "아 물론이죠, 좋습니다"라고 했고 곧 그녀를 따라 식당으로 돌아갔죠. 그들은 사진을 찍고 제가 무슨 일을 하는지 묻더군요.

한 시간쯤 후에 그들은 제 연구실에 나타났습니다. 어찌어찌해서 저를 찾아낸 거였어요. 그들이 들어왔을 때 칠판에는 이런저런 메모와 파동 함수 같은 게 잔뜩 적혀 있었는데, 감독은 그걸 보고 꽤 감탄하는 듯하더니 저에게 묻더군요. "자문 위원이 되어주시겠습니까?"

다음 날 구스 반 산트Gus Van Sant 감독은 시나리오를 들고 와서 그 내용을 얘기해 줬어요. 그리고 영화에 나오는 수학 개념이 학술적으로 정확해야 하지만 자기가 그걸 이해할 필요는 없다고 말했습니다. 그런 걸 지어내고 싶지 않았던 거죠.

그 당시 그들이 쓴 대본을 보니 수학 장면이 딱 하나 밖에 없었는데, 그것도 완전히 잘못되어 있더군요. 그 부분은 정수론에 해당하는 것처럼 보였지만, 뭔가의 제곱과 패턴의 계산과 관련되어 있었습니다. 말이 안 되는 거였죠. 그래서 저는 뭔가 다른 것을 생각해 내야 했습니다. 하지만 우리가 그 장면 대신 만든 부분은 결국 영화에 들어가지 않았습니다.

◇ 배우 대 칠판

오도널　제가 할리우드에 관해 알게 된 한 가지는 칠판에 글을 적을 줄 아는 배우가 없었다는 겁니다. 단 한 명도요. (웃음) 기본적으로 그 영화에 나오는 글은 모두, 아마 한 군데는 완전히 그렇진 않겠지만, 제가 쓴 겁니다. 그 부분은 제 글씨가 너무 많으면 정말 이상해서 제가 그중 일부만 썼습니다.

우리는 뉴욕에서 열린 프리미어 시사회에 초대를 받아서 갔습니다. 아내는 제가 배우로 나오는 장면들의 일일 촬영분을 이미 보았지만, 영화의 나머지 부분을 본 적은 없었죠. 어떤 장면에서 아내는 저한테 이렇게 말하더군요. "이것 참 어처구니없네요. 여기저기 어디든 당신 글씨가 보이는데, 다른 사람이 그 글을 마무리하고 있잖아요!"

감독이 MIT에 가 본 경험을 토대로 만든 장면이 하나 있는데, 거기서 감독은 박사후 연구원 두 명이 어떤 방에서 나와 아무 말 없이 복도의 칠판에다 번갈아 뭘 쓰는 모습을 보았어요. 그들은 수식 같은 걸로 의사소통을 하고 있었던 거죠. 감독이 그런 장면을 원하기에 "일단 그 사람들이 한 그대로 해 보세요" 하고 말했죠.

그런데 그 장면을 찍을 차례가 됐을 때 저는 칠판에 글을 적을 줄 아는 사람이 없다는 걸 알아차렸습니다. 그래서 저는 판서 내용을 단순화하고 또 단순화하고 또 단순화해야 했죠. 배우들은 그 위에 줄을 그어 지우기만 하면 됐습니다. 아마 그건 인자들이 분수 꼴로 있는 어떤 식이었을 거예요. 하지만 배우들은 그 식을 적는 동시에 연기를 할 수가 없었습니다.

그래서 정말이지 그 부분은 아주 단순하게 고쳤어요. 저는 감독에게 이렇게 말했습니다. "일단 설명하신 그대로 해 보세요. 한 사람이 칠판에 글을 쓰고 분필을 내려놓으면, 다른 사람이 그걸 집어 올려서 또 뭔가를 쓰는 거죠." 하지만 감독은 "그렇게는 안 돼요"라고 하더군요. 감독은 그 두 배우가 앉아 있다가 일어나 춤을 추듯이 칠판에 줄을 긋게 했어요. 그 장면은 3분 정도 지속되었습니다. 촬영 기록 담당자는 언젠가 이렇게 말하더군요. "이건 고작해야 20초짜리 장면이라고 생각했는데요." (웃음) 편집이 끝나니까 그 부분은 정말 겨우 20초짜리 장면이 되더군요.

필즈상 수상자 램보

●●●

0:32

벙커 힐 커뮤니티 칼리지의 한 교실. 숀이 심리학을 가르치는 곳이다.

램보 잘 지냈나, 숀.

숀 어이, 제리. 음…… 여러분, 여기 유명 인사가 오셨다. 제럴드 램보 교수이시다. 조합 이론으로 필즈상을 받은 분이지.

램보 안녕하세요.

숀 필즈상이 뭔지 아는 사람? 정말 대단한 상이다. 수학의 노벨상 같은 거지. 4년에 한 번씩만 준다는 점만 빼면 말이야. 대단한 거란다. 굉장한 명예지.

●●●

오도널 다른 한 가지 문제는 램보를 다루는 방식이었습니다. 무슨 말인가 하면 제작진은 램보가 필즈상 수상자라는 점을 매우 강조했거든요. 그런데 사실 저한테 조언을 구하러 처음 왔을 때 그들은 램보를 노벨상을 받은 수학자로 만들어 둔 상태였어요. 하지만 그럴 수는 없는 것이 노벨은 아내인지 정부인지가 어떤 수학자와 함께 달아나는 바람에 수학상 수여를 금지했기 때문이죠.▪

그래서 구스는 "그럼 램보를 물리학자로 만듭시다"라고 했어요. 그리

▪ 이것은 유명하긴 하나 출처가 미심쩍은 이야기인데, 보통 노벨의 동료인 에스타 미타그레플레르Gösta Mittag-Leffler가 문제의 수학자로 언급된다. 노벨 수학상이 존재하지 않는 것은 사실이지만, 그런 상이 없다는 것이 노벨이 미타그레플레르나 다른 수학자에게 어떤 이유로 적대감을 품었기 때문이라는 증거는 없다.

고 제작진은 보스턴으로 가서 1979년 노벨 물리학상 수상자인 셸던 리 글래쇼Sheldon Lee Glashow를 만났는데, 그는 이렇게 말했습니다. "아니, 안 돼요, 램보는 수학자로 만들어야 합니다. 수학에서는 스리니바사 라마누잔 Srinivasa Ramanujan▼처럼 그런 일을 할 수 있지만, 물리학에서는 이른바 사실도 알아야 하기 때문에 그럴 수가 없거든요." 그래서 제작진은 그때 램보를 다시 필즈상 수상자로 만든 겁니다. 감독은 그런 일을 그냥 상황에 맞춰 적당히 해 나갔어요. 말하자면 '일단 한번 해 보지 뭐!' 하는 식이었던 거죠.

램보 역을 맡은 배우(스텔란 스카스가드)는 잉마르 베리만Ingmar Bergman▼▼ 감독과 다년간 일했습니다. 한번은 그에게 "그런 작업과 비교할 때 여기서 영화를 만드는 일은 어떤 것 같습니까?" 하고 물어봤습니다. 그는 이런 영화에서는 애드리브를 많이 넣어서 연기를 즉흥적으로 할 수 있다고 대답하더군요. 하지만 그를 설득해 대사 한마디를 바꾸기란 이를 뽑는 것처럼 어려웠습니다.

제가 살리에리 장면(자신보다 월등히 뛰어난 천재 앞에서 좌절하는 장면)이라고 부르는 한 장면이 있었습니다. 원래 대본에는 그 장면에 '전 세계에서 스무 명의 수학자들만 이걸 이해할 수 있다'와 비슷한 대사가 들어 있었던 것 같은데, 그건 아인슈타인 시대에 나온 말이죠. 제가 어릴 때 아버지는 전 세계에서 열두 명만 아인슈타인의 이론을 이해했다고 말씀하시곤 했어요. 아마 그 말은 1930년대 시카고 과학박람회 같은 데에서 나왔을 겁니다. 꽤 흔한 말이죠. 그런 식으로 많이들 말하잖아요.

▼　스리니바사 라마누잔(1887~1920)은 인도의 수학자로, 영국의 수학자 하디와의 공동 연구로 유명하며 정수론, 수분할, 연분수론, 무한급수에 관해 독창적이고 우수한 업적을 남겼다.
▼▼　스웨덴의 영화 감독 잉마르 베리만(1918~2007)은 신, 구원, 죽음 등의 형이상학적 문제를 주로 다루었으며 최고의 영화 감독 중 한 명으로 뽑힌다. 대표작으로는 〈제7의 봉인〉, 〈외침과 속삭임〉, 〈처녀의 샘〉, 〈산딸기〉, 〈페르소나〉, 〈화니와 알렉산더〉 등이 있다.

저는 스카스가드를 설득해서 사람 수를 붙이지 말고 '수학자들만 이 걸 이해한다'고 말하는 쪽으로 대사를 바꿔 보려 했습니다. 어차피 전 세계에 수학자가 그렇게 많이 있는 것도 아니니 굳이 스무 명이라고 말할 필요가 없다고 했죠. (웃음) 영화의 그 장면을 보시면, 그가 실제로 그 대사를 더듬거리는 게 보일 겁니다. 제가 그를 간신히 설득해서 그래요.

로빈 윌리엄스의 경우에는 뭐든지 자기 나름대로 만들어 냈습니다. 식당에서 둘이 테이블로 가 말다툼을 벌이는 장면에서 그는 찍을 때마다 대사를 바꿨어요. 사실 그가 유나바머UnABomber(폭탄 테러범)▼에 대해 이야기하는 부분은 원래 대본에 없었습니다. 그런데 윌리엄스는 그 말을 꺼내더니 이리저리 바꾸다가 바텐더에게 묻더군요. '유나바머가 누구지?' 혹은 '테드 카진스키가 누구지?' 아니면 그런 말을 매번 조금씩 바꿔서요. 그는 대부분 대본을 즉흥적으로 바꿨습니다. (웃음)

◁ 배우가 된 교수

오도널　저는 바에 있는 술 취한 사람으로 나옵니다(그림 1.1). 그 장면은 로빈 윌리엄스가 전에 맷 데이먼이 했던 야한 농담, 그러니까 스튜어디스가 커피를 가지러 가고 어쩌고 하는 농담 중 일부를 이야기하는 것으로 시작됩니다. 저는 그런 윌리엄스에게 소리를 지르지요. 저는 인생 만사에 정말

▼ 유나바머는 미국에서 1978년부터 17년간 우편물 폭탄으로 무차별 테러를 가해 수십 명을 살상한 테러범을 지칭하며 대학교University와 항공사Airlines에 폭탄Bomb을 보냈다 해서 붙여졌다. 미국의 수학자인 시어도어 존 카진스키Theodore John Kaczynski(1942~)가 유나바머로 밝혀졌고 1996년에 체포되었다. 그는 버클리 대학에서 수학 교수로 있다가, 테크놀로지의 진보가 인간을 망치는 주범이라 생각하고 그에 맞서 싸우려는 시도로 테러를 했다.

그림 1.1. 술에 취한 사람으로 카메오 출연을 한 패트릭 오도널(카메라를 향하고 있는 사람).

짜증이 난 그런 술꾼 역을 하기로 되어 있었습니다. 그다음에 둘은 저에게서 멀어지며 테이블 쪽으로 걸어가지요. 그 장면을 찍는 데 열두 시간이 걸렸습니다. 그리고 다음 날 아침에 두 사람이 테이블에서 말다툼하는 걸 찍는 데 다섯 시간 정도가 걸렸죠.

누구든 영화 제작 과정을 본다는 흥분이 가라앉고 나면, 그냥 현장을 떠나게 됩니다. 정말 너무 지루하거든요. 제작진은 보통 한 장면을 여섯 가지 정도의 다른 각도에서 찍었습니다. 게다가 촬영 전에 이른바 블로킹 아웃blocking out이라는 것도 해요. 사람들의 위치를 설정하고 이것저것 배치하는 작업이죠. 그리고 해당 장면을 그런 각각의 각도에서 촬영하기 시작하면, 100개 정도의 테이크를 찍기도 합니다. 그래서 얼마 후에는 정말 따분해질 수 있죠.

알고 보니 관리인 마티 역을 맡은 패트릭 오도널이라는 이름의 또 다른 배우가 있었더군요. 우리는 크리스마스 직전에 뉴욕에서 영화를 봤는데, 그리고 나서 돌아오니까 캐나다에서도 1월 첫째 주인가 둘째 주에 개봉을 하더군요. 컴퓨터 공학을 하는 친구는 우리보다 먼저 영화를 보러 갔답니다. 전에 뉴욕에서 보았을 때 저는 크레딧에 별로 신경을 쓰지 않았어요. 작품 내용을 따라가며 전부 빠짐없이 감상하는 게 너무 재미있었거든요. 그런데 그 친구가 저한테 전화를 해서는 "너 거기서 배역이 두 개더구나. 관리인도 너였어" 하는 거예요. 그때까지 저는 크레딧을 제대로 본 적이 없었습니다. 제가 "아니, 아니야"라고 하자 친구는 이러더군요. "아 어쩐지, 분장이 훌륭하다고 생각했는데 그 정도로 훌륭한 건 아니었구나." (웃음) 아무튼 그 배우를 만난 적은 없습니다.

오도널(관리인 말고)이 다른 영화에도 출연한 배우라는 점 또한 언급할 만하다. 그는 단편 영화 〈무한히 가까운 *Infinitely Near*〉(1999)에서 수학 교수 역을 연기하기도 했다.

△ 수학: '퍼시벌'

오도널 화학 공학자인 친구가 있어요. 그 친구는 두 가지 이유로 영화를 보러 갔어요. 하나는 저를 보기 위해서였고, 다른 하나는 제 실수를 보기 위해서였습니다. 그런데 친구는 "너는 안 보이던데" 하고 말하더군요. 그는 아직도 오프닝 장면이 실수라고 확신하고 있습니다. 적어도 당시에 제가 살펴본 교과서에 따르면, 요즘은 *f*의 적분(인티그럴)을 이야기할 때 d*x*를 적지 않는 것이 분명했거든요.∎ 하지만 우리는 항상 d*x*를 써왔고, 아마 공학자들도 항상 d*x*를 쓰고 있을 겁니다. 그 친구는 그런 적분에 d*x*가 전혀 안 적혀

그림 1.2. 램보는 첫 번째 고난도 문제를 발표하며, '파시발'을 잘못 발음한다.

있다는 이유로 그게 전부 잘못되었다고 불평하고 있었던 거예요.

그 칠판이 나오는 장면의 마지막 부분에서 한 가지 제가 걱정했던 문제는요…… 그 장면은 여기 물리학과의 대형 강의실에서 촬영했는데, 그곳에는 칠판이 네 개나 있거든요. 제가 정말 걱정했던 건 칠판 네 개를 모두 채우는 일, 그러니까 거기다 뭔가를 써 넣는 일이었습니다.

하지만 아마 마지막의 방정식은 인티그럴 절댓값 f 제곱 $\mathrm{d}x$ 어쩌고 하는 거였을 거예요. 그래서 제가 스텔란 스카스가드와 해야 했던 일은 그가 마지막의 x를 적고 마침표 같은 걸 찍되 그 x로 뭔가를 하면서 '인티그럴 절댓값 f 제곱 $\mathrm{d}x$'라고 말하게 하는 거였습니다. 그러니까 $\mathrm{d}x$가 어딘가에 있었어요. 맞아요, 분명히 $\mathrm{d}x$가 그 파시발Parseval 정리에 있었습니다. 그가

■ 오도널은 적분을 적는 두 가지 일반적인 방식인 $\int f(x)\mathrm{d}x$와 $\int f$에 대해 이야기하고 있다. 고등학교와 대학 학부 수업, 수학의 응용 분야에서는 전자의 표기법을 많이 쓰고, 순수 수학자들은 대체로 후자의 표기법을 사용한다.

그 정리 이름을 잘못 발음했지만 저는 그를 설득해서 그걸 바로잡진 못했습니다. 너무 완고했어요. (그림 1.2)

●●●

0:03

계단식 강의실.

램보   절댓값 f 제곱 dx. 그럼, 퍼시벌Perceval■을 마저 공부해 오게.

●●●

△ 영화 속 학생들

바로 그 퍼시벌 장면에서 램보는 첫 번째 고난도 문제, 즉 우리가 곧 살펴볼 복도 칠판의 문제(그림 1.3)를 발표한다. 램보가 거기서 하는 말에도 불구하고 그것은 '고급 푸리에 시스템'이 아니라 오히려 꽤 간단한 대수적 그래프 이론 문제다.

오도널   영화에 들어간 장면보다 훨씬 많은 장면을 촬영했는데, 저는 편집 과정에는 참여하지 않았습니다. 사실 그 장면용으로, 램보가 한 말에 부합하는 근사한 푸리에 문제가 있었습니다. 그걸 실제로 영화에 나온 장면과 비슷한 방식으로 촬영했죠.

■   이것은 그림 1.2의 오른쪽 칠판 맨 아래에 보이는 파시발 정리를 가리킨다. 이것과 칠판에 적힌 다른 수학은 이른바 푸리에 해석학의 일부다.

그림 1.3. MIT 복도에서 램보는 자기가 낸 문제에 윌이 적어 놓은 정답을 발견한다.

저는 크리스마스 직전의 한 시험에 푸리에 급수 문제를 하나 냈습니다. 저는 그 문제를 꽤 좋아하는데, 그 문제에서 다루는 상황 안에서 아무 일도 일어나지 않는 듯하기 때문입니다. 보통 그런 푸리에 급수 문제에서는 말하자면 기타 현을 퉁긴 다음 울리도록 내버려 둔 상태를 다루거든요. 그게 전형적인 경우죠. 하지만 제가 그때 낸 문제는 피아노를 모델로 한 것이에요. 현이 가만히 있는데 누가 그걸 예리한 장치로 때려 아주 짧은 충격을 주는 거죠. 그가 하는 일은 그게 다예요. 그런 충격의 순간까지 현은 가만히 있고, 왜곡과 관련해서는 현에 아무 일도 일어나지 않습니다. 그 잠깐을 제외하면 현은 완전히 정지한 상태로 있죠.

아무튼 제가 그 문제를 적고 있는데, 그 교수 역의 배우가 학생 역의 여러 엑스트라들과 함께 오더군요. 제가 그걸 거의 다 적었을 즈음 그들은 걸음을 멈추더니 둥글게 모여서 잠시 쉬었습니다. 그런데 한 청년이 저에게 다가와 "이게 뭐죠?" 하고 묻기에 "푸리에 급수라네" 하고 대답했습

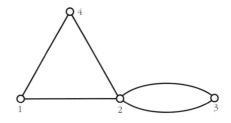

그림 1.4. 그림 1.3의 칠판 맨 위에 있는 그래프.

니다. 이어서 "이런 걸 가르치세요?" 묻기에 "크리스마스 시험에 이 문제를 냈어"라고 말했죠. "어디서요?" 하기에 "토론토 대학"이라고 했지요. 그랬더니 그가 이러더군요. "저는 토론토 대학 1학년생인데 물리학과 수학 강의를 듣고 있어요. 저도 그런 문제를 받게 될까요?" (웃음) 하지만 그 장면은 영화에 들어가지 않았습니다.

수학: 그래프 이론 1

칠판에 적힌 문제는 그림 1.3의 왼쪽 맨 위에 있는 도형과 관련되어 있다.[3] 수학자들은 그런 종류의 도형을 그래프라고 부른다. 이 네 문제를 상세히 살펴보자. 먼저 그림 1.4에 칠판의 그래프를 다시 그려 두었다.

문제 1. 인접 행렬 A를 구하라.
이 그래프에는 각각 1, 2, 3, 4라는 숫자가 매겨진 꼭짓점(작은 원) 네 개가 있다. 따라서 이 그래프의 인접 행렬 A는 4×4 행렬이 될 것이다. A의 i행 j열에 있는 숫자는 꼭짓점 i와 꼭짓점 j를 연결하는 변의 수와 같아야 한다. 그러므로 이 그래프의 인접 행렬, 즉 월이 칠판에 적는 행렬은 다음과 같다.

$$A = \begin{pmatrix} 0\,1\,0\,1 \\ 1\,0\,2\,1 \\ 0\,2\,0\,0 \\ 1\,1\,0\,0 \end{pmatrix}$$

예를 들어 이 행렬에 들어 있는 2 두 개는 꼭짓점 2와 3을 연결하는 변이 두 개임을 의미한다.

문제 2. 3단계 경로의 수를 나타내는 행렬을 구하라.

n이 임의의 자연수일 때, 두 꼭짓점을 잇는 n단계 경로란 둘 중 한 꼭짓점에서 다른 꼭짓점으로 정확히 n개의 변을 거쳐 가는 길을 말한다. (이 계산에서 변은 그것을 따라 이동하는 횟수로 헤아린다.) 예컨대 행렬 A에는 그래프의 온갖 꼭짓점 쌍들을 잇는 1단계 경로의 수가 정확히 적혀 있다.

그래프 이론의 한 가지 멋진 결과는 그래프의 온갖 꼭짓점들을 잇는 n단계 경로의 수가 A의 n거듭제곱으로 쉽게 요약된다는 것이다. 램보는 3단계 경로를 조사하라고 했으므로, 우리가 찾는 행렬은 다음과 같다.

$$A^3 = A \times A \times A = \begin{pmatrix} 2\;7\;2\;3 \\ 7\;2\;12\;7 \\ 2\;12\;0\;2 \\ 3\;7\;2\;2 \end{pmatrix}$$

이를테면 이 행렬의 맨 위 왼쪽 모퉁이의 2는 꼭짓점 1에서 시작하고 끝나는 3단계 경로가 정확히 두 개 있음을 의미한다. 그 두 경로란 삼각형 둘레를 따라 시계 방향 및 시계 반대 방향으로 도는 길이다.

문제 3. 꼭짓점 i에서 j로 가는 경로의 생성 함수를 구하라.

두 꼭짓점을 생각해 보자. 우리는 그 둘을 *i*와 *j*라고 부를 것이다. 그러면 임의의 자연수 *n*에 대해 우리는 *i*에서 *j*로 가는 *n*단계 경로의 수를 계산할 수 있다. 영화에서 윌은 그 수를 $\omega_n(i \rightarrow j)$로 나타낸다. 예를 들어 우리는 꼭짓점 1과 3 사이에 1단계 경로 0개, 2단계 경로 두 개, 3단계 경로 두 개 등등이 있음을 계산해 낼 수 있다. 그 결과로 나오는 수열은 다음과 같이 시작한다.

$$0, 2, 2, 14, 18, 94, 146, 638, \cdots$$

그 수열의 이른바 '생성 함수'는 다음과 같이 표기한다.

$$\Gamma^{\omega}(p_1 \rightarrow p_3, z)$$

이는 다음과 같은 무한급수를 나타낸다.

$$\sum_{n=0}^{\infty} \omega_n(1 \rightarrow 3)z^n = 0 + 2z + 2z^2 + 14z^3 + 18z^4 + 94z^5 + 146z^6 + 638z^7 + \cdots$$

여기서부터는 설명이 조금 더 어려워지는데, 우리는 어떤 행렬식들이 필요하다. 결국 문제 3은 행렬 A의 온갖 거듭제곱을 셈할 필요가 없게 하는 생성 함수의 계산법을 알아내는 문제다. 이런 수학이 전부 낯설거나 어렵다면 여기를 건너뛰고 다음 부분으로 넘어가도 좋다.

생성 함수 $\Gamma^{\omega}(p_i \rightarrow p_j, z)$는 z의 함수인데, 따져보면 항상 z의 유리 함수, 다시 말해 두 다항식의 비다. 그 함수는 계산해 보면 다음과 같은 식으로 나타난다.

$$\sum_{n=0}^{\infty} \omega_n(i \to j) z^n = (-1)^{i+j} \frac{\det(\mathbf{1}_{ij} - z\mathbf{A}_{ij})}{\det(\mathbf{1} - z\mathbf{A})}$$

여기서 $\mathbf{1}$은 4×4 단위 행렬을 의미하고, $\mathbf{1}_{i,j} - z\mathbf{A}_{i,j}$는 행렬 $\mathbf{1} - z\mathbf{A}$에서 i행과 j열을 제하고 얻은 행렬이다.$^{\blacksquare}$ 문제 3의 답으로는 이 식만 적으면 될 듯싶다. 월이 칠판에 적은 그림 1.3의 식에는 인수 $(-1)^{i+j}$가 빠져 있지만, 공교롭게도 이는 월의 계산에 영향을 미치지 않는다. 월이 그다음에 그 식을 $i+j=4$, 즉 짝수인 경우에 적용하기 때문이다.

문제 4. 꼭짓점 1에서 3으로 가는 경로의 생성 함수를 구하라.

그래서 문제 4에서는 문제 3의 식을 꼭짓점 1과 3이라는 특정 경우에 적용하라고 말하고 있다. 그 생성 함수는 다음과 같이 계산한다.

$$\frac{\begin{vmatrix} -z & 1 & -z \\ 0 & -2z & 0 \\ -z & -z & 1 \end{vmatrix}}{\begin{vmatrix} 1 & -z & 0 & -z \\ -z & 1 & -2z & -z \\ 0 & -2z & 1 & 0 \\ -z & -z & 0 & 1 \end{vmatrix}} = \frac{2z^2 + 2z^3}{1 - 7z^2 - 2z^3 + 4z^4}$$

칠판에는 위 분수의 분모만 보인다. 하지만 월은 제대로 해낸 듯하다. 월이 적은 이 문제의 정답은 다음과 같다.

$$2z^2 + 2z^3 + 14z^4 + 18z^5 + 94z^6 + \cdots$$

■ 이 식이 어떻게 나오는지 여러분이 궁금해 할 경우를 대비해서, 여기 힌트를 적어 둔다. 공식 $\sum_{n=0}^{\infty} z^n = \frac{1}{1-z}$을 공식적 합 $\Gamma^{ij}(p_i \to p_j, z) = \sum_{n=0}^{\infty} (A^n)_{ij} z^n = (\sum_{n=0}^{\infty} A^n z^n)_{ij}$에 적용하면 $((1-Az)^{-1})_{ij}$를 얻게 된다(세세한 부분에 대해서는 신경 쓰지 마라). 그 역행렬은 크래머의 공식을 적용해 계산한다.

그림 1.5. 고윳값과 고유 벡터가 잔뜩 적힌 칠판 앞에 있는 램보.

△ 수학: 고윳값

오도널 기본적으로 저는 대본을 따랐습니다. 그러니까 대본에서 배우가 고윳값 등등에 대해 이야기할 거라고 하면, 저는 고윳값으로 뭔가를 만들어 내는 식이었죠.■ 두 번째 대형 강의실 장면에서, 제가 알기로 대본에 따르면, 수수께끼 같은 인물이 나타나지 않자 램보는 이 강좌를 수강하지 않는 사람들이 많이 와 있는데 세 시간 동안 고윳값과 고유 벡터에 대해 듣고 싶지 않으면 강의실에서 나가 달라고 말하기로 되어 있었습니다.

저는 제가 여기서 강의하는 방식대로 맨 처음에는 칠판에 아무것도 적혀 있지 않게 하려 했습니다. 저는 늘 빈 칠판으로 강의를 시작하거든요. 하지만 구스 감독은 저에게 "칠판에 뭔가 적혀 있어야 해요"라고 말하더군요.

■ 흔히 그리스 문자 λ로 나타내는 고윳값은 정사각 행렬과 관련된 특수한 수다. 그림 1.5 칠판의 여기저기에 적혀 있다.

저는 그 장면용으로 판서 내용 메모를 전혀 만들어 놓지 않았습니다. 제가 뭔가를 하게 될 거라고 예상하질 않았으니까요. 저는 3×3 행렬 하나를 칠판에 적었습니다. 네 개의 줄로 사이사이가 연결된 공 세 개를 다루는 문제에서 비롯한 행렬이었죠. 저는 그걸 칠판에 적고, 다른 데다 이런저런 걸 적고, 또 다른 칠판에다 고윳값과 고유 벡터 같은 단어를 여기저기 썼어요. 그랬더니 구스 감독이 저한테 와서 이러더군요. "램보를 찍을 건데 램보의 왼쪽 어깨 너머의 칠판이 비어 있어요. 그 칠판도 채워야 됩니다."

그래서 그 장면을 보시면 '고유 벡터eigenvector'와 '고윳값eigenvalue'이라는 단어가 여기저기 잔뜩 보일 겁니다. 제가 그 칠판들을 뭔가로 어떻게든 채워야 해서 그렇게 됐어요. 그런데 교수가 말을 마친 다음 칠판 쪽으로 가서 아래쪽 칠판을 지우리라고는 예상하지 못했어요. 당시에는 그렇게 해 달라는 요청이 없었거든요.

보통은 소품 담당자가 각 장면의 물체들을 폴라로이드 사진으로 찍습니다. 그래야 그 장면을 다시 찍어야 할 경우에 거기 뭐가 있었는지 정확히 알 수 있으니까요. 파란 옷걸이 옆에 빨간 옷걸이가 있고 어쩌고 하는 식으로요. 하지만 그때는 교수가 첫 리허설에서 워낙 재빠르게 그러는 바람에 소품 담당자가 폴라로이드를 찍을 겨를이 없었습니다. 저는 그 내용이 조금밖에 기억나지 않았고, 당연히 그걸 똑같이 다시 적을 수 있을지 확신할 수 없었죠.

그런데 알고 보니 촬영을 시작하기 전에 칠판을 물로 닦았더군요. 그 덕분에 제가 썼던 내용의 윤곽이 희미하게 보여서 저는 그 행렬을 제대로 채워 넣을 수 있었습니다. 그러고 나서 제가 다른 데로 가려니까 엑스트라 중 한 여자가 달려 나와서 이러더군요. "먼젓번에는 그 행렬 앞에 'A ='이 있었어요." (웃음) 그다음에는 그걸 사진으로 찍을 수 있었기 때문에 괜찮

그림 1.6. 두 번째 '고난도' 문제들도 풀렸다.

앉어요. 저는 매번 그걸 적을 수 있었죠.

◇ 수학: 그래프 이론 2

오도널 감독은 교수가 고난도 문제를 낼 거라고 대본에 언급했던 것 같아요. 그래서 저는 그래프 이론에 대한 프랭크 해러리Frank Harary의 논문[4]을 발견했을 때, 이거면 칠판에 글을 적지 못하는 사람들한테 딱 좋겠다 싶었죠.

그런 그래프들에는 이를테면 색분필을 이용해서 색을 넣기도 합니다. 윌이 가장 잘 그릴 수 있는 그래프는 H자와 K자가 붙어 있는 것처럼 보이

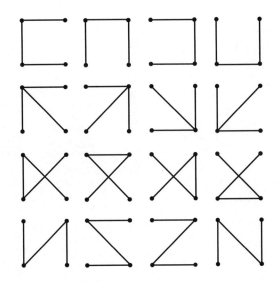

그림 1.7. 평면의 네 점을 잇는 16가지 신장 트리spanning tree.

는 그래프▪라고 우리는 판단했습니다. 그러니까 윌은 그 H자와 K자의 선을 긋기만 하면 됐던 거죠. 저는 그렇게 하면 연구용 문제를 다룰 수도 있고, 칠판에 글을 적는 어려움도 극복할 수 있다고 생각했습니다.

칠판에 적힌 두 문제를 자세히 살펴보자.

문제 1. 꼭짓점이 n개인 레이블드 트리labeled tree▶는 몇 가지가 존재하는가? 여기서 '트리tree'란 회로loop 없이 연결된 그래프를 뜻한다. 그렇다면 문제

▪ 그림 1.6의 칠판에서 가운데 줄에 있는 첫 번째 도형을 말한다.
▶ 레이블드 트리는 각 꼭짓점에 특정 숫자를 매겨 놓은 트리를 말한다.

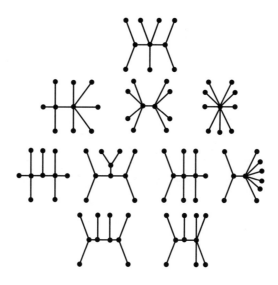

그림 1.8. 꼭짓점이 10개인 위상 동형적으로 감축 불가능한 트리 10가지.

는 이렇게 된다. 종이에 n개의 점을 찍었을 때, 그런 점들을 꼭짓점으로 하는 근본적으로 다른 트리는 몇 가지가 존재하는가? 케일리의 공식에 따르면 그 답은 n^{n-2}이다.[5] 예컨대 그림 1.7에는 평면의 네 점에 걸칠 수 있는 $4^{4-2} = 16$가지 트리가 나타나 있다.

문제 2. $n = 10$(꼭짓점 수)인 위상 동형적으로 감축 불가능한 트리를 모두 그려라.

위상 동형적으로 감축 불가능한 트리homeomorphically irreducible tree란 각 꼭짓점에 변이 1개만 연결되어 있거나 3개 이상 연결되어 있는 트리를 말한다. 월은 여덟 번째 트리를 그리고 있다가 램보의 저지로 그만두게 된다. 완전한 목록은 그림 1.8에 그려져 있는 10가지 트리로 구성된다.

그림 1.9. 윌이 어떤 그래프의 채색 다항식을 계산하고 있다.

△ 수학: 그래프 이론 3

0:26

램보와 윌이 수학 문제를 함께 풀고 있다(그림 1.9).[6]

윌은 칠판에 적힌 식을 완성하기 위해 분모에 인수 $(k-2)^6$을 추가하여 다음과 같은 형태에 이른다.

$$\frac{k^3(k-1)^3(k-2)^6}{k^2(k-1)^2(k-2)^2}$$

윌과 램보는 번갈아 가며 그 분수의 공통 인수들을 없애 식을 간단하

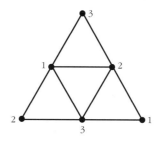

그림 1.10. 어떤 변도 양쪽 꼭짓점의 번호가 같지 않도록 숫자 1, 2, 3을 붙여 놓았다.

게 만든다.

여기서 그들은 칠판 왼쪽에 그려져 있는 그래프 G의 '채색 다항식' $P_G(k)$를 계산하고 있는 것이다. $P_G(k)$란 그래프에서 한 변으로 연결된 어떤 두 꼭짓점도 같은 색을 띠지 않도록 k가지 색으로 꼭짓점을 칠하는 방법의 수를 말한다. 그래서 사실상

$$P_G(k) = k(k-1)(k-2)^4$$

이 식이 정답, 즉 그들의 화려한 약분 쇼의 결과다.

예컨대 이 식에 따르면 한 가지 색만으로, 혹은 두 가지 색만으로 적절하게 채색하는 방법은 전혀 없다. 또 이 식에 따르면 세 가지 색으로 적절히 채색하는 방법은 여섯 가지가 있다. 그림 1.10은 세 가지 색으로 그래프를 적절히 채색하는(번호를 붙이는) 방법 중 하나를 보여 준다. 나머지 3색 채색 방법은 3색의 여섯 가지 순열로 각 부분을 순환시키기만 하면 얻을 수 있다.

△ 수학: 살리에리 장면

오도널 젊은 윌이 나이 많은 유명한 '헝가리인'을 꺾는 장면[그림 1.11]이 있죠. 대본에서는 그를 알렉산데르 페케크[어쩌면 유명한 수학자 파울 에르되시Paul Erdös[▼]를 모델로 만든 인물일지도 모른다]라고 불렀어요. 저는 리처드 파인만Rich-ard Feynman[▼▼]이 1948년 오펜하이머가 주최한 학회에서 겪은 일을 모방하기로 마음먹었습니다. 그 이야기는 프리먼 다이슨Freeman Dyson[▼▼▼]이 쓴 《프리먼 다이슨, 20세기를 말하다Disturbing the Universe》에 아주 잘 나와 있죠. 이 책에서 다이슨은 줄리언 슈윙거Julian Schwinger[▼▼▼▼]와 파인만을, 닐스 보어Neils Bohr[▼▼▼▼▼] 같은 양반들에게 새로운 양자 역학을 제시하는 젊은 혁신가들로 묘사합니다.

그 학회에서 나온 즉각적 반응은 영화에 나오는 상황과 정반대였습니다. 파인만은 양자 역학을 방정식 없이 전개하는 자신의 방식에 대한 사람

[▼] 헝가리의 수학자 파울 에르되시(1913~1996)는 괴짜로 널리 알려져 있다. 그는 역사상 그 어떤 수학자보다 많은 논문을 발표했으며, 수백 명에 이르는 동료 수학자들과 공동 연구를 한 것으로도 유명하다. 정수론, 조합 이론, 그래프 이론, 집합론 등 다양한 수학 분야에서 논문을 발표했으며, 컴퓨터 과학의 기초가 되는 '이산 수학'이라는 새로운 분야를 개척하기도 했다.
[▼▼] 대중에게 가장 친숙한 미국의 물리학자 리처드 파인만(1918~1988)은 1965년 양자 전기 역학에 기여한 공로로 미국의 물리학자 줄리언 슈윙거, 일본의 도모나가 신이치로와 함께 노벨상을 수상했다. 2차 세계 대전 때 맨해튼 프로젝트라고 불린 원자탄 개발 계획에 참여한 바 있다.
[▼▼▼] 프리먼 다이슨(1923~2020)은 영국 태생의 미국인 물리학자이자 수학자로, 2차 세계 대전 중에 영국 공군 폭격기 사령부에서 분석가로 일했으며, 전쟁 후 미국으로 이주했다. 리처드 파인먼의 경로 적분을 이용한 설명과 줄리언 슈윙거와 도모나가 신이치로의 설명이 서로 같은 이론인 양자 전기 역학이라는 사실을 증명하였다.
[▼▼▼▼] 미국의 물리학자 줄리언 슈윙거(1918~1994)는 양자 전기 역학의 기초를 닦은 공로로 1965년에 리처드 파인먼과 도모나가 신이치로와 함께 노벨 물리학상을 수상하였다. 현대 양자장론을 정립하는 데 대표적인 기여를 했으며, 20세기를 대표한 물리학자 중 하나로 꼽힌다.
[▼▼▼▼▼] 20세기 초 양자 물리학의 성립에 큰 공을 세운 덴마크의 물리학자 닐스 보어(1885~1962)는 1922년 새로운 원자 모형을 제시한 업적을 인정받아 노벨 물리학상을 수상했고, 2차 세계 대전 중에는 미국 과학자들과 함께 원자탄 개발 프로젝트에 참여했다.

그림 1.11. 화면 안쪽의 교수와 오른쪽의 톰(수학자 존 마이턴). ■

들의 반응에 망연자실했죠. 하지만 최종적인 결과는 사실상 같았습니다. 지금 물리학자들은 대부분 파인만 다이어그램을 사용하죠. 저는 그래프 이론 및 조합 이론처럼 보이면서 파인만 다이어그램처럼 보이기도 하는 뭔가, 난해하고 복잡한 수학의 '낡은 방식'을 깨트리는 뭔가를 지어내기로 했습니다. 그래서 약간 친숙하면서도 어딘가 잘못되고 엉뚱한 점이 보일 수도 있지만, 그런 장면을 자기 나름대로 만들어 보면 재미있을 겁니다.[7]

이렇게 해서 패트릭 오도널의 멋진 영화 모험담은 끝난다.

■ 이 영화에서 램보의 조교 톰 역을 연기하는 존 마이턴은 토론토 대학 수학과의 대학원생이었다. 지금 마이턴은 캐나다를 근거지로 하여 엄청난 성공을 거둔 JUMP(Junior Undiscovered Math Prodigies) 프로젝트를 개발한 수학자다. JUMP는 수학을 어려워하는 어린이들에게 무료 개인 교습을 제공하는 프로그램이다. 마이턴은 극작가로 상을 받기도 했다.

그림 1.12. 유일한 진짜 수학자 대니얼 J. 클라이트먼이 배경에 보인다.

그 밖의 읽을거리와 메모   Mark Saul, Movie Review of *Good Will Hunting, Notices of the American Mathematical Society* 45, 1998, pp.500~502.

Daniel J. Kleitman, My Career in the Movies, Sidebar to Mark Saul's review of *Good Will Hunting, Notices of the American Mathematical Society* 45, 1998, p.502. 대니얼 J. 클라이트먼Daniel J. Kleitman은 MIT 수학과 교수다. 이 짧은 글에서 그는 자신이 영화 대본 초고를 위해 수학 자문 역할을 하고 한 장면의 배경에 출연한 이야기를 들려준다. 사실 그는 유리창을 두 번 지나친다. 처음에는 오른쪽에서 왼쪽으로, 그다음에는 왼쪽에서 오른쪽으로 걸어간다. 그림 1.12를 보라.

패러디   특유의 줄거리 때문에 〈굿 윌 헌팅〉은 패러디하기 좋다. 일례로 디즈니 만화 시리즈 〈리세스Recess〉의 '우리 중 한 천재A Genius Among Us' (1999) 에피소드에서 꽤 괜찮은 패러디를 한 바 있다. 그리고 영국 TV 드라마 〈하우 낫 투 리브 유어 라이프How Not to Live Your Life〉의 '돈의 새 룸메이트Don's New Flatmate'(2009) 에피소드에는 아주 잠깐이지만 훨씬 더 재미있는 패러디가 나온다. 에디라는 어벙한 등장 인물이 트리가 여러 개 그려져 있는 칠판에 a = b라는 (적절한)

그림 1.13. 에디가 윌 헌팅이 한 것과 같은 일을 막 하려는 참이다.

한 줄을 써넣는데, 그것은 나중에 훌륭한 돌파구인 것으로 밝혀진다(그림 1.13).

2장

〈뷰티풀 마인드〉의
영리한 숨은 조력자

〈뷰티풀 마인드*A Beautiful Mind*〉(2001)는 1994년 노벨 경제학상 수상자인 수학 천재 존 내시John Nash(1928~2015)와 그의 정신분열증 투병에 대한 이야기다. 이 영화는 제작 및 개봉 당시 주인공이 현존 수학자라는 점에서, 그리고 줄거리가 실제 사건과 느슨하게 연관되어 있다는 점에서 매우 특이하다. 〈굿 윌 헌팅〉처럼 이 작품은 수학보다 심리학과 더 밀접하게 관련되어 있다. 하지만 이 영화에는 수학과 수학자들이 정말 그럴듯하게 묘사되어 있다. 그런 부분들이 전체 작품 안에서 그 자체로 완성도 있는 작은 예술 작품을 이루고 있다. 이와 관련된 작업을 매우 훌륭하게 제대로 해낸 책임자는 뉴욕 컬럼비아 대학의 수학과 교수 데이비드 베이어David Bayer다.

여기서 우리 목표는 〈굿 윌 헌팅〉을 다룬 1장에서와 마찬가지로 수학 자문 위원의 해설 같은 것을 제공하는 데 있다. 이 장은 다음과 같은 몇몇 자료에 기초한다. 데이비드 베이어를 다룬 신문 기사들,[8] 우리가 직접 그를 인터뷰한 내용, 로버트 오서먼(당시 수학연구소Mathematical Sciences Research Institute의 소장)과 실비아 네이사Sylvia Nassar■와 데이비드 베이어의 대화록[9] 등이다.

우리는 데이비드 베이어가 한 말에 최대한 집중하되, 필요 시 이해에 도움이 될 만한 영화 장면, 각주, 해설을 덧붙일 것이다. 앞 장과 마찬가지로 해설과 논의 중 일부는 높은 수준의 수학을 다룬다. 독자들은 이해하기 어려운 부분이 나오면 얼마든지 그냥 건너뛰어도 좋다.

2000년 데이비드 베이어는 〈미국수학학회보Notices of the American Mathematical Society〉지의 요청으로 브로드웨이 연극 〈프루프Proof〉의 리뷰[10]를 썼다. 론 하워드Ron Howard는 그 리뷰를 읽고 감명을 받고 있을 무렵 〈뷰티풀 마인드〉의 감독이 되었다. 그는 데이비드 베이어를 초청해 인터뷰를 했는데, 이야기가 워낙 잘되어 즉석에서 베이어를 영화의 수학 자문 위원으로 고용했다. 베이어의 역할은 다양했다. 칠판과 유리창에 적을 내용 만들기, 수학과 관련된 대사를 부분적으로 쓰기, 펜타곤 장면용 프로그램 작성하기(그 장면은 뒤죽박죽인 듯한 자료에서 내시가 패턴을 집어내는 방식을 보여 주어야 했다), 러셀 크로의 손 대역으로 연기하기, 크로가 수학 관련 장면에서 연기할 때마다 자문 위원으로서 대기하기, 바둑에 대해 조언하기, 영화 끝 부분의 펜 증정식에서 교수들 중 한 명(세 번째로 펜을 주는 교수)으로 직접 연기하기(그림 2.1) 등등. 2001년 2월부터 6월까지 베이어는 이 영화에 수백 시간을 쏟았는데, 매우 인상적인 결과가 나온 만큼 데이비드 베이어 본인을 비롯한 여러 수학자들은 그 시간이 매우 보람 있게 쓰였다고 생각한다.

■ 전기 《뷰티풀 마인드A Beautiful Mind: A Biography of John Forbes Nash, Jr., Winner of the Nobel Prize in Economics 1994》(Simon & Schuster, New York, 1998)의 저자.

그림 2.1. 펜 증정식 장면에 출연한 수학 자문 위원 데이비드 베이어(오른쪽).

존 내시와 그의 수학에 대해 더 알고 싶은 사람은 실비아 네이사가 쓴 탁월한 전기와 해럴드 W. 쿤과 실비아 네이사가 편집한 존 내시 논문집 주석본[11]을 읽어 보라(존 내시의 논문은 매우 난해하다). 미국수학학회에서는 이 영화와 네이사의 책에 대해 수학자의 관점에서 보고 쓴 유익한 리뷰들을 발표하기도 했다.[12]

가짜 수학보다 진짜 수학

데이비드 베이어는 이렇게 이야기를 시작한다. "저는 제가 영화 〈뷰티풀 마인드〉에 수학을 넣을 방편을 [다른 영화에 참여한 자문 위원들에 비해] 훨씬 많이 얻었다고 생각했습니다. 흔히 사람들은 수학이 특정 장면에 그냥 적당히 삽입된다고 생각하지만, 론 하워드가 저에게 조언을 구하러 오게 된 동기는 진실은 지어낼 수가 없다는 데 있었습니다. 설령 그 영화를 보는 사람들이 대부분 수학을 전혀 이해하지 못하더라도 하워드는 영화를 수학과 최대한 많이 연관 짓는 일종의 다큐멘터리적 접근을 하려고 했던 거죠. 저는 수년간 다양한 사람들이 지켜보는 가운데 다양한 상황에서 수학을 해왔습니다. 그들은 제가 하고 있던 일을 하나도 이해하지 못했지만, 어쨌든 제 행동에 대해 진지하게 판단을 내렸죠.

어떤 의미에서는 바로 그게 우리가 생각하기에 영화를 만들 때 일어나는 일입니다. 그러니까 수많은 사람들이 극장에서 두어 시간 동안 작품에 깊이 몰두하고, 또 다들 영화를 지켜보면서 다양한 관점을 취하잖아요. 사람들이 그런 영화에서 접하는 진실을 날조해서는 안 된다는 거죠. 그래서 저는 시간을 들여 진짜 수학을 했던 겁니다. 설사 그게 그냥 잠깐 스치듯이 보이고 지나갈 칠판에 적는 것이더라도 말이죠."

◇ 대표적 장면

데이비드 베이어   사실 저는 부담이 좀 있었습니다. 너무나 많은 수학자들이 자기도 〈굿 윌 헌팅〉의 등장 인물이라면 그 칠판 문제들을 풀 수 있다고 농담한다는 걸 알고 있었기 때문이죠. 꽤 많은 사람들이 그걸 쉬운 그래프 이론 따위로 보며 무시했죠. 아무튼 그 영화에는 대표적인 장면이 있었는데, 그건 〈뷰티풀 마인드〉의 대표적 장면과 비슷했습니다. 그게 제가 조력자의 입장에서 보기에 대표적인 장면은 아니었지만, 제작진은 저를 찾아왔을 때 그걸 가장 중요한 걱정거리로 여기고 있었습니다. 대본에서 러셀 크로는 교실의 학생들에게 어떤 문제를 내는데, 나중에 제니퍼 코넬리가 크로의 사무실로 찾아와서 그 문제의 해답을 보여 주잖아요?

덫을 놓다

베이어   저는 제작진한테서 이 일을 부탁받았을 때 사람들이 〈굿 윌 헌팅〉의 장면에서 트집을 잡듯이 제가 만든 모든 문제에 대해 트집을 잡을까봐 걱정했습니다. 그래서 저는 그런 문제에 말하자면 덫을 놨죠. 론 하워드는 저에게 되도록 배우처럼 생각하라고 했습니다. 그는 정말 배우들을 아끼는 사람이고, 그가 하는 모든 일은 근본적으로 배우의 표현 수단이거든요. DVD에 실린 수학이 나오는 첫 도서관 장면에 대한 감독의 해설을 들어 보면, 감독이 그런 점을 이야기하는 것을 들으실 수 있습니다. 그래서 저는 그때부터 무엇을 하든 등장 인물의 입장에 서서 생각했는데, 당시에는 이렇게 자문했습니다. '다변수 미적분과 관련해서 깊은 관심을 끌 만한 게 뭐가 있을까?' 그랬더니 위상기하학의 한 측면, 즉 도형의 모양이라는 측면이 떠올랐습니다.

어떻게 해야 다양한 모양의 도형을 측정할 수 있을까요? 다변수 미적분에는 사실에 가깝지만 완전히 사실은 아닌 요소가 하나 있습니다. 그리고 다루는 공간의 모양이 이상하면 제대로 된 측정이 불가능하죠. [내시가 한창 활동한] 바로 그 시대에 그런 점을 알아차린 조르주 드 람George de Rham▼은 그런 결점을 하나의 속성으로 보면 사실상 공간 모양의 측정 수단으로 활용할 수 있다는 내용의 논문을 최초로 발표했어요. 그게 바로 드람 코호몰로지cohomology입니다.

▼   스위스의 수학자 조르주 드 람(1903~1990)은 미분 위상수학에 기여했으며, 코호몰로지를 미분 형식으로 나타낸 드 람 코호몰로지를 정의했다.

그래서 저는 그것에 대해 생각했죠. 그리고 그걸 이런 식으로 대본에 넣었습니다. 내시는 강의실에 걸어 들어가는데 사실 학생들을 가르치는 일에 대해서는 전혀 생각하고 있지 않았어요. 그래서 수업을 그냥 즉흥적으로 해나갑니다. 만일 내가 그런 수업을 즉흥적으로 하고 있다면 도중에 무슨 생각을 할까? 왜 학생들은 이 수업을 듣고 싶어 하지? 이런 수업의 어떤 점이 재미있지? 그런데 한 가지 생각이 떠오릅니다. 그래서 내시가 칠판에 적는 문제는 사실상 계산 문제입니다. 무슨 말인가 하면, 그 문제는 그 장면에 넣으려고 워낙 압축해 놓아서 이해하기가 아주 힘들죠. 하지만 기본적으로 그건 R^3에서 어떤 부분 집합을 제거하여 얻은 집합의 코호몰로지를 계산하는 문제입니다. ■

그 문제의 풀이는 어떤 범주 안에서 생각하느냐 따라 달라질 수 있습니다. 가령 한 평면 안에서 만나는 두 직선이 있다면, 그리고 문제를 푸는 사람이 대수 기하학자라면, 한 직선의 절반 주위에 극pole을 하나 두지 않고서는 그 직선의 나머지 절반 주위에 극 하나를 둘 수 없습니다. 그래서 한 가지 답을 얻게 됩니다. 반면에 문제를 푸는 사람이 해석학자라면, 분명히 단위 분할을 할 수 있으므로, 한쪽 절반에서는 정말 이상한 어떤 일이 일어나고 나머지 절반에서는 그렇지 않게 할 수 있습니다. 그래서 다른 답을 얻게 됩니다. 실제로 컬럼비아 대학의 한 대수 기하학자는 제 예상대로 대수 기하학적 답을 내놓았습니다. 요컨대 저는 누구든 덫에 걸리게 하려고 노력했는데, 실제로 많은 사람들이 미끼를 문 것 같습니다.

■ 베이어가 이야기하고 있는 문제는 그림 2.2에서 볼 수 있다. R^3에서 제거되는 부분 집합은 X로 표기되어 있다.

그림 2.2. 내시는 푸는 데 몇 달 내지 '평생'이 걸릴 문제를 하나 낸다.

연출용 수학

베이어 　러셀은 수학 강의를 한 날 매우 초조해했습니다. 그 강의에서 그는 문제를 적는 동시에 제니퍼에게 말을 했죠. 거기 앉아 있던 사람들은 모두 경악했습니다. "수학자들은 정말 말을 하면서 글을 씁니까?" 거기서 무려 20개 정도의 테이크를 찍었는데, 러셀을 낮잡아 보는 사람은 아무도 없었습니다. 다들 오히려 큰 감동을 받았죠. 그들은 그 장면을 충실하게 하려고 애쓰던 러셀을 동정했습니다. 저를 보며 이러더군요. "당신들은 이런 걸 합니까? 농담이겠죠."

　　참, 그건 그렇고 제작진은 휴지통으로 던져지는 책을, 제 이름을 저자로 해서 가짜로[D. A. 베이어의 《다변수 미적분*Calculus of Several Variables*》] 만들었습니다.■ 누가 소송을 걸지 않도록 하기 위한 일반적인 수법이었죠. 러셀

■　데이비드 베이어의 이름이 재미있게 언급되는 또 다른 장면은 교실에서 나가는 학생 중 한 명에게 존이 "과제 잊지 말게, 베이어 군" 하고 말하는 부분이다.

은 그 장면 중간에 자기가 내 책을 쓰레기통에 던져 넣고 있다는 걸 알아차렸어요. 잠깐 동안 그는 좀 지나치다 싶을 정도로 열심이었는데, 책을 쓰레기통 테두리에 맞지 않고 거기 넣을 수 있는지를 놓고 소품 담당자와 내기를 했더군요. 그러다가 자기가 내 책을 쓰레기 취급하고 있다는 걸 깨닫고는 약간 놀란 듯한 표정으로 저를 보더군요. "이래도 괜찮으세요?" "네, 카메오예요, 괜찮습니다. 그냥 하세요."

제대로 하기의 중요성에 대하여

베이어   저는 수학과 관련된 작업이 진행될 때면 항상 대기하고 있었습니다. 러셀 크로가 촬영장에 있고 촬영 장면에 수학이 나올 가능성이 있으면 그가 저에게 뭔가를 물어보고 싶어 할 경우를 대비해서 제가 거의 의무적으로 거기 있어야 했습니다. 소품부는 이런저런 수학으로 어떤 장면을 꾸미려고 할 때면 항상 제가 현장에서 그런 걸 사실적인 것으로 만들어 주길 바랐습니다. 그래서 저는 현장에 엄청나게 많이 나가 있었어요.

　　러셀 크로는 사무실에서 제니퍼 코넬리와 함께 있는 장면[앞서 크로가 낸 문제에 대한 풀이를 코넬리가 보여 주는 장면]을 찍을 때 저를 불렀습니다. 코넬리가 틀렸다는 걸 알리려면 그 종이의 어느 부분을 봐야 하는지 가리켜 달라고 하더군요. 저는 종이의 한가운데를 가리켰죠. 그랬더니 제니퍼 코넬리가 저를 쳐다보면서 이런 식으로 묻더군요. "여기서 제가 바보처럼 보이게 만드시는 거예요? 제 답이 얼마나 형편없는 거죠?" 그래서 저는 이렇게 해명했습니다. "사실 이건 정말 수준 높은 실수입니다. 제가 아는 컬럼비아 대학 교수도 이런 실수를 했어요." 코넬리는 흡족해 하더군요.

칠판과 유리창

베이어   확실히 제가 스트레스를 더 많이 받은 부분 가운데 하나는 초기 단계에 있었습니다. 도서관 유리창에 뭔가를 끄적거리는 장면이 대본에 있었죠. 그런 유리창이 세 개나 있는데, 하나에는 공원의 비둘기들에 대한 낙서가, 세 번째에는 강도질을 목격한 것에 대한 낙서가 적히기로 되어 있었습니다. 저는 그런 유리창[그림 2.3]을 어떻게 꾸밀지 결정해야 했어요.

거기는 정답이란 게 없습니다. 존 내시가 그 장면에 극적으로 묘사된 그대로 그걸 했다고 상상하는 건 심지어 캐릭터까지도 다소 확장하는 일이었으니까요. 공원의 비둘기들을 분석하는 수학이란 어떤 형태일까요? 그건 사실 게임 이론과 조금 다르긴 했지만 게임 이론이 될 수도 있었죠. 저는 그 문제로 고심했고, 론은 제가 뭘 할지 보고 싶어 했습니다. 제가 뭔가를 하지 않으면 하루의 촬영이 엉망이 될 상황이었어요. 론은 촬영 시간이 다가오자 초조해져서 이렇게 말하더군요. "이봐요, 데이브, 가서 내 트레일러를 써요. 네 시간 안에 뭔가를 보고 싶습니다. 아시다시피 안 그러면 아무것도 못해요."

결국 저는 제 나름대로 그런 상황의 줄거리를 써냈습니다. 그리고 그걸 그래프로 바꾸고 값을 집어넣기 시작했습니다. 마치 그래프에 게임 이론 퍼즐을 쓰듯이 말이죠. 게임 이론가들이 그런 줄거리에 정말 그런 일을 하는지는 모르겠지만 아무튼 저는 그걸 그림의 기반으로 삼았습니다. 제 그림은 가까이서 보면 아시게 되겠지만 사실상 꽤 직설적입니다[그림 2.3의 오른쪽 클로즈업을 보라]. 그건 어떤 강도짓에 대한 이야기인데, 바로 제작진이 원했던 거죠. 제가 보기에 수학자들은 다소 독단적이고 너무 고지식한 경향이 있는 것 같습니다. 저는 그 일을 해내려면 어느 정도 느긋해져야 했어요.

그림 2.3. 비둘기 떼(왼쪽)와 지갑 강도(오른쪽)에 대한 유리창 낙서.

리만 가설

베이어　영화 후반부에서 제작진은 존 내시의 산발적인 실제 행보와 수학에 충실하기보다는 내시가 리만 가설▪과 관련하여 점진적인 진전을 보이는 일관된 줄거리를 원했습니다.

▪ '리만 가설'은 매우 중요한 미해결 수학 문제 가운데 하나다. 그것은 이른바 '리만 제타 함수'의 함숫값을 0으로 만드는 해와 관련되어 있다. 클레이 수학연구소Clay Mathematics Institute의 밀레니엄상 문제 중 하나이기도 하다. 리만 가설이 참임을 증명하면 소수prime number의 분포에 대한 중요한 통찰력을 얻게 될 것이다. 제타 함수에 대한, 그리고 리만 가설과 소수의 관계에 대한 더 자세한 내용은 그림 2.5와 2.6을 참고하라.

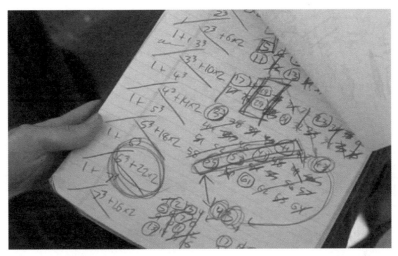

그림 2.4. 솔은 현관에서 메모판의 두 페이지를 본다. (위 사진에서 보이지 않는) 첫 페이지는 난수로 보이는 숫자들로 채워져 있는데, 거기서 존은 역시 어떤 패턴을 집어내려 애쓰고 있다. (위 사진에서 보이는) 둘째 페이지는 더 일관되어 보인다. 왼쪽의 수식은 어떤 연분수를 다소 특이한 방식으로 적은 것처럼 보인다. 오른쪽에서 내시가 하고 있던 일 중 일부는 '에라토스테네스의 체Sieve of Eratosthenes'로 처음의 소수 몇 개(동그라미를 쳐놓은 수)를 찾아내는 일처럼 보이기도 하고, 소수들 간의 패턴과 소수가 아닌 정수들 간의 패턴을 표시해서 소수에 대해 뭔가를 발견하려는 시도로 보이기도 한다.

현관의 리만 가설

베이어 그게 처음 나오는 장면은 내시가 현관에 앉아 있을 때 솔이 그 집에 들르는 부분입니다. 내시는 사람들 앞에서 약을 먹길 꺼립니다. 그는 메모판을 들고 있죠. 그가 솔에게 메모판[그림 2.4]를 건네자 솔은 그걸 잠깐 본 다음 이렇게 말합니다. "수학이 인생의 전부는 아니잖아." 그 메모판이 조금 길게 클로즈업되는데, 진짜 존 내시가 저한테 이메일로 묻더군요. "그 메모판에 뭐가 적혀 있었나?"

거기에는 숫자들이 어떤 의미에서는 횡설수설한 것처럼 적혀 있기로 되어 있었습니다. 하지만 내시는 그것이 완전히 무의미한 것은 아니라고 생각해서 저한테 그게 뭔지 알려 달라고 한 겁니다. 그가 옳았습니다. 완전히 횡설수설한 것은 아니었어요. 저는 극단적으로 그러나 인물의 캐릭터에 맞게 생각하려고 노력했습니다. 그러던 중에, 일부 사람들의 마음을 사로잡지만 리만 가설에 대한 주류적 접근법은 아닌 어떤 것이 적절하겠다는 생각이 들더군요. 연분수가 우리가 흔히 생각하는 수와 다르게 작용하는 방식이 있습니다. 실제로 그 종이에는 연분수와 관련된 일단의 숫자들이 적혀 있었습니다.■

강의실의 리만 가설

베이어　그다음에 우리는 컬럼비아 대학에서 하버드 대학 강의 장면을 찍었습니다. 그 장면에서 내시는 상태가 매우 나빠져 정신병원으로 실려 가죠. 저는 거기서 제가 채워 넣고 있던 칠판 세 개를 정수론 전공자들이 유심히 살펴볼 가능성이 있다는 걸 알아차렸습니다. 그래서 첫 번째 칠판[그림 2.5]에 함정을 만들어 놓으려 했어요. 그것을 정말 집중해서 읽어 보는 사람들은 그냥 그 첫 번째 칠판에 빠져서 두 번째 칠판[그림 2.6]이나 세 번째 칠판으로 미처 넘어가기도 전에 시간이 다 되어 버리도록 말이죠. 적어도 그 사람들이 DVD를 구하기 전까지는요.

　　내시는 청중이 듣기에 말도 안 되는 듯한 소리를 하기 시작합니다. 시

■　1.4142135623…은 잘 알려진 $\sqrt{2}$ 의 무한 소수 전개의 앞부분이다. 일반인들에게는 그렇지 않더라도 수학자들에게는 친숙한, $\sqrt{2}$ 를 적는 또 다른 방법은 다음과 같은 무한 '연분수 전개'다.

$$1+\cfrac{1}{2+\cfrac{1}{2+\cfrac{1}{2+\cdots}}}$$

　　실수는 모두 십진수로도 나타낼 수 있고 연분수로도 나타낼 수 있다. 하지만 어떤 수든 연분수 전개가 사실상 더 자연스러운 표기 방법이며, 대체로 수학자들에게 해당 수에 대해 훨씬 많은 것을 말해 준다.

그림 2.5. 컬럼비아 대학 강의실의 칠판 세 개 중 첫 번째 칠판의 클로즈업. 맨 위에는 리만 제타 함수 $\zeta(s)$를 표현하는 가장 유명한 두 가지 방식이 나타나 있다. 기호 $s = \sigma + it$는 복소 변수로 맨 위 오른쪽에 적혀 있다. 제타 함수는 $s = -2, -4, -6, \cdots$(자명한 해)일 때 0이다. 리만 가설은 제타 함수를 0으로 만드는 나머지 해(자명하지 않은 해)들이 모두 실수부 $\sigma = \frac{1}{2}$일 것이라는 가정이다. 맨 위 왼쪽의 무한급수 $\sum_{n=1}^{\infty} \frac{1}{n^s}$은 나중에도 나온다. 그 부분에서는 내시가 자전거를 타고 무한대 기호 모양으로 왔다 갔다 하는데 그 모양이 무한급수의 무한대 기호로 바뀐다.

리만 제타 함수와 소수의 관계 중 하나는 수식 $\Pi_p (1 - \frac{1}{p^s})^{-1}$, 즉 이른바 '오일러의 곱셈 공식'에서 볼 수 있다. 그것은 어떤 무한곱인데, 거기서 p는 소수를 나타낸다. 둘째 줄은 관계식 $\Gamma(\frac{s}{2})\pi^{-\frac{s}{2}}\zeta(s) = \Gamma(\frac{1-s}{2})\pi^{-\frac{1-s}{2}}\zeta(1-s)$인데, 이 식에는 제타 함수의 중요한 대칭성이 담겨 있다. 셋째 줄에는 소수와 밀접하게 관련되어 있는 또 다른 함수인 이른바 '뫼비우스 함수' μ가 포함되어 있다. 데이비드 베이어가 말한 함정은 기묘한 연분수 확장과 관련되어 있는데, 칠판의 맨 아래에 보인다.

공간의 특이점들에 대응하는 리만 제타 함수의 해들이 어쩌고 하는 대사를 하기 시작하는 거죠. 자, 그러니까 이건 양극화를 초래하는 의견입니다. 우선 사원수는 복소수를 일반화하는 개념인데, 사원수에 대해 리만 가설을 재고해 보면 유익할지 누가 압니까. 그걸 제대로 일반화하면 문제가 더

그림 2.6. 컬럼비아 대학 강의실의 칠판 세 개 중 두 번째 칠판의 클로즈업. 이것은 리만 가설과 소수 분포 간의 관계와 관련되어 있다. 왼쪽 위 모퉁이에 있는 중요한 부분은 $\pi(x)$(x 이하의 소수의 개수), $\mathrm{li}(x)$ ($=\int_2^x \frac{dt}{\ln t}$), 수식 $O(x^{\frac{1}{2}}\log x)$이다. 리만 가설이 참이라는 것은 두 번째 관계식이 참이라는 것과 같은 의미이다. 그 두 번째 관계식은 복잡한 함수 $\pi(x)$에 비교적 단순한 함수 $\mathrm{li}(x)$가 $O(x^{\frac{1}{2}}\log x)$라는 오차 안에서 근접한다는 뜻이다. 다시 말하면 리만 가설이 참이라는 것은 모든 양수 x에 대해 $|\pi(x)-\mathrm{li}(x)| \leq Cx^{\frac{1}{2}}\log x$인 상수 C가 존재한다는 것과 같은 의미이다.

쉬워질 수도 있어요.■ 어쨌든 이론 물리학이 등장 인물의 사고에 이미 들어가 있는 건데, 그 이면에는 그런 느슨한 관계가 있는 겁니다.

베이어 저는 정신 이상이 어느 정도는 재능이라고 봅니다. 좀 더 틀에 얽매이지 않고 생각할 수 있게 해 준다는 점에서 말이죠. 등장 인물이 시공간

■ 사원수는 복소수가 실수를 확장하는 것과 비슷한 방식으로 복소수를 확장하는 수다. 베이어가 내시의 정신에 넣는 생각은 어떤 의미에서는 매우 자연스러운 것이다. 복소수로 표현하면 어려운 문제를 사원수에 대해 생각해 보면 그 문제가 훨씬 간단해질 수 있다. 그런 '일반화로 단순화하기'는 수학에서 매우 흔히 쓰이는 방식이다. 유명한 일례는 다항 방정식을 실수가 아니라 복소수에 대해 푸는 경우다.

과 사원수 간의 유사성을 밝힌다는 것이 제가 그 대사를 만든 토대였습니다. 저는 그 아이디어를 브라이언 그린에게 시험 삼아 이야기해 보았습니다. 그는 제가 매우 존경하는 컬럼비아 대학의 친구입니다. 제가 그 대사를 그린에게 던지니까 친구는 기가 막히는 듯한 표정으로 저를 쳐다보더군요. 그 표정을 본 순간 저는 생각했습니다. '그래, 이걸 영화에 대사로 넣어야겠어.' 하지만 아니나 다를까 다양한 사람들이 그 대사를 쓰레기로 취급했습니다. 옳지 않다는 거였죠. 그건 물론 수학적으로는 옳지 않지만, 배역에는 꼭 맞는 대사입니다.

도서관의 리만 가설

베이어   결국 아마도 관객들이 이 주제와 관련해서 가장 많이 유심히 살펴보았을 칠판이 나옵니다. 내시가 도서관에 있는데 한 젊은이가 와서 내시를 보고 그가 리만 가설을 연구하고 있음을 알아채는 부분이죠[그림 2.7]. 거기서 저는 관객들이 오랫동안 응시할 수도 있는 뭔가를 적어야 했습니다.

저는 두 가지 장치를 사용했습니다. 첫째로, 피에르 르네 들리뉴Pierre René Deligne▼는 정확히 같은 시대에 유한체에 대해 진전을 본 바 있는데, 심지어 오늘날까지도 정수론 학자들 중 일부는 그게 일반 문제에 대한 접근법에 필적하는 방법으로 나쁘지 않다, 누군가 비가환환非可換環을 연구해야 한다 뭐 그런 이야기들을 합니다.■ 기본적으로 제가 한 일은 들리뉴의 연

▼ 벨기에의 수학자 피에르 르네 들리뉴(1944~)는 베유 가설, 혼합 호지 이론의 개념, 에탈 코호몰로지를 응용하는 방법, 모듈러스 공간에 대한 연구 등 많은 수학적 업적들을 남겼으며 1978년 필즈상을 수상했다.

■ 이것은 바로 앞의 각주에서 사원수와 관련하여 언급한 것과 비슷한 아이디어다. 여기서 이야기하는 새로운 '수들'은 이른바 '유한체'라는 것이다. 유한체라는 새로운 범주 안에서 해법을 찾는 데 성공하고 나면, 본문제를 해결하거나 적어도 본문제에 대한 통찰력은 얻게 될 가능성이 있다.

그림 2.7. 도서관에서 한 학생이 내시에게 말을 건다.

구를 매우 자유롭게 이것저것 옮겨 적은 겁니다.

　그 칠판 위에는 정의가 나와 있지 않은 함수들이 있습니다. 그러니까 만약에 그 칠판이 컴퓨터 코드라면 그걸 컴파일할 수가 없는 거죠. 일부의 정의를 모르니까요. 이 말은 무엇보다 그 누구도 제가 틀렸다고 증명할 수가 없다는 겁니다. 당시 저는 그걸 리만 가설의 증명에 대한 그럴듯한 진전으로 만들고자 했는데, 그런 걸 내놓기란 만만치가 않았지요(여러 사람들에게서 도움을 받기도 했죠). 재미있었던 게 만약 제가 리만 가설의 증명법을 알아낸다면 클레이상▼이란 걸 받게 되거든요. 그래서 작가인 아키바 골즈먼은 그것과 관련해서 저한테 계속 이런 농담을 했죠. "그러니까 데이브, 리만 가설 문제를 해결하거든 바로 여기가 그걸 영화에 집어넣을 수 있는 부분

▼　미국의 클레이 수학연구소가 21세기에 꼭 풀러야 할 7개의 수학의 난제에 대해서 각 문제당 100만 달러의 상금을 걸었다.

이에요." (웃음)

그 장면과 관련해서 저한테 개인적인 부분은 제가 하버드 대학교 대학원 1학년일 때 겪은 일과 연관되어 있습니다. 저는 배리 메이저Barry Mazur[▼] 한테서 갈루아[▼▼] 이론을 배우고 있었는데, 그레임 시걸이 객원으로 와 있었어요. 시걸은 위상기하학을 가르쳤는데, 저는 위상 공간의 덮개 공간과 갈루아 확대체가 근본적으로 같다는 걸 처음 깨달았을 때 정말 짜릿했습니다.

그건 말하자면 대학원생으로서 경험하는 순간입니다. 왜 아시잖아요, 대학원 1학년생일 때 어떤지. 뭔가가 정말 놀랍게 여겨지잖아요. 갈루아 확대체와 위상 공간에 대한 그 점은 저한테 놀라웠던 것들 가운데 하나입니다. 그래서 저는 그런 말을, 내시에게 다가가는 학생의 입에 넣었죠. 단, 그 장면에서 학생은 그걸 혼자 생각해 냈다고 믿으며, 우리가 이미 그걸 알고 있는 줄 모르지만요.

어떤 식으로든 누군가 트집을 잡으려 작정하고 이 영화에 달려들면 그 대사는 도발적인 발언이 될 텐데요. 그건 그 배우가 '저 녀석 천재야 괴짜야 도대체 뭐야?' 하는 긴가민가한 반응을 불러일으킬 정도로 연기를 잘 해냈기 때문입니다. 그러나 실제로 거기 앉아서 학생의 공책에 적힌 수학을 분석해 보면 그의 발언 내용이 어떻게 이해될지는 아무도 모르는 거죠.

하지만 제 관점은 그런 데 신경을 쓰지 않는다는 것이었습니다. 기본적으로 저는 배역에 맞게 일을 진행합니다. 비난을 살 위험을 무릅쓰는 것이

[▼] 미국의 수학자 배리 메이저는 하버드대 교수이며 대수기하학과 정수론에 주요한 기여를 하였다. 미국 국립 과학 메달, 오즈월드 베블런 기하학상 등을 수상했다.
[▼▼] 프랑스의 수학자 에바리스트 갈루아Évariste Galois(1811~1832)는 군群의 개념을 처음으로 고안했고, 5차 이상의 대수방정식은 근의 공식을 갖지 않는 다는 것을 증명하였다.

배역에 맞는다면, 비난을 사는 등장 인물은 비난을 달게 받는다는 걸 저는 알았습니다. 저는 제가 등장 인물로 하여금 그런 말을 하게 했다면 제 책임을 다했다고 봅니다.

지워진 리만 가설

베이어　저는 리만 가설과 관련된 어떤 종류의 계산을 내놓아야 했습니다. 단, 제가 직접 자연스럽게 할 수 있는 어떤 걸로 말이죠. 그건 너무 복잡해서 제가 미리 계획해서 할 수가 없었어요. 기본적으로 저는 그냥 그 방 안에 여섯 시간 동안 편안히 있으면서 칠판에 이것저것 적어 나가며 계산을 시도하고 초창기의 시각적인 계산 방법을 찾았습니다. 저는 약 여섯 시간 동안 그 방에 들락거렸는데, 다시 들어갈 때마다 전에 적어 놓은 것들 사이사이의 공간을 사용하고 또 뭔가를 더 지우고 해서 뒤죽박죽의 작품을 만들어 나갔습니다.

　　그런데 론은 다른 이유로 그 방에 들어가야 했습니다. 당시 촬영 중이던 장면을 창문으로 내려다보려고요. 돌아왔을 때 그는 그 칠판 때문에 들떠 있더군요. 우리는 오후에 마침내 그 방에 들어갔고, 러셀은 그곳을 둘러봤죠. 대본에 따르면 러셀은 그 칠판에 다가가서 한두 줄을 보태 적기로 되어 있었습니다. 하지만 러셀은 그게 부적절하다고 생각했어요. "제가 생각하기에 제가 해야 할 일은 이걸 복도에서 바라보면서 한참 심사숙고한 다음 돌아서서 칠판을 지우는 겁니다." 그리고 씩 웃더군요. "데이브 베이어가 오후 내내 공들여 놓은 걸 엎어 버리는 거죠." [그림 2.8]

　　론은 이제 카메라맨의 입장에서 생각했습니다. 어떤 테이크에서든 포커스 링focus ring▾을 잡고 있는 사람이 실수를 하거나, 필름에 잡티가 있거나 하는 등등의 일이 일어날 수 있으니까요. 그래서 론은 이렇게 말하더군

그림 2.8. 데이비드 베이어가 여섯 시간 동안 적어 놓은 것이 막 지워지려는 참이다.

요. "저기 있잖아요, 러셀이 칠판으로 가는 데까지만 몇 테이크를 찍을 겁
니다. 그런 다음에 러셀이 그걸 지우는 장면을 한 테이크로 찍죠."

이제 저는 그 방에서 나가야 했습니다. 아주 작은 방이었거든요. 그들
은 연습을 몇 번 하면서 큰소리로 얘길 주고받았죠. "지울 수 있겠어요?"
"네." "지울 수 있겠어요?" "네." 재미있는 상황이었어요. 마침내 그들은 그
장면을 찍었는데, 잠시 후에 론이 계단을 뛰어올라 와서 이러더군요. "데이
브, 저거 다시 하려면 얼마나 걸리겠어요?" 정말 주먹으로 한 대 맞은 기분
이었죠. 나는 론이 농담한 줄 모르고, 내가 그걸 하는데 정말 여섯 시간이
걸린 것을 그가 모르고 있다고 생각했죠. 하지만 정말 우스워서 다들 웃음
을 터뜨렸어요.

▼ 초점 거리를 조정하는 장치.

△ 금발 미녀와 노벨상

이 영화에서 결정적인 순간 중 하나는 술집 장면에 나온다. 아주 매력적인 금발 미녀가 친구들과 함께 술집에 들어오자 내시에게 불현듯 묘안이 떠오르는 장면이다.

0:19

내시 애덤 스미스의 이론은 수정해야 해.

핸슨 무슨 소리야?

내시 우리가 모두 금발을 노리면 서로를 방해하게 되지. 우리 중에 한 명도 그녀를 얻지 못할 거야. 그래서 그다음에 우리는 금발의 친구들을 노리지만, 그들은 모두 우리에게 퇴짜를 놓을 거야. 꿩 대신 닭이 되고 싶은 사람은 없으니까. 자, 그런데 만약에 아무도 금발을 노리지 않으면 어떻게 될까? 우리는 서로를 방해하지 않고, 다른 여자들의 기분을 상하게 하지도 않지. 그게 우리가 이득을 보는 유일한 방법이야. 우리가 모두 여자와 자는 유일한 방법이라고. 애덤 스미스는 이렇게 말했지. "최상의 결과는 집단의 구성원 모두가 자신에게 가장 이로운 행동을 할 때 나온다." 그렇지, 그렇게 말했잖아. 하지만 불완전해. 알겠어? 왜냐하면 최상의 결과는 집단의 구성원 모두가 자신한테는 물론이고 집단에도 가장 이로운 행동을 할 때 나오기 때문이야.

핸슨 이런 식으로 네가 금발을 차지할 속셈이라면, 꿈 깨.

내시 지배 역학이야. 애덤 스미스는 틀렸어.

곧이어 내시는 급히 자리를 뜬다. 아마도 그에게 떠오른 생각은 (진짜)

존 내시의 박사 학위 논문 주제였던 비협력 게임에 대한 근본적으로 새로운 아이디어일 것이다. 수학자들은 비협력 게임을 이용해 군비 경쟁, 주식 시장 등의 현실적 시나리오 모델을 만든다. 내시의 아이디어는 매우 영향력이 큰 것으로 판명되었다. 그것으로 내시가 1994년에 노벨 경제학상을 받게 될 정도였다.

그 장면을 뒷받침하기 위해 만든 수학을 엿보기 전에 먼저 비협력 게임의 간단한 일례를 살펴보자.■ 이 게임에서는 참가자 세 명이 단지에 들어 있는 돈을 따려고 노력한다. 매번 참가자들은 동시에 손가락을 한 개 아니면 두 개 내민다. 그다음 규칙은 아래와 같다.

- 참가자 한 명만 한 손가락을 내밀면, 그 참가자가 단지에서 1달러를 딴다.
- 참가자 한 명만 두 손가락을 내밀면, 그 참가자가 단지에서 4달러를 딴다.
- 나머지 모든 경우에는 아무도 돈을 따거나 잃지 않는다.

나올 수 있는 네 가지 손가락 조합(참가자들의 순서와 관계없음)은 다음과 같다.

$$(1, 1, 1), (2, 2, 2), (1, 2, 2), (2, 1, 1)$$

내시는 박사 학위 논문에서 지금 비협력 게임의 '내시 균형'이라 불리는 개념을 소개하고 탐구했다. 내시 균형은 다음과 같은 의미에서 모든 참

■ 다음은 로버트 오서먼이 실비아 네이사, 데이비드 베이어와 나눈 대화에서 언급하는 게임의 변형이다. 주 9를 참고하라.

가자들이 '행복한' 혹은 적어도 '불행하지는 않은' 상태에 이르는 결과다. 어떤 참가자도 다른 참가자들이 결정을 바꾸지 않는 상황에서 '일방적으로' 자기 결정을 바꿈으로써 이득을 높일 수 없었다.

이 손가락 게임에서는 (2, 1, 1)이 내시 균형이다. 분명히, 두 손가락을 내민 사람은 그보다 더 잘 할 수 없었다. 그리고 한 손가락을 내민 참가자들도 둘 중 누구든 두 손가락으로 바꿨다고 한들 마찬가지로 아무것도 얻지 못했을 것이므로 그보다 더 잘 할 수 없었다. 그와 비슷하게 (1, 2, 2)도 내시 균형이다. 반면에 (1, 1, 1)과 (2, 2, 2)는 분명히 내시 균형이 아니다.

모든 비협력 게임에 그렇게 간단한 균형이 있는 것은 아니다. 하지만 그런 게임을 되풀이하면서 다른 '혼합 전략'들을 고려하면 상황이 (수학적으로) 더 나은 쪽으로 변할 것이다. 혼합 전략은 각 참가자가 선택지 중 하나를 무작위로 고르지만 거기에 일정한 확률이 있는 전략이다. 혼합 전략을 함께 고려하면 반복 게임의 내시 균형에 대해서도 생각할 수 있는데, 내시는 그런 균형이 '항상' 존재함을 증명했다. 이 게임에서 유일한 그런 균형은 참가자 세 명 모두가 세 번 중 한 번꼴로는 한 손가락을, 세 번 중 나머지 두 번꼴로는 두 손가락을 내미는 경우에 해당한다.■

■ 확률 $p = \frac{1}{3}$은 다음 방정식의 0과 1 사이의 유일한 해다.

$$1 \cdot (1-p)^2 = 4 \cdot p^2$$

각 참가자가 확률 p로 한 손가락을, 확률 $1-p$로 두 손가락을 낼 경우, 각 참가자가 따는 돈의 기댓값은 게임 한 회당 $\$\frac{4}{9} \approx \$0.44$이다.

$$\$1 \cdot (1-p)^2 p + \$4 \cdot p^2(1-p) = \$0.44$$

여기서 참가자들 중 한 명만 자기 확률을 p에서 q로 바꿀 경우, 다음 식을 보면 그 참가자가 평균적으로 따는 돈은 변하지 않음을 쉽게 확인할 수 있다.

$$\$1 \cdot (1-p)^2 q + \$4 \cdot p^2(1-q) = \$0.44$$

이로써 우리가 정말 내시 균형을 다루고 있음이 확인되었다.

자, 그러면 그런 내용이 금발 미녀가 나오는 장면에서 벌어지는 일과 어떻게 관련될까? 데이비드 베이어의 생각은 다음과 같다.

베이어　술집 장면은 게임 이론의 아주 좋은 예로 여겨지지도, 내시 균형을 명확히 설명하는 좋은 예로 여겨지지도 않습니다. 내시의 동시대인이자 좋은 친구인 해럴드 쿤은 이 영화의 자문 위원 역할도 했는데, 왔다 갔다 하면서 아키바에게 그 장면을 완전히 고쳐 쓰도록 설득하려고 애썼습니다.

해럴드의 설명은 수학적으로 훨씬 더 타당하긴 하지만, 그가 왜 시나리오 작가가 아니라 수학자인지를 분명히 알게 해 줍니다. 그의 설명대로라면 아키바가 그 장면에 넣어 놓은 것들을 모두 빼야 했어요. 제가 제작진에 합류했을 때 그들한테는 이런 종류의 멋쩍어하는 태도가 있었습니다. '자, 대본을 보시면 그 술집 장면이 있습니다. 우리는 그게 잘못됐다는 걸 알고 있습니다. 그래도 이 일을 계속하실 수 있겠습니까?' 저는 그런 싸움을 하고 싶지 않았습니다. 저는 사실 그것에 대해 생각해 보았는데 영화의 그 장면이 마음에 들더군요. 저는 모든 일을 배역에 맞춰서 했습니다.

존 밀너John Milnor.[▼] 그는 신입생 때 그래프 이론 첫 수업에 5분 늦게 들어갔는데, 칠판에 어떤 문제가 하나 적혀 있었죠. 그래서 다음 수업에는 착실하게 들어갔는데, 아마 전설에 따르면 그는 이렇게 말했다죠. "나는 아무래도 여기에는 소질이 없나 봐." 왜냐하면 '그 문제'가 밀너가 생각한 것보다 훨씬 어려웠기 때문인데, 하지만 밀너는 그 문제를 이해했습니다.

[■] 영화에 존 내시의 친구 겸 경쟁자로 나오는 마틴 핸슨은 유명한 수학자 존 밀너를 모델로 해서 만든 인물이다.
[▼] 미국의 수학자 존 밀너(1931~)는 미분 위상수학, K이론 등에 대한 업적으로 유명하며, 아벨상, 필즈상, 울프상 등을 수상하였다.

물론 그건 미해결 문제였고, 밀너의 첫 논문 주제가 되었죠.

술집 장면은 내시의 정신에 자리한 일종의 전설적인 풍경입니다. 영화에서 내시는 내시 균형의 최종적인 이해에 서서히 이르니까요. 하지만 내시는 누구나 그러듯이 사람들이 자기에 대해 그런 이야기를 하는 걸 좋아할 겁니다.

어떤 의미에서는 아키바가 그런 전설을 액자식으로 이야기하고 있다고도 말할 수 있습니다. 그건 꿈, 환상인 거죠. 그 꿈 시퀀스에서 아키바는 분명히 액자식으로 정말 뭔가를 이야기하고 있습니다. 내시가 술집에서 그런 통찰력을 얻게 하면서 말이죠. 하지만 우리는 내시가 방 안에서 열심히 고통스럽게 연구하는 사이에 겨울이 봄으로 바뀌는 것을 보여 주어 그가 하룻밤 만에 그걸 뚝딱 해낸 게 아님을 분명히 함으로써 그 꿈 시퀀스를 매우 조심스럽게 부연합니다.

데이비드 베이어가 말한 것처럼, 술집 장면에서 일어나는 일과 그 일이 불러일으키는 듯한 수학적 아이디어 사이에는 매우 느슨한 관계만 있는 것 같다. 분명히 금발 미녀 쟁탈전은 꽤 비협력적인 게임이 될 수 있을 것이고, 무엇이 최적 전략인지 알아내려는 시도는 그 맥락에 맞는 접근법인 듯싶다. 하지만 내시 균형이 내시가 그 장면에서 그 개념을 사용하는 의미인 '최적 전략'과 꼭 같은 것은 아니다. 게다가 그 장면을, 비협력 게임에 존이 내시 균형을 해법으로 내놓는 상황으로 해석하기란 불가능한 듯싶다.[13] 베이어는 이 점에 별로 신경 쓰지 않지만, 우리는 두 가지 상반된 생각이 든다. 술집 장면은 영화적으로 훌륭한 장면이지만, 수학적인 부정확성으로 인해 집중에 방해가 된다.

다시 펜타곤 이야기로

베이어　어쨌든 그다음에 곧 우리는 펜타곤 장면을 찍었는데, 그 장면에는 미국과 캐나다 국경 근처의 이런저런 위도와 경도가 나옵니다. 그런데 아키바는 대본을 기본적으로 끝내지 않고 계속 쓰고 있었습니다. 주로 한밤중에 썼는데, 표면적으로 대본이 완성됐더라도 촬영 전이면 계속 고쳐 썼어요. 그리고 러셀도 항상 새로운 아이디어가 있었고, 론도 항상 새로운 아이디어가 있었죠. 보통 그런 긴장 상태에서는 제작진이 작가가 촬영장에 나오지 않길 바랍니다. 감독이 통제력을 문제없이 유지하고 싶어 하니까요.

아키바와 론은 업무 관계가 원만했습니다. 특히 러셀과는 아주 좋았죠. 무슨 말이냐 하면, 아키바는 늘 촬영장에서 감독을 돕고 그다음에 잠을 자지 않고 대본을 고쳐 썼어요. 그래서 영화 촬영이 끝날 무렵에는 3개월 동안 잠을 안 잔 것처럼 보였을 정도였죠. 하지만 저는 아키바에게 부탁을 했습니다. "저기요, 저는 미술부를 돕고 있는데요. 미국과 캐나다 국경의 이런 마을 이름들을 알아야 될 것 같아요." 그는 피곤한 듯한 표정으로 저를 보며 이러더군요. "데이브, 그건 걱정 말아요."

그러고 나서 저는 점점 더 그 일에 많이 관여하게 되었는데, 제가 그 장면 전체에 넌더리가 났을 즈음에 아키바가 이러더군요. "데이브, 미국과 캐나다 국경의 마을들을 좀 찾아봐 줄 수 있겠어요?" 저는 컴퓨터에 GPS 소프트웨어가 있어서, 국경 전체를 따라 화면을 움직이면서 스타키 코너스 Starkey Corners▼ 같은 재미있는 이름들을 골라낼 수 있었습니다. 그리고 그런 이름들은 결국 좌표와 함께 대본에 들어갔죠.

그게 수학이라고 생각하지 않으실지 모르겠지만, 어떤 면에서는 그것

▼　메인 주의 한 마을 이름. 황량한 구석, 촌구석을 뜻한다.

도 수학입니다. 그건 숫자들인데, 영화 속의 숫자들은 곧 수학입니다. 〈차례로 익사시키기*Drowning by Numbers*〉(1988)▼가 수학이라면, 이것도 수학입니다, 그렇죠? 사실 러셀은 실제로 없는 걸 그냥 막 지어내는 영화가 많다고 생각하고 있었죠. 아키바는 아직 러셀과 신뢰감을 쌓고 있었는데, 언젠가 러셀은 아키바한테 이렇게 물었습니다. "이 대본에 재미있는 이름이 좀 있네요. 스타키 코너스라는 이름은 진짜로 있는 겁니까, 아니면 그냥 지어낸 겁니까?" 그래서 아키바는 저한테 와서 "데이브, 스타키 코너스 말인데요"라고 하면서 러셀이 한 말을 들려줬습니다. "알았어요, 아키바, 내 차에 메인 주에 대한 책이 있거든요. 그걸 가져와서 보여 줄 수 있어요." "좋아요, 가서 가져오세요." 그래서 결국 우리는 그런 장소가 실제로 존재한다는 걸 러셀한테 증명했지요.

◇ 손 대역

베이어　손 대역 부분은 우연히 만들게 됐습니다. 러셀, 론, 아키바가 리허설에서 여러 장면에 대해 의논하고 있었는데, 그들이 잡아 놓은 스케줄에 따라 제가 와서 칠판에 적힐 내용에 대해 그들과 이야기했죠. 러셀도 그걸 적으려 했고, 저도 그걸 적으려 했는데, 그들은 서로 쳐다보더니 생각해 보니까 수학적인 내용은 러셀이 아닌 누군가가 적어야 되겠다고 말하더군요 (그런 과정은 제가 생각한 것보다 훨씬 면밀히 계획되었던 것 같습니다). 그들은 제가 그걸

▼　피터 그리너웨이 감독의 1988년 작품으로, 모녀 3대가 남편과 남자 친구를 차례로 익사시키는 일종의 블랙 코미디 영화다.

해 줄 수 있는지 물었고, 그 일을 어떤 식으로든 진행하고 싶어 했습니다.

우리는 글씨도 매우 비슷하게 보였고, 손 모양도 아주 비슷합니다. 저는 결국 세 달 동안 인조 손톱을 착용해야 했는데, 그건 정말 싫었어요. 제작자는 이 프로젝트에 대한 제 헌신을 보여 주는 증거가 있다면 바로 그 인조 손톱일 거라고 말하더군요. 저는 손톱을 아주 짧게 바싹 깎았는데, 러셀은 손톱이 더 긴 상태를 원했거든요.

기본적으로 손 대역인 사람은 온갖 경우에 손 대역이 됩니다. 손 대역으로서 저는 의상 팀에게 갔고, 분장 팀에게도 갔고, 총을 강에 던졌고, 지도 위에서 마커를 움직였습니다. 말하자면 마치 톰 크루즈 같은 배우가 되어 촬영장에 있는 듯한 환상적인 상황이었어요. 제가 뭐든지 두 테이크 만에 끝내 버려서 제작진이 놀라긴 했지만요. 제작진은 제가 좀 더 긴장할 줄 알았거든요. 그들은 우리 수학자들이 이런 이상한 생각을 한다는 걸 모릅니다. '유전적인 문제만 없었더라면 나는 톰 크루즈가 되었을 텐데.' 이건 그냥 우리의 운명이죠. 그런 촬영은 별일이 아닙니다. 긴장할 이유가 전혀 없어요. 아무튼 그 대역 일은 전체적으로 아주 재미있었습니다.

◁ 숨겨진 수학적 요소

$\alpha\beta - \beta\alpha \rightarrow \heartsuit$

Q 둘이 결혼해서 차를 타고 떠나려 할 때 뒤 유리창에 $\alpha\beta - \beta\alpha \rightarrow \heartsuit$라는 식이 보이잖아요. 그게 다 뭐였죠?

베이어 아, 물어봐 주시니 기쁘네요. 정말 좋아하는 부분이거든요. 스크립트 슈퍼바이저 에바 카브레라라고 있었는데, 그런 걸 요청하는 건 사실 그녀의 역할이 아니었습니다. 하지만 카브레라는 긍정적인 상황을 고려해 볼 때 결혼 장면의 자동차 뒤 유리창에 뭔가가 그려져야 한다고 생각했습니다. 아무도 생각해 본 적이 없는 부분이었죠.

카브레라가 그걸 아키바한테 얘기하자 아키바는 "좋아요, 그렇게 해요, 데이브한테 물어봐요"라고 했죠. 아키바는 그 유리창에 당연히 어떤 수학을 적어야 한다고 생각했고, 그래서 제가 내놓은 수학은 교환자 commutator가 0에 접근하게 하는 거였어요.■ 부부가 더 화목해질 거라는 뜻으로요. 수학자들에게 그 식은 교환자가 0에 접근함에 따라 조화 가능성이 높아진다는 걸 암시할 수 있죠.

저는 제작 준비 단계에서 아키바, 론과 함께 대본 전체를 검토했습니다. 그들은 제가 생각나는 걸 뭐든지 다 말하길 바랐습니다. 결국 그런 의견 열 개 중에 하나만 받아들이게 되더라도 말이죠. 아키바와 제가 뭔가를 함께 쓰려고 했던 자잘한 부분이 많이 있었어요. 그는 제 의견을 귀담아들었습니다. 그리고 아키바와 론은 영화의 수학적인 부분이 제가 느끼기에 적절하길 바랐을 뿐 아니라, 그런 부분이 수학 문외한인 관객들에게 어떻게 느껴질지도 항상 염두에 두고 있었지요. 경우에 따라서는 그게 정반대의 느낌을 줄 수도 있으니까요.

론 하워드와 아키바 골즈먼은 매우 계획적인 예술가들로, 자신이 무엇을 하고 있는지 매우 잘 자각하고 있습니다. 사실 그들은 비평가들이 할 만한 말도 모두 예상하고 있었죠. 그 영화를 만드는 건 계획적인 예술 행위였

■ 두 '수' α와 β의 교환자는 간단히 $\alpha\beta - \beta\alpha$라는 식으로 나타낸다. 두 수가 모두 실수이면 그 교환자는 항상 0이다. 실수는 '교환 법칙이 성립'하기 때문이다. 하지만 수학에는 교환 법칙이 성립하지 않을 수 있는 다른 종류의 수들도 있다(이를테면 앞서 언급했던 사원수). 그런 수들의 교환자는 따라서 0이 아닐 수 있다. 그런 경우의 교환자는 두 수가 교환 법칙 성립 상태에서 얼마나 멀리 떨어져 있는지를 나타내는 '척도'가 된다.

습니다. 돈을 받고 어떤 작용을 해서 사람들을 행복하게 만들어 주는 거죠. 그래서 어쨌든 이건 그런 측면의 완벽한 예입니다. 0은 함축적 의미가 부적절하니까요. 아키바가 이랬죠. "그게 0이면 곤란해요. 그런데 거기 하트가 있어도 될까요?" "네!" 정말 간단했죠. 그래서 그냥 우리는 0을 하트로 바꿨고, 모두가 만족했어요.

$0 \leq \pi \leq 1$

베이어　이것 역시 극소수를 선택해서는 안 된다는 것과 관련된 이야기입니다. 수많은 제작 스틸에 제가 작업한 수학적 요소가 들어 있습니다. 사실 몇 년이 지난 지금도 사람들이 이 영화의 장면 사진을 볼 때마다 거의 항상 그런 게 보이죠. 비난을 많이 받은 사진 중 하나는 러셀이 기숙사 창문을 보는데, 거기에 $0 \leq \pi \leq 1$이라고 적혀 있는 장면입니다.

　이것 또한 전적으로 배역에 맞춘 부분입니다. 저는 존 내시의 연구물에 몰두하고 있었는데, 내시가 대학원생일 때 포커에 대해 쓴 논문이 한 편 있어요. 거기서 내시는 꽤 유쾌하게 자신에게 정확히 스물네 개의 기호가 필요하다는 걸 확실히 밝힌 후, 그리스 문자들을 모두 사용했습니다.[■]

　각 문자에 특정 의미가 어떤 식으로 고정되어 있다고 말하는 사람들이 있다면, 저의 엘리트주의적인 수학적 견해는 (웃음) 수영장의 얕은 가장자리에서 헤엄치는 사람들만 π가 원과 관련되어 있다고 항상 결론짓는다는 것입니다. 나머지 우리는 가능하면 어떤 기호든 다시 정의하는데, 그게 바로 내시가 하고 있던 일이죠. 내시는 $0 \leq \pi \leq 1$이 성립하도록 기호들을 재정의하고 있었어요. 저는 기본적으로 그 시대의 논문을 사용해 기숙사

■　실제로 존 내시는 DVD에 실린 론 하워드와의 대화에서 이를 논한다.

방을 꾸미며 되도록 사실적으로 작업하려고 노력했지만, 결국 사람들은 성급하게 결론을 내려 버렸죠.

파리 대 자전거

●●●

1:53

내시가 학생들과 매우 유명한 수학 문제를 논한다.

내시 ······ 최대 속도 시속 10마일로 서로 접근한다고 치자. B 자전거의 타이어에 파리가 한 마리 붙어 있는데, 시속 20마일로 날 수 있는 그 파리는 B의 타이어를 떠나 A 자전거의 타이어로 날아갔다가 다시 왔다가 하면서 오락가락하는 거야. 그러다가 결국 두 자전거가 충돌하면 그 불쌍한 작은 파리는 찌부러지지.

　이건 정말 집중하는 것, 그리고 여러분이 다루는 분야를 충분히 이해하는 것과 관련해서 중요한 문제야. 수학은 아주 특별해. 일종의 예술 형식이지. 여기 사람들, 특히 생물학을 하는 사람들이 여러분한테 뭐라고 하든지 간에 말이야. 그런 사람들 말은 듣지 마. 하던 이야기로 돌아가지. 이걸 훔쳐다가 책을 써서 유명해지고 싶군.

●●●

　내시의 설명에 빠져 있는 정보는 자전거들이 처음에 얼마나 서로 멀리 떨어져서 출발하는가 하는 점(가령 1마일이라고 치자)과, 다음과 같이 답을 요구하는 실질적인 문제다. 파리는 찌부러지기 전까지 얼마나 먼 거리를 이동할까?

　자전거 두 대 모두 시속 5마일로 나아간다고 가정하고 이 문제를 풀어 보자. 파리가 시속 20마일로 날아가므로, A 자전거에 대한 파리의 상대 속도는 시속 25마일이다. 따라서 B 자전거를 떠난 파리는 $\frac{1}{25}$시간 후에 A 자전거에 도달할 텐데, 그때까지 $\frac{20}{25} = \frac{4}{5}$마일을 이동할 것이다. 그동안 각 자전거는 $\frac{1}{5}$마일을 이동해 둘 사이에 $\frac{3}{5}$마일을 남겨 둘 것이다.

A 자전거에 도착한 파리는 방향을 돌려 다시 B로 나아간다. 그러면서 파리는 $\frac{4}{5} \times \frac{3}{5} = \frac{12}{25}$마일을 더 이동하고, 그동안 자전거들은 서로 $\left(\frac{3}{5}\right)^2$마일 떨어진 위치에 이른다. 그런 식으로 움직임이 계속되면, 파리의 총 이동 거리는 다음과 같은 무한 등비급수가 된다.

$$\frac{4}{5} + \left[\frac{4}{5} \times \frac{3}{5}\right] + \left[\frac{4}{5} \times \left(\frac{3}{5}\right)^2\right] + \cdots$$

일반적인 공식으로 이 합을 계산하면 2가 나온다. 그러므로 우리는 파리가 2마일을 이동한 다음 찌부러진다고 결론짓는다.[■]

사실 이 문제를 푸는 훨씬 더 간단한 방법이 있다. 자전거들이 충돌하기까지 10분의 1시간이 걸린다는 점을 알아차리기만 하면 된다. 따라서 파리는 자전거 충돌 전까지 $20 \times \frac{1}{10} = 2$마일을 이동하게 될 것이다.[■■] 사람들이 그런 간단한 해법을 못 찾고 헤매도록 만들기 위해, 이 문제를 낼 때는 보통 두 자전거가 특정 (상대) 속도(여기서는 시속 10마일)로 서로 접근한다고 명확히 말하기보다는 A와 B가 각각 특정 (절대) 속도로, 이를테면 시속 3마일과 시속 7마일로 이동한다고 말해 준다.

■ 두 자전거의 빠르기가 같지 않은 경우에도 같은 아이디어를 적용할 수 있다. 하지만 두 가지 등비급수를 다루는 만큼 계산이 더 복잡해진다.
■■ 이 방법을 살펴보면, 최종 답이 각각의 자전거 속도에 달려 있는 것이 아니라 두 자전거 속도의 합에만 달려 있다는 점도 명백히 알 수 있다.

다음은 뛰어난 수학자 존 폰 노이만John von Neumann▼에 대한 유명한 두 가지 이야기다. 폰 노이만은 게임 이론의 창안자 중 한 명이다. 내시가 박사 학위 논문에서 일반화한 것은 바로 폰 노이만의 정리 가운데 하나였다. 영화 속의 내시의 지도 교수는 폰 노이만을 모델로 만든 인물이다.■

첫 번째 이야기에 따르면, 내시가 내시 균형의 존재 증명을 폰 노이만에게 보여 주자 폰 노이만은 영화 속의 지도 교수와 달리 전혀 감탄하지 않는다. 폰 노이만은 내시의 성과가 단순한 부동점 정리라고 말하며 그것을 그다지 대수롭지 않게 본 듯하다.

두 번째 이야기에서는 동료 수학자가 파리 문제를 폰 노이만에게 낸다. 폰 노이만은 곧바로 정답을 내놓는다. 감탄한 동료는 이렇게 말했다고 한다. "흥미롭군. 사람들은 대부분 무한급수를 계산하려고 하는데 말이야." 그러자 폰 노이만은 이렇게 말했다고 한다. "무슨 말이야? 나도 그렇게 했는데."

▼ 헝가리 출신 미국 수학자 존 폰 노이만(1903~1957)은 양자 역학, 함수 해석학, 집합론, 위상수학, 컴퓨터 과학, 경제학, 통계학 등 여러 학문 분야에 걸쳐 다양한 업적을 남겼다. 특히 연산자 이론을 양자 물리학에 접목시켰고, 맨해튼 프로젝트와 프린스턴 고등연구소에 참여하였으며, 게임 이론과 세포 자동자의 개념을 공동 개발한 것으로 잘 알려져 있다.
■ 〈폭탄 경쟁Race for the Bomb〉(1987)에도 존 폰 노이만을 모델로 만든 인물이 잠깐 나온다.

3장

수학 선생님의 명강의

〈스탠드 업*Stand and Deliver*〉(1988)은 우리가 아주 좋아하는 영화다. 이 영화는 볼리비아 출신의 수학 교사 하이메 에스칼란테가 이스트 로스앤젤레스 라틴계 지역에 있는 운영 상태가 부실한 변변찮은 가필드 고등학교에 와서 겪는 이야기다. 그는 유머러스하고 카리스마가 있으며 쉽게 만족하지 않는 교사로, 반 학생들에게 수학 AP 시험을 보도록 설득한다.■ 학생들은 너무 좋은 성적을 거두는 바람에 시험 주관 기관으로부터 억울하게 부정행위 혐의를 받는다.

　　이 영화는 대체로 실화를 토대로 하지만 사실과 다른 중요한 부분이

■ AP(Advanced Placement) 프로그램은 미국의 학생들이 고등학교에서 배우는 과목으로 대학 학점을 미리 취득할 수 있게 하는 제도다. AP 과목은 보통 고등학교에서 가르치지만, 그 시험은 칼리지보드라는 회사가 주관하고 독립적으로 평가하는데, 그 회사는 〈스탠드 업〉에 사실상 악역으로 나온다.

있는데, 이것에 대해서는 이 장의 마지막에서 자세히 다룬다.[14] 실존 인물 에스칼란테는 가필드 고등학교 사건으로 유명해져서 결국 1988년 대통령 교육 공로상을 받았고 1999년 미국 교사 명예의 전당에 이름을 올렸다.

애석하게도 하이메 에스칼란테는 2010년에 세상을 떠났다. 그는 죽기 직전까지 수학 교육을 증진시키는 데 적극적으로 참여하며 수학에 대한 열정을 여러 사람과 나누었다. 〈스탠드 업〉이 성공을 거둔 것은 무엇보다도 에스칼란테 역을 연기한 에드워드 제임스 올모스가 그런 열정을 잘 담아냈기 때문이다.

〈스탠드 업〉은 수학에 대한 이야기도 사실상 수학 교육에 대한 이야기도 아니다. 이 영화는 인간의 정신에 대한 이야기다.[*] 그래도 이 영화에는 수학이 많이 들어가 있다. 게다가 대다수 학원물 영화들과 달리 수학이 그 자체로 적절할 뿐 아니라 맥락과 관련해서도 적절하다. 학생들의 싸움 상대인 수학은 그들이 진작 싸웠어야 했던 대상이다.

학생들이 성장함에 따라 수학 분야도 산술과 대수학에서 삼각법과 미적분학으로 진전된다. 우리는 영화에 나오는 수학을 낱낱이 언급하진 않겠다. 하지만 몇몇 장면들은 주목할 만하다. 에스칼란테 교육 방식의 특징과 그것이 극중에서 하는 역할을 보여 주는 그런 장면들은 우리가 이 영화를 살펴보는 데 길잡이가 될 것이다.

■　인간의 정신에 대한 영화들 중 드물게 〈스탠드 업〉은 우리가 '인간의 정신'이라고 쓸 때 거북하지 않은 작품이다.

△ 핑거맨

처음 등장했을 때 에스칼란테는 교실에서 제멋대로 굴고 공부에 아무 관심 없는 학생들과 맞닥뜨린다. "전 수학이 필요 없어요. 계산기랑 도넛 열두 개가 있는 걸요." 그 수업은 때 이른 종이 울리는 바람에 곧 끝나 버리지만, 다음 수업에서는 분위기가 잡힌다. 에스칼란테는 정육점 앞치마를 두른 차림으로 나타나 큰 식칼을 휘두른다. 그리고 사과를 잘라 예로 들며 분수를 학생들에게 설명한다. 그러던 중에 불량 학생들인 추코와 앙헬이 늦게 나타나는데, 에스칼란테는 작은 목소리로 추코와 대화를 나눈다.

0:10

에스칼란테　구구단을 외울 줄 아니?

추코　[엄지손가락을 펴 보이며] 1단 알고요, [집게손가락을 펴 보이며] 2단 알고요, [가운뎃손가락을 펴서 모욕적인 손 모양을 만들며] 3단 알고요……

에스칼란테　핑거맨Finger Man. 들어봤지. 네가 핑거맨이니? 나도 핑거맨이란다. 내가 뭘 할 줄 알게? [열 손가락을 펴 보인다.] 나는 9단 곱셈을 할 줄 안단다. 9 곱하기 3. 1, 2, 3[손가락으로 수를 세어 결국 굽힌 손가락의 한쪽에는 두 손가락, 다른 쪽에는 일곱 손가락이 있게 한다. 그림 3.1 참조]. 얼마가 나왔지? [손가락을 꼼지락거리며] 27! 9 곱하기 6. 1, 2, 3, 4, 5, 6. 얼마가 나왔지? [손가락을 꼼지락거리며] 54! 그렇잖아. 어려운 걸로 해 볼까? 9 곱하기 8 어때? 1, 2, 3, 4, 5, 6, 7, 8. 얼마가 나왔지? [손가락을 꼼지락거리며] 72!

에스칼란테는 9단 곱셈의 교묘한 요령을 보여 주었다(그 요령이 통하는 이

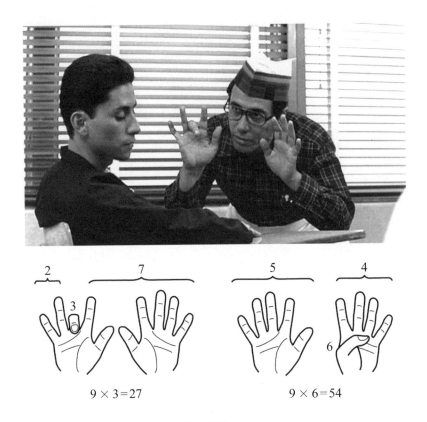

그림 3.1. 에스칼란테가 9단 곱셈의 요령을 보여 준다.

유는 답의 각 자릿수의 합이 9이기 때문이다). 이 요령은 그 자체로도 깜찍하지만,
나중에 일어날 극적 사건과 관련된 메시지도 담고 있다.■

■ 〈콜롬보Columbo〉와 비슷한 일본 TV 드라마 〈후루하타 닌자부로Furuhata Ninzaburo〉의
주인공 형사도 '수학자 살인 사건Murder of a Mathematician'(1995)이라는 에피소드의 도입부에서 비
슷한 핑거맨 요령으로 7 × 8 = 56을 계산한다.

△ 구덩이 메우기

다음 수업 시간에 에스칼란테는 0과 음수에 대해 설명한다.

0:15

에스칼란테   구덩이를 파 본 적 있지? 구덩이에서 나온 모래, 그게 바로 양수야. 구멍은 음수고. 그게 다야. 간단하지. 누구나 할 수 있는 일이야. 마이너스 2 플러스 2는…… [앙헬에게 대답을 해 보라고 꼬드긴다]. 얘네가 너를 비웃게 할 거냐?

앙헬   [시무룩하게] 0이요.

에스칼란테   맞아. 간단하지. 바로 그거야! 마이너스 2 플러스 2는 0이지. 앙헬은 구멍을 메운 거야. 너희들, 그리스인도 로마인도 0이라는 개념을 사용할 줄 몰랐다는 거 알고 있니? 값이 없는 수 0에 대해 처음으로 깊이 생각한 사람들은 바로 너희 조상인 마야족이었단다. 실화야. 너희는 수학에 타고난 소질이 있어.

에스칼란테의 말은 대체로 정확하다. 마야족은 그리스인, 로마인들과 달리 숫자 자리 표기법과 관련하여 0에 대한 어떤 개념이 있었다. 예컨대 23이라는 숫자에서 2는 '이십'을 의미하고, 203이라는 숫자에서 2는 '이백'을 의미한다. 여기서 자리를 맞추는 요소로서 두 수를 분명히 구별 짓는 것은 바로 0이다.

하지만 0을 자리 맞추는 요소로 두는 것은 $2 - 2 = 0$이라는 식에서처럼 0이 어떤 수 자체임을 이해하는 것과 같지 않다. 0에 대한 그런 더 예리한 지식은 마야족에게 없었던 것 같다. 기원후 800년경에 (마야족보다 먼저) 인도 수학자들이 0을 수로 보는 더 정확한 개념과 씨름한 끝에 그것을 이

그림 3.2. 에스칼란테가 음수의 곱셈 방식을 학생들에게 주입하고 있다.

해하는 데 성공했다.[15]

0에 대해 설명한 후 에스칼란테는 이어서 괄호와 음수를 논한다(그림 3.2).

에스칼란테　　　　　주목! 자, 괄호는 곱하라는 뜻이야. 이게 보일 때마다 곱하기를 해. 음수 곱하기 음수는 양수야. 음수 곱하기 음수는 양수. 따라 해! 음수 곱하기 음수는 양수. 말해 봐!

학생들과 에스칼란테　음수 곱하기 음수는 양수.

에스칼란테　　　　　다시!

학생들과 에스칼란테　음수 곱하기 음수는 양수. 음수 곱하기 음수는 양수.

에스칼란테　　　　　안 들려!

학생들과 에스칼란테	음수 곱하기 음수는 양수.
에스칼란테	더 크게!
학생들과 에스칼란테	음수 곱하기 음수는 양수.
에스칼란테	더 크게!
학생들과 에스칼란테	음수 곱하기 음수는 양수.
에스칼란테	[부드럽게] 왜?

위 장면에는 수학 교육의 두 가지 측면이 강조되어 있다. 첫째, 사실이 의문 없이 참으로 받아들여질 때까지 사실을 주입하기. 둘째, 질문하기. '왜' 그것이 참인가?(독자 여러분도 생각해 보시라. 어째서 음수 곱하기 음수는 양수일까?)

◇ X가 여자 친구의 수라고 하자

영화에는 계속해서 에스칼란테가 대수학을 가르치는 장면이 몇 차례 나온다. 대체로 수학은 앙헬이 죄인 시늉을 하는 멋진 장면(그림 3.3)에서처럼 배경의 구성 요소로 나온다.

대수학 입문 후에 한 문제를 자세히 논하는 장면이 나온다.

0:32

학생들　[칠판에 적힌 글을 읽으며] 후안은 페드로보다 여자 친구가 다섯 배로 많다. 카를로스는 페드로보다 여자 친구가 한 명 적다. 그들의 여자 친구는 다 합

그림 3.3. 앙헬이 다항식 제단에서 희생되고 있다.

쳐서 스무 명이다. 이 바람둥이들은 각각 여자 친구가 몇 명일까?

에스칼란테　　　말해 볼 사람. [티토가 손을 든다.] 알아냈니, 아인슈타인? 말해 볼래?

티토　　　후안은 X. 카를로스는 Y. 페드로는 X 플러스 Y. 페드로는 양성애
자예요 뭐예요?

에스칼란테　　　너 참 대단하구나. [티토가 에스칼란테에게 키스를 날려 보낸다.]

클라우디아　　　선생님. 5X가 후안의 여자 친구 수죠?

에스칼란테　　　맞아, 하지만 너는 결국 임신해서 부엌에 맨발로 서 있을 것 같구
나. [학생들이 웃는다.]

라파엘라　　　여자 친구 수가 음수일 수도 있어요?

에스칼란테　　　아니, 남자 친구 수만 음수일 수 있어. [하늘을 올려다본다.] 용서해 주
십시오. 저들은 자신들이 무엇을 하는지 모릅니다!

앙헬　　　카를로스는 여자 친구가 X 마이너스 5명이죠, 아니에요?

에스칼란테　　　'아니에요?'는 맞아. 아니야. [루페가 손을 든다.] 내 기도가 통했구나!

루페　　　화장실에 가도 돼요? [웃음]

에스칼란테　　　10분 있다가. 기다려. [하비에르에게 다가간다.] 마야 선생, 말씀해 보

시계.

하비에르 [우쭐해서 연필을 까딱거리며] 함정이 있는 문제네요, 선생님. 얘네한테 겹치는 여자 친구가 몇 명 있는지 모르면 못 풀어요, 맞죠?

에스칼란테 [수업을 참관하는 사람들을 보며] 애들이 바보는 아닙니다. 그냥 아무것도 몰라서 그래요.

하비에르 제가 틀렸어요?

아나 [막 교실에 들어와 문 옆에 서서] 페드로의 여자 친구 수를 X라고 하면, 후안의 여자 친구 수는 5X, 카를로스의 여자 친구 수는 X 마이너스 1이예요. X 플러스 5X 플러스 X 마이너스 1은 20, 그러니까 X는 3입니다. [학생들이 박수를 치고, 아나는 자리에 앉는다.]

아나가 선생님이 기대한 답을 내놓았고 그 대수 계산도 정확했지만, 하비에르의 말도 일리가 있다. 에스칼란테는 두 명 이상의 바람둥이와 사귀는 여자 친구가 없다고 학생들이 가정하리라 예상하고 있지만, 하비에르가 알아챘듯이 그런 가정이 없으면 이 문제에는 답이 여러 개 존재하게 된다.

△ 뉴턴은 멍청했구나

에스칼란테는 반 학생들에게 (미적분학 위주로) AP 수학 시험을 준비시키기로 마음먹는다. 학생들이 보충 수업에 참석하려면 부모의 허락이 필요한데, 한 학생이 어머니를 설득하려는 장면이 나온다.

클라우디아　　　　엄마, 미적분은 아이작 뉴턴 경이 발명한 수학이야. 그걸로 뉴턴은 지구가 공전한다는 걸 알아냈어. 하지만 자기가 발명한 걸 굳이 다른 사람들한테 말하진 않았어. 다른 과학자가 자기가 미적분을 발명했다고 주장하면서 돌아다니기 전까지는 말이야. 그런데 그 과학자는 너무 멍청해서 계산이 다 틀렸어. 그래서 뉴턴이 나서서 그 사람 실수를 바로잡아야 했어. 어때 멋지지 않아?

클라우디아의 어머니　　뉴턴은 천재치고는 멍청했구나.

클라우디아가 말한 인물은 미적분학의 공동 발명자인 고트프리트 빌헬름 라이프니츠다. 클라우디아가 말한 역사는 대체로 정확하지만, 라이프니츠가 그 아이디어를 독립적으로 내놓지 않았을지도 모른다는 함축적 암시와, 라이프니츠가 멍청해서 계산이 다 틀렸다는 공공연한 주장은 부적절하다.

그다음에는 학생들이 아주 이른 아침에 교실에 와 있는 장면이 나온다. 그들은 회전체의 부피를 '원반들로' 계산하는 일반적인 미적분 방법을 배우고 있다. 그래서 선생님은 $y = x^2$ 그래프의 $x = 0$부터 $x = 2$까지를 y축 둘레로 회전시켜 사발 모양을 만들어 놓았다. 임의의 높이 y에서 사발의 반지름이 x이므로, 사발의 가로 단면인 원반의 넓이는 πx^2이 된다. 따라서 에스칼란테가 칠판에 적어 놓은 다음 식이 나온다(그림 3.4).

$$V = \pi \int_0^2 x^2 \mathrm{d}y$$

하지만 학생들은 오로지 잠들지 않으려고 안간힘을 쓰고 있다.

그림 3.4. 에스칼란테가 원반들로 부피를 구하는 법을 가르치고 있다.

0:44

에스칼란테　　하나, 그래프가 있지, 바로 여기. 둘, 띠, 가장 중요한 부분은 바로 여기야. 그게 회전 반지름이지. 여기까지야. 질문 있는 사람? [에스칼란테는 티토가 자고 있는 모습을 보고, 수건으로 티토를 살짝 때린다.] 일어나, 아침이야! 잘 잤니?

티토　　[몽롱한 상태로] 허수를 속삭이는 돌고래들이랑 수영하면서 4차원 세계를 찾고 있었어요.

에스칼란테　　[티토의 머리를 수건 위로 내리며] 좋아! 더 자렴. 그건 아주 좋은 꿈이야.

　　다음 수학 장면에는 판초가 칠판 앞에서 어떤 부분 적분 문제와 씨름하며 헤매고 있는 모습이 나온다(그림 3.5). 그는 다음 적분을 계산하려고 시도한다.

그림 3.5. 판초가 부분 적분 문제와 씨름하고 있다.

$$\int x^2 \sin x \, \mathrm{d}x = -x^2 \cos x + 2x \sin x + 2 \cos x + C$$

판초의 계산은 정확하지만 도움이 되지 않는데, 그것은 그가 (일반 기호를 사용하면서) u와 $\mathrm{d}v$에 대응하는 대상을 잘못 골랐기 때문이다.

●●

0:48

에스칼란테   지름길을 이용해 봐. 쉬워. 어린 애들도 풀 수 있는 문제야.

판초   선생님, 저는 머리가 이런 식으로 안 돌아가요!

에스칼란테   틱택토tic-tac-toe! 식은 죽 먹기지. 녹색 불을 기다려.▛ [판초가 칠판을 보고 있다가 주먹으로 칠판을 쾅 친다.]

판초   나는 너희랑 2년을 같이 보냈어! 내가 제일 멍청하다는 거 다들 알잖아. 나는 미적분 못해!

에스칼란테   너 가나gana▛▛가 있니? 의욕이 있어?

$$\int x^2 \sin x \, dx =$$

$$-x^2 \cos x + 2x \sin x + 2 \cos x$$

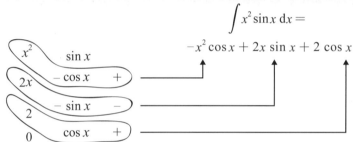

그림 3.6. 에스칼란테의 지름길.

판초　　　그럼요! 가나는 있어요!

에스칼란테　　내가 풀어 줄까?

판초　　　네!

에스칼란테　　'아니요'라고 해야지! [그 적분 문제를 이어서 푸는 에스칼란테는 글을 적으면서 판초에게 말한다.] 틱. 택. 토. 간단하지.

●●

▼　틱택토는 오목과 비슷한 삼목 게임이고, 녹색 불을 기다리라는 말은 어린이들의 신호등 놀이에서 쓰는 표현이다. 에스칼란테는 판초가 풀고 있는 문제가 아주 쉽다는 뜻으로 이런 말을 한다.

▼▼　의욕을 뜻하는 스페인어.

에스칼란테는 실제로 어떤 부분 적분 문제를 푸는 아주 멋진 방법을 내놓는데, 그 방법에서는 u항, 즉 x^2을 거듭 미분한다(그림 3.6 참고). 제1열에는 u와 그것의 도함수들(0에까지 이르도록 거듭 미분해 얻은 도함수들)을 적고, 제2열에는 $\frac{dv}{dx} = \sin x$와 그것의 역도함수들을 적고, 제3열에는 플러스와 마이너스를 번갈아 적는다. 그리고 그림 3.6에 표시된 대로 곱셈을 해서 에스칼란테는 적분으로 만들어지는 모든 항을 얻는다.

그런데 가만 보면, 지름길 요령을 강조함으로써 에스칼란테는 판초의 착오를 무시하기도 한다. 9단 곱셈의 핑거맨 요령과 마찬가지로 이것은 (영화 속 및 실제의) 에스칼란테의 교육 방식을 보여 준다. 그는 근본적인 이해보다 반복 연습과 기법을 훨씬 더 많이 강조한다. 이 장면에서는 에스칼란테의 마법의 단어인 '가나'도 사용한다. 에스칼란테에게 무엇보다 중요한 것은 '의욕'이다. 그것이 바로 이 영화의 메시지다.

에스칼란테는 무리해서 일하다가 가벼운 심장마비를 일으키는 지경에 이른다. 이전 장면에서 에스칼란테는 반 학생들에게 함수 $f(x) = 3\sin(2x + \pi)$에 대해 질문하지만, 무엇이 잘못되었는지 알아차리지 못한다(그림 3.7).

0:52

에스칼란테 제1사분면에서 이 곡선으로 둘러싸인 부분의 넓이를 구하려고 한다. 구간이 어떻게 되지? 아무나 말해 봐.

티토 0에서 $\frac{\pi}{2}$까지요.

에스칼란테 틀렸어. 루페.

루페 0에서 $\frac{\pi}{2}$까지 아니에요?

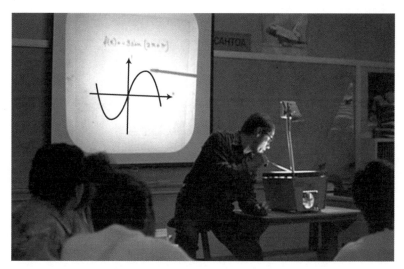

그림 3.7. 에스칼란테가 학생들을 잘못 이끌고 있다.

에스칼란테 너희들 왜 그러니? 이건 복습이잖아.

루페 선생님, 제가 한 거 두 번이나 확인해 봤어요.

에스칼란테 그래프를 줬잖니. 다시 확인해 봐.

앙헬 아녜요, 선생님, 저도 뚱뚱이랑 같은 답이 나와요.

루페 뚱뚱이라고 부르지 마, 멍청이야!

아나 0부터 $\frac{\pi}{2}$ 까지 맞아요, 선생님.

하비에르 맞아요. 저도 그렇게 나와요.

에스칼란테 이건 당연히 알아야 하는 거야. 안 돼, 이러면 안 돼. 알아야 해. 너희들 왜 그러니? 복습이잖아! 어두운 방에서 거기 있지도 않은 검은 고양이를 찾는 장님처럼 굴고 있구나. 왜 그래? 믿기지가 않는구나. 너희 지금 내 뒤통수를 치고 있어! 안 돼! 안 돼!

문제는 에스칼란테가 그래프를 잘못 그려 놓았다는 데 있다. 함수 $f(x) = 3 \sin(2x + \pi)$는 $x = 0$과 $x = \dfrac{\pi}{2}$에서 0이지만, 그래프가 그런 범위 사이에서 x축 '아래'에(즉 제4사분면에) 있다. 그러므로 에스칼란테의 그래프와 모순되는, 제1사분면 첫 영역의 옳은 구간은 $\dfrac{\pi}{2}$부터 π까지다.

에스칼란테가 학생들을 장님에 빗댄 표현은 사실 찰스 다윈이 '모든' 수학자들과 수학 연구의 본질을 평하면서 말한 유명한 구절이다. 작은 실수를 한 (듯한) 학생들에 대한 표현으로 그 구절을 에스칼란테가 사용한 방식은 다윈이 말한 방식과 상당히 다르다.

◁ 학생들이 한 번 더 일어서다

마침내 학생들은 AP 시험을 본다. 그들이 문제와 씨름하고 시험 후에 한숨을 돌리는 장면이 나온다. 하지만 그다음에는 이 영화에서 가장 중요한 사건이 일어난다. 외부 기관이 학생들의 부정행위 혐의를 제기한 것이다.

어쩔 수 없이 학생들은 재시험을 본다. 그리고 클라이맥스 장면에서 학생들의 점수가 전화로 발표된다. 모두 합격이다. 그리고 영화가 끝나는 장면에서 에스칼란테는 학교 복도를 걸어가며 승리의 주먹을 내지른다.

◁ 진짜 하이메 에스칼란테 선생님, 일어서 주시겠습니까?

앞서 이야기했듯이 〈스탠드 업〉의 줄거리는 대체로 실화다. 영화의 주요한 허구적 측면은 다년간 여러 반의 학생들과 한 일을 2년간 한 반과 한 일로 압축했다는 점이다.

하이메 에스칼란테는 1974년에 가필드 고등학교에서 일하기 시작했다. 그 학교에는 이미 AP 수학 프로그램이 있었지만 제대로 운영되지 않고 있었다. 1978년에 에스칼란테는 이 프로그램에 착수했다. 그의 첫 AP 수학반은 학생 열네 명으로 시작했다. 다섯 명의 학생이 끝까지 남아 1979년에 시험을 봤고, 그중 두 명이 합격했다.

에스칼란테의 프로그램은 매년 규모와 합격자 수가 증가했다. 〈스탠드 업〉은 열여덟 명의 학생이 시험을 본 1981~1982년 수학반의 이야기다. 그 학생들 가운데 열네 명이 부정행위 혐의를 (암암리에) 받았는데, 그런 혐의를 받지 않은 이들은 모두 그 시험에 합격했다. 피의 학생들은 재시험을 제안받았는데, 두 명은 이미 대학 입학 제의를 받은 터라 그 제안을 거절했다. 나머지 열두 명은 재시험에 참석했고 모두 합격했다. 영화의 맨 마지막에 자막으로 나오듯이, 에스칼란테의 프로그램은 계속 성장하여 미국에서 가장 성공적이라고 할 만한 프로그램이 되었다.

시간의 압축은 매우 극적인 영화를 낳긴 하지만, 중요한 부분과 관련해 오해를 불러일으키기도 한다. 이 영화에는 에스칼란테가 그 수학 프로그램을 얼마나 빨리 호전시킬 수 있었는지, 그리고 그가 수학에 무지한 학생을 성공으로 얼마나 빨리 이끌 수 있었는지가 과장되어 있다. 그런 과장은 에스칼란테의 반들이 해가 갈수록 계속 더 나아졌다는 이야기를 관객에게 납득시키는 데 일조하기도 한다.

이 이야기에서 혼동될 만한 또 다른 요소는 에스칼란테의 목표와 관련되어 있다. 수학 교육을 통해 에스칼란테는 학생들이 자기 능력과 가능성을 자각하게 하고자 했다. 주된 목표는 학생들이 수학을 이해하고 수학의 진가를 알게 하는 데 있었던 것이 아니라, 학생들에게 의미 있고 실질적

그림 3.8. 헥터 폰스의 벽화 〈로스앤젤레스의 교사들Los Angeles Teachers〉의 일부로, 하이메 에스칼란테와 에드워드 제임스 올모스가 함께 있는 모습이다. 이 벽화는 로스앤젤레스의 윌셔 대로와 사우스앨버라도 가가 만나는 모퉁이에 맥아더 공원을 향해 그려져 있다.

인 성취가 되는 시험 합격에 있었다. 이러한 부분은 영화 속에서 충분히 강조되어 있지 않다.

에스칼란테가 학생들에게 주입한 간편한 계산 요령은 학생들이 비슷하고 특이한 실수를 하는 원인이 되기도 했다. 이는 학생들의 성적이 의혹을 불러일으킨 이유를 설명하는 데에도 어느 정도 도움이 된다. 하지만 학생들의 성적이 의혹을 불러일으킨 또 다른 이유가 있다. 그들의 성적은 사실상 의심스러웠다. 실제로 학생들 중 일부가 부정행위를 했는지 여부가 분명하지 않다(재시험에 합격함으로써 원래 그런 짓을 할 필요가 없었음을 입증하긴 했지만). 그런 점은 제이 매슈스의 훌륭한 책에서 어느 정도 자세히 다루고 있다. (주 14를 참고하라.)

끝으로, 이 영화가 오해를 불러일으키는 한 가지 방식이 더 있다. 〈스탠드 업〉은 에스칼란테를 의지가 강하고 표현이 다소 신랄한 인물로 묘사했지만, 실제 에스칼란테가 얼마나 거침없이 사람들을 화나게 했는지는 실감나게 보여 주지 않는다. 실제로 에스칼란테는 어리석은 짓에 관대하지 않았고, 가필드 고등학교에서 강압적이고 비판적이며 오만한 태도 때문에 적이 많이 생겼다. 사실상 퇴출된 에스칼란테는 1991년에 가필드 고등학교를 떠났다. 그 후 가필드 고등학교의 AP 프로그램은 곧 무너졌다.

하지만 이러한 것들은 아주 사소한 불평에 불과하다. 〈스탠드 업〉은 놀라운 이야기와 참으로 위대한 교사(그림 3.8)에 대한 훌륭한 영화다.

4장

주석이 달린 파이 파일

대런 아로노프스키Darren Aronofsky 감독의 〈파이π〉(1998)는 어두운 세계를 잘 그려 낸 수작이다. 대본도 치밀하고 연기도 매우 훌륭하며 아름다운 수학도 많이 나오는 이 작품은 꼭 봐야 할 컬트 영화이자, 수학 관련 영화 클립을 얻기 좋은 자료이기도 하다.

이 영화는 숀 걸럿이 연기한 뛰어난 수학자 맥스 코언에 대한 이야기다. 맥스는 주식 시장을 구성하는 수들의 패턴을 발견하기 위해 고심한다. 이 과정에서 그는 수학의 아이콘들 가운데 일부인 π, 피보나치 수열, 황금비를 우연히 접하게 된다.

맥스는 유대교 신비주의의 수비학(數秘學, numerology)과도 얽힌다. 사실 맥스의 문제에 대한 답은 그의 새로운 유대교도 친구가 신의 이름으로 여기는 216자릿수에 숨어 있는 듯하다. 그 수는 모든 것에 대한 열쇠로 큰 피해를 초래하는 힘이 있는 것처럼 보인다. 맥스의 컴퓨터 유클리드는 그 수가 숨어 있는 듯한 패턴을 분석하다가 계속 고장이 나고, 맥스는 심신을 쇠약하게 하는 편두통 발작에 시달린다. 한편 맥스의 박사 과정 지도 교수였던 솔 로비슨은 두 차례 뇌졸중으로 쓰러지는데 두 번째에는 결국 죽고 만다. 마침내 맥스는 수에 대한 기억의 흔적을 모두 없애기 위해 어쩔 수 없이 자기 머리에 드릴로 구멍을 뚫는다.

여기서 우리는 이 영화의 수학 관련 장면을 통해 주석이 달린 버전으로 이야기를 들려준다.

◁ 수학자 맥스

0:02

이 장면은 맥스를 수를 다루는 데 뛰어난 인물로 보여 준다. 맥스가 아파트에서 나오는데, 발랄한 소녀 제나가 그에게 달려온다.

제나   아저씨! 아저씨! 그거 할까요?

맥스   제나.

제나   322 곱하기 481. [제나는 휴대용 계산기에 그 식을 입력한다.]

맥스   [곧바로] 158, 102. 맞지?

제나   맞아요!

사실 이 부분에는 오류가 하나 있다. 제나는 감독의 촬영 대본에 따르면, 그리고 영화 속의 그 답이 나오려면 322×481이 아니라 322×491이

라고 말했어야 했다.■

맥스가 계단을 내려가자 제나는 그의 뒤를 향해 큰 소리로 말한다.

제나   그럼, 73 나누기 22.

맥스   [또 곧바로] 3.3181818··· [$\frac{73}{22} = 3.3181818\cdots$].

여기서 맥스는 계단을 하나씩 내려가면서 한 계단에서 '1,' 다음 계단
에서 '8' 하는 식으로 되풀이하여 말하는데, 그의 목소리는 계단을 내려감
에 따라 점점 작아진다. 이는 그 수의 무한 소수 전개를 시적으로 묘사한
장면이다.

◁ 수학은 자연의 언어다

0:03

맥스   [내레이션] 가설 재진술.

1. 수학은 자연의 언어다.

2. 우리 주변의 모든 것은 수로 표현하고 이해할 수 있다.

■   감독의 촬영 대본에는 영화에 없는 장면들이 실려 있고 수학도 더 많이 포함되어 있다. 이 책을
쓰고 있던 시점에 그 대본은 다양한 웹 사이트에서 쉽게 찾아볼 수 있었다. 읽을거리로 강력히 추천
한다.

3. 어떤 시스템이든 그 수들을 그래프로 나타내면 패턴이 드러난다.

그러므로 자연 어디에나 패턴이 존재한다. 증거: 질병의 주기적 유행, 순록 개체 수의 증감, 태양 흑점 주기, 나일 강의 유량 변화. 그렇다면 주식 시장은 어떨까? 세계 경제를 나타내는 수들의 영역. 수많은 사람들이 영향을 미치고 있다. 수많은 정신들, 활기차게 아우성치는 광대한 네트워크, 유기체, 자연적 유기체. 내 가설은 이렇다. 주식 시장 내부에도 패턴이 있다. 바로 내 앞에, 숫자들 뒤에 숨어 있다. 늘 그래 왔다.

●■■■

이는 맥스의 연구에 대한 접근법을 명쾌하게 요약해 주는데, 맥스에 따르면 그 연구는 자연 속의 수에 대한 정수론이다. 하지만 나중에 그것은 (현실 세계에서) 수비학(에 해당하는 것)으로 전락한다.

DVD에 실린 해설에서 대런 아로노프스키 감독은 영화 속의 수학에 대해 이렇게 말한다. "이런 수학적인 것들은 모두 진짜입니다. 피보나치도 진짜로 있었던 사람이었고 황금 나선도 진짜였죠. 영화를 위해 그런 걸 지어내지 않았어요. 성경에서, 수학 교과서에서, 피타고라스한테서 이것저것 많이 따왔습니다. 말하자면 그런 것들을 한데 뭉쳐 놓은 겁니다."

◇ 파이의 패턴

●■■■

0:10
맥스가 지도 교수였던 솔과 바둑을 두고 있다.

솔   자네는 한 번도 쉰 적이 없어.

맥스   조금만 더 하면 돼요.

솔   얼마 전에 조카딸이 사 준 이 물고기 봤나? 이카로스라는 이름을 붙였다네. 자네, 이탈한 내 제자를 생각하면서 말이야. 너무 높이 날면 타 버려. 자네는 보면 볼수록 30년 전 내 모습이 많이 보여. 내 수제자인 자네는 열여섯 살에 논문을 발표하고 스무 살 때 박사 학위를 땄지. 하지만 수학이 인생의 전부는 아니야, 맥스. 나는 π의 패턴을 찾으면서 40년을 보냈어. 하지만 아무것도 못 찾았네.

맥스   뭔가 찾아냈잖아요.

솔   뭔가 찾아냈지. 하지만 그게 패턴은 아니었어.

맥스와 솔이 말하는 '패턴'이란 분명히 π의 소수 전개 3.1415…에 들어 있는 어떤 종류의 패턴을 뜻한다. 하지만 사실상 π의 소수 전개에 대한 연구는 최고 수준의 수학자에게 비교적 무의미한 시도다.

'수'가 있고 '수를 적는(표현하는) 방법'이 여러 가지 있는데, 수학자가 아닌 사람들은 그 둘을 혼동하기 쉽다. 수의 (십진법) 소수 전개는 유용한 관습이지만, 십진법을 쓰는 것은 순전히 (대부분의) 사람들이 손가락이 열 개라는 생물학적 우연 때문이다. 하지만 어떤 수를 십진법으로 적어서 그 수에 대한 특별한 혹은 깊은 통찰력을 얻게 되는 경우는 거의 없다.

예컨대 우리는 어떤 수의 소수 전개 전체를 보면 그 수가 유리수인지 아닌지 적어도 이론적으로는 알 수 있다. 소수 전개가 영원히 반복되는 수는 유리수다(그런 수만 유리수다). 앞서 제나가 말한 $\frac{73}{22} = 3.318181818\cdots$도 그런 수다. 하지만 10이 아닌 다른 어떤 수를 기수로 해서, 이를테면 이진법이나 삼진법으로 소수 전개를 해도 그 명제는 마찬가지로 참이다.

일례로 π는 무리수로 알려져 있다(π의 소수 전개를 조사해서 이를 알아낸 것은

아니지만). 따라서 π의 유명한 십진법 소수 전개와 이진법 소수 전개

$$11.0010010000111111011010101010001000\cdots$$

는 둘 다 반복 없이 영원히 계속된다.■

π의 소수 전개가 그 중요한 수에 대한 연구에서 별로 의미가 없음을 깨닫는 것도 중요하지만, 수학이 흔히 묘사되듯이 비인간적인 주제가 아님을 깨닫는 것도 그에 못지않게 중요하다. 전적으로 인간적인 동기와 미의식 때문에 수학자들이 공식적으로 중요하지 않은 문제에 집착하는 경우가 많다. π의 소수 전개는 그런 일례로, 새 슈퍼컴퓨터가 나오면 으레 그 성능을 시험하는 과제가 된다. 아주 뛰어난 수학자들 중에서도 일부는 그런 꽤 무작위로 선택된 π 기수법에 대한 문제는 물론이고 십진법 이외의 π 기수법에 대한 더 일반적인 문제와도 씨름하면서 상당한 시간을 보낸다.

π의 소수 전개에 집착하는 경우가 이처럼 흔하다는 점을 고려해 볼 때, 수학자들이 그런 가장 인기 있는 π 기수법의 패턴에 대해 아는 바가 거의 없다는 점은 놀라움으로 다가올 수 있다. π 소수 전개의 좀 더 많은 부분을 계산하는 일이 간단하긴 하지만, 우리는 0부터 9까지의 각 숫자들이 모두 무한히 자주 나타나는지조차도 알지 못한다. 그래도 그런 소수 전개를 이해하는 데 큰 진전들이 있었다. 아마도 가장 주목할 만한 진전은 π의 이진법 소수 전개에서 임의의 자리의 숫자를 그 이전 숫자들을 전혀 계산

■ 혹시 π 소수 전개의 숫자들을 몇백 개 암기해 볼까 하는데 어디서 멈춰야 할지 잘 모르겠는가? 그렇다면 우리는 소수 767째 자리까지 암기하길 권한다. 그렇게 하면, 다음과 같이 말하며 소수 전개 암송을 자랑스럽고 정확하게 마칠 수 있다. "…… 9, 9, 9, 9, 9, 9 등등." 연달아 나오는 그 여섯 개의 9는 파인먼 포인트라고 불리기도 한다. 그 어원인 유명한 물리학자 리처드 파인먼은 그 특이한 부분을 그런 식으로 익살맞게 '응용'하는 것에 대해 이야기한 바 있다.

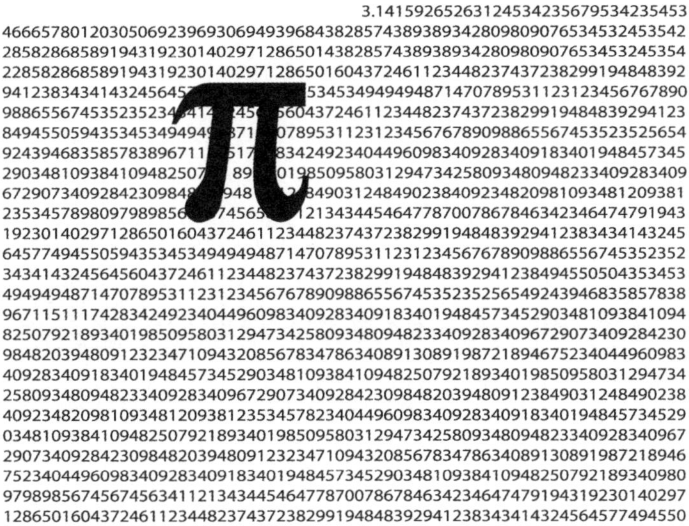

$$3.14159265263124534235679534235453$$
$$4666578012030506923969306949396843828574389389342809809076534532453542$$
$$2858286858919431923014029712865014382857438938934280980907653453245354$$
$$2285828685891943192301402971286501604372461123448237437238299194848392$$
$$9412384341432456457749487...5345349494948714707895311231234567678790$$
$$98865567454535235234...5604372461123448237437238299194848392... 94123$$
$$849455059435345349494...871...078953112312345676789098865567453523525654$$
$$924394683585783896711...517...83424923404496098340928340918340194845 7345$$
$$290348109384109482507...89...0198509580312947342580934809482334092834 09$$
$$672907340928423098484...948...849031248490238409234820981093481209381$$
$$235345789809798985...74565...21343445464778700786784634234647479194 3$$
$$19230140297128650160437246112344823743723829919484839294123843434143245$$
$$6457749455059435345349494948714707895311231234567678909886556745352352$$
$$3434143245645604372461123448237437238299194848392941238494550504353453$$
$$4949494871470789531123123456767890988655674535235256549243946835857838$$
$$9671151117428342492340449609834092834091834019484573452903481093841094$$
$$8250792189340198509580312947342580934809482334092834096729073409284230$$
$$9848203948091232347109432085678347863408913089198721894675234044960983$$
$$4092834091834019484573452903481093841094825079218934019850958031294734$$
$$2580934809482334092834096729073409284230984820394809123849031248490238$$
$$4092834820981093481209381235345782340449609834092834091834019484573452 9$$
$$0348109384109482507921893401985095803129473425809348094823340928340967$$
$$2907340928420984820394809123234710943208567834786340891308919872189 46$$
$$7523404496098340928340918340194845734529034810938410948250792189340980$$
$$9798985674567456341121343445464778700786784634234647479194319230140297$$
$$1286501604372461123448237437238299194848392941238434143245645774949550$$

그림 4.1. 영화 〈파이〉의 타이틀 시퀀스의 일부.

하지 않고도 계산할 수 있게 하는 공식의 발견일 것이다.[16]

끝으로, 맥스가 π의 소수 전개에 깊은 관심이 있다면, 대런 아로노프스키는 분명히 그보다 훨씬 덜 그런 듯하다. 이 영화의 타이틀 시퀀스의 배경에는 π 소수 전개의 숫자가 수천 개 나오는데, 그중 처음의 아홉 숫자만 정확하다(그림 4.1). 화면을 가로질러 올라가는 일련의 숫자들을 자세히 살펴보면, 0123456789처럼 비밀을 누설하는 수열들이 나타나는 것을 알아차릴 수 있다. 누군가 그 숫자들의 대부분을 임의로 만들어 냈음이 곧 명백해진다. 이는 조금 놀라운 점이다. π의 소수 전개를 소수 수십억 번째 자리까지 정확히 구하기가 믿기 힘들 정도로 쉽다는 점을 고려해 보면, 여기서는 바르게 하기보다 틀리게 하기가 더 어려울 듯싶다.■

영화의 타이틀 시퀀스에 나오는 그 밖의 수학적 이미지들은 편두통 발작을 겪고 있는 맥스의 머릿속으로 우리를 데려가는 듯하다(뫼비우스의 띠,

나선, 함수의 3차원 그래프 등등).

```
●●●●●●●●●●●●●●●●●●●●●●●●●●●●●●●●●●●●●●●●●●●●●●●●●●●●●●●●●●●●
```

0:12

맥스가 뉴욕 지하철 차량 안에 앉아 있다.

맥스 [내레이션] 패턴이 아니라고? 솔 교수는 π 연구를 그만둘 때 한풀 꺾였어. 뇌졸중 때문만은 아니었어. 관심을 꺼 버린 거다. 조금만 더 하면 π의 실체를 볼 수 있었는데 어떻게 그만둘 수가 있었지? 조금만 더 하면 되는데 그 숫자들 뒤에 어떤 패턴이, 어떤 정연한 형태가 있다는 걸 어떻게 더 이상 믿지 않을 수가 있지? 원은 단순하게 보이지만, 3.14… 무한하게 끝없이 이어지는 숫자들은 미치도록 복잡하게 보인다.

```
●●●●●●●●●●●●●●●●●●●●●●●●●●●●●●●●●●●●●●●●●●●●●●●●●●●●●●●●●●●●
```

이렇게 속으로 말하며 맥스는 원을 하나 그린 다음, 공식 $A = \pi r^2$과 $C = 2\pi r$을 적는다. 그리고 $\pi = 3.14159\cdots$라고 적는다.**■■**

〈파이〉는 신(혹은 신과 비슷한 무엇)의 메시지가 숫자들로 암호화되어 있는 것으로 나오는 최초의 영화는 아니다. 〈붉은 행성 화성Red Planet Mars〉(1952)에서는 과학자들이 '화성인'과 교신하기 위해 π의 소수 전개를 이용한다. 또 칼 세이건Carl Sagan¹은 SF 소설 《콘택트Contact》에서 π의 십일진법 소수 전개에 숨어 있는 우주 창조자의 메시지를 발견할 가능성에 대해 숙

■ 〈파이〉가 이 점을 틀린 유일한 영화는 절대 아니다. π의 소수 전개를 몇 자리 이상 외우거나 보여 주려는 영화 속 등장 인물들은 거의 모두가 실패할 수밖에 없는 듯하다. 세부 사항을 알고 싶으면 18장을 참고하라.
■ ■ 사운드트랙(클린트 맨셀 작곡)의 첫 번째 곡은 〈πr^2〉이고 마지막 곡은 〈$2\pi r$〉이다.

고한다. 애석하게도 그 부분은 동명의 영화에 들어가지 않았다. 그나마 위안이 되는 것은 그 영화에서 조디 포스터가 소수(素數, prime number)를 논한다는 점이다.■

△ 수비학: 아버지 + 어머니 = 어린이

●●●

0:13

카페에서 종이에 뭔가를 끼적이고 있던 맥스가 레니 마이어라는 하시디즘▼▼ 유대교도를 만난다.

레니 무슨 일을 하죠?

맥스 컴퓨터로 수학을 합니다.

레니 수학? 어떤 종류의 수학이죠?

맥스 정수론이요. 주로 연구를 하죠.

레니 말도 안 돼, 나도 숫자들을 연구해요. 그러니까 전통적인 수학을 하는 건 아니지만, 나는 토라Torah▼▼▼를 연구합니다. 놀랍군요. 히브리어는 다 수학이잖

▼ 미국의 천문학자 칼 세이건(1934~1996)은 1960년대부터 미국 항공우주국(NASA)에서 우주에 관한 연구를 시작해 여러 우주선의 행성 탐사 계획에 참여했으며 대중 과학서의 저술가이자 강연자로도 유명하다. 에미상과 피버디상을 수상한 1980년 텔레비전 다큐멘터리 시리즈 〈코스모스〉의 제작자이자 공저자로 명성을 얻었다.
■ 그녀는 특이하게도 소수를 의미 불명의 'base ten numbers'[군이 해석하자면 10을 기수로 하는 수, 즉 십진수 정도가 되지만 원래 이런 용어는 없다. — 옮긴이]라고 부른다.
▼▼ 헤브라이어의 hasid(경건한 자)에서 유래한 하시디즘은 넓은 의미로는 유대교 율법의 내면성을 존중하는 경건주의 운동을 가리키며 좁은 의미로는 18세기 초 폴란드나 우크라이나의 유대인 사이에 널리 퍼진 성속일여의 신앙을 주장하는 종교 혁신 운동을 말한다.
▼▼▼ 유대교 경전의 일부.

아요, 다 숫자죠. 알고 있어요? 자, 보세요. 고대 유대인들은 히브리어를 숫자 체계로 사용했죠. 각 글자는 어떤 숫자예요. 이를테면 히브리어 A '알레프'는 1이죠. B '베트'는 2고요, 알겠어요? 이걸 봐요. 그 수들은 서로 밀접하게 연관되어 있어요. 가령 아버지를 뜻하는 히브리어 '아브Ab'를 보면요, 알레프, 베트, 1 더하기 2를 해서 3이 되잖아요. 어머니를 뜻하는 히브리어 '엠Am'은요, 알레프, 멤, 1 더하기 40을 해서 41이 되죠. 3과 41의 합은 44, 맞죠? 어린이를 뜻하는 히브리어는요, 아버지, 어머니, 어린이, '옐레드yeled,' 이건 10 더하기 34를 해서 44가 되죠. 토라는 한마디로 긴 일련의 숫자들이에요. 어떤 사람들은 그게 신이 우리에게 보낸 암호라고 하죠.

맥스　재미있네요.

레니　그렇죠, 하지만 이건 그냥 애들 장난이에요. 이걸 좀 봐요. 에덴동산을 뜻하는 단어 '카뎀Kadem.' 숫자로 바꾸면 144죠.

●●●

이때 레니는 숫자 4, 30, 10을 갈겨쓰는데, 이들의 합은 144가 '아니다.' 촬영 대본에 따르면 원래 예정되어 있던 숫자들은 쿠프 = 100, 달레드 = 4, 멤 = 40이다. 물론 한편으로 이 모든 것들은 바이블 코드Bible Code를 뒷받침하는 허튼소리가 전혀 새로운 종류의 이야기가 아님을 보여 주기도 한다.[17]

●●●

레니　자, 에덴동산에 있는 선악과나무의 값은요, '아앗 하 하임Aat Ha Haim,' 233이죠. 144, 233. 이제 이 수들을 말이죠.

●●●

◇ 피보나치 수열과 황금비

맥스 피보나치 수열이군요.

레니 네?

맥스 피보나치 수열이란 겁니다.

레니 피보나치?

맥스 피보나치는 13세기 이탈리아 수학자예요.

여기서 맥스는 피보나치 수열을 적기 시작한다. 1, 1, 2, 3, 5, 8, … 피보나치 수열에서는 다음과 같이 바로 앞의 두 항을 더해서 새로운 항을 얻는다. 1 + 1 = 2, 1 + 2 = 3, 2 + 3 = 5, 3 + 5 = 8 등등. 따라서 그 수열은 다음과 같이 계속된다.

$$1, 1, 2, 3, 5, 8, 13, 21, 34, 55, 89, 144, 233, \cdots$$

그러므로 144와 233은 맥스가 즉시 알아챘듯이 정말 피보나치 수열이다.

맥스 233을 144로 나누면, 세타에 근접한 값이 나옵니다.

레니 세타?

맥스 세타는 황금비, 황금 나선을 나타내는 그리스 문자예요.

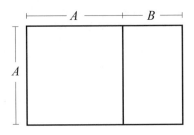

그림 4.2. 황금 사각형에서 정사각형을 잘라 내면, 더 작은 황금 사각형이 남는다.

황금비 θ(세타), 혹은 지금 더 흔히 부르는 대로라면 φ(피)에 대한 기본적인 사실 몇 가지를 되짚어 볼 시간이다. 그림 4.2에서처럼 어떤 직사각형에서 정사각형을 잘라 냈을 때 같은 비율의 새로운 직사각형이 돌아간 모양으로 남아 있으면, 그것은 '황금' 사각형이다. 이때 황금 사각형의 짧은 변에 대한 긴 변의 비율이 바로 황금비다.

그런 기하학적 정의를 이용하면 다음과 같은 계산 결과를 쉽게 얻을 수 있다.

$$\phi = \frac{1 + \sqrt{5}}{2} = 1.61803398\cdots \blacksquare$$

맥스가 지적하듯이 피보나치 수열과 황금비는 서로 밀접하게 관련되어 있다. 맥스는 (행성 연구로 유명한) 요하네스 케플러가 처음 발견한 매우 멋진 관계 하나를 언급한다. 피보나치 수열의 n번째 항을 Fn으로 나타내면, 연이은 피보나치 수열 항들의 비율 $\frac{F_{n+1}}{F_n}$은 n이 무한대로 감에 따라 황금비에 가까워진다.

$$\frac{F_{n+1}}{F_n} \to \phi$$

사실 이런 식으로 황금비의 근삿값을 계산하면 심지어 n 값이 작은 경우에도 꽤 괜찮은 결과가 나온다. 예를 들어 $\frac{F_{13}}{F_{12}} = \frac{233}{144} = 1.6180555\cdots$는 소수 넷째 자리까지 정확할 만큼 황금비에 가까운 근삿값이다.[■■]

황금비와 피보나치 수열은 수많은 자연 현상에서 나타난다. 맥스가 그 둘에 관심이 많은 것도 그래서다.

맥스　세타는 황금비, 황금 나선을 나타내는 그리스 문자예요.

맥스는 아마도 '로그 나선'에 해당하는 듯한 곡선을 그린다. 그것은 연이은 두 반지름의 비율이 방향과 무관하게 일정하다는 속성을 띠는 특수한 나선이다. 그 일정 비율은 어떤 양수든지 취할 수 있으며, 나선의 정확

■　나중에 맥스는 그 계산을 시작한다. 그는 황금 사각형의 짧은 변을 A, 긴 변을 $A + B$로 둔다. 그러면 황금 사각형을 정의하는 관계를 다음과 같은 식으로 바꿀 수 있다.

$$\frac{A+B}{A} = \frac{A}{B}$$

이는 다음과 같이 적을 수도 있다.

$$1 + \frac{1}{\frac{A}{B}} = \frac{A}{B}$$

$\varphi = \frac{A}{B}$ 로 치환한 후 양변에 φ를 곱하면, 이 식은 2차 방정식이 된다. 우리에게 친숙한 $b^2 - 4ac$가 들어 있는 근의 공식으로 계산하면 그 방정식의 양수 해가 $\frac{1 + \sqrt{5}}{2}$ 임을 알 수 있다.

■■　하지만 이 특별한 관계는 처음 보기보다 덜 밀접하다. 피보나치 수열 첫 부분의 1 두 개 대신 여러분 마음에 드는 두 양수를 쓰고 같은 피보나치 수열 덧셈 규칙으로 수열을 만들어 보라. 그 새로운 수열에서도 이웃 항들의 비율은 마찬가지로 황금비에 가까워질 것이다.

그림 4.3. 앵무조개 껍질의 로그 나선. 연이은 두 반지름을 표시해 놓았다.

한 비율을 결정한다. 로그 나선은 앵무조개 껍질의 단면(그림 4.3)에서 뚜렷이 보이는 것과 같은 수많은 자연 발생적 나선과 비슷하다.

레니   와, 난생처음 보는 거네요. 자연에서, 이를테면 해바라기꽃 같은 데서 볼 수 있는 그런 것들인가요?

맥스   나선이 있는 곳이면 어디에서든지 볼 수 있죠.

여기서 맥스는 커피에 크림을 조금 넣는 바람에 생긴 나선에 대해 곰곰이 생각한다.

나선, 특히 로그 나선이 황금비 및 피보나치 수열과 무슨 관련이 있을까? 조금 있다. 하지만 맥스가 말하는 만큼, 혹은 사람들이 흔히 믿는 만큼 많이는 아니다.

레니의 눈에 익은 듯한 첫 번째 매우 두드러진 연결 고리는 여러 꽃에서 보이는 대략적인 로그 나선과 관련되어 있다. 왼쪽으로 돌아가는 나선과 오른쪽으로 돌아가는 나선의 수를 세어 보면, 대체로 피보나치 수열의 두 이웃 항이 나온다. 해바라기꽃에서 그런 두 수는 꽃의 크기에 따라 21과 34, 혹은 34와 55, 혹은 55와 89, 혹은 89와 144다. 이러한 피보나치 수열의 존재는 황금비의 수학적 특성과 관련하여 설명할 수 있다.[18]

그 밖에도 자연에는 그런 수들이 실제로 나타나는 예가 많다. 하지만 유감스럽게도 맥스는 매우 관련성이 약한 일례를 지침 중 하나로 삼는다. 자연에 존재하는 여러 로그 나선과 황금비의 연결 고리로 사람들이 흔히 언급하는 것들은 대부분 희망적 사고와 부조리한 논리의 산물이다.

사실 황금비와 관련된 자연적 로그 나선이 정말로 하나 있긴 한데, 맥스는 나중에 그와 비슷한 것을 실제로 작도한다. 맥스가 그러길 기다리지 말고, 지금 이에 관해 더 자세히 살펴보자.

황금 사각형에서 정사각형을 잘라 내어 그림 4.4의 두 번째 그림과 같은 형태로 만든다. 그러면 더 작은 새로운 황금 사각형이 남는다. 이 새 황금 사각형에서 두 번째 정사각형을 잘라 내면, 더욱더 작은 또 다른 황금 사각형이 생긴다. 이를 반복하며, 잘라 낸 정사각형들을 표시하면, 위의 세

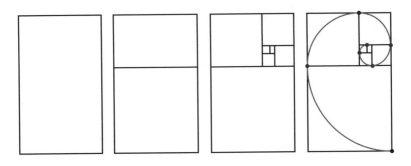

그림 4.4. 황금 사각형으로 나선 작도하기.

번째 그림을 얻게 된다. 그다음에 네 번째 그림에서처럼 각 정사각형 안에
사분원을 그려 넣으면, 그 결과로 나선이 생긴다.

자, 그런데 그 나선이 로그 나선이라고 주장하는 경우가 많다. 그것은
명백히 터무니없는 주장이다. 로그 나선은 원호들로 구성되지 않기 때문이
다. 하지만 위 그림처럼 모든 (무한히 많은) 정사각형 모퉁이들을 끼고 돌아가
는 특수한 로그 나선이 존재한다. 로그 나선은 사분원들로 구성된 나선과
정말 매우 비슷하게 보인다.

좋다, 그러니까 황금비와 꽤 자연스럽게 관련되어 있는 로그 나선이 분
명히 하나 존재한다. 그 나선의 모양을 결정하는 인접 반지름들의 비율은
$\varphi^4 = 6.854\cdots$이다. 하지만 앞서 언급했듯이, '어떤 양의 실수이든지' 그 수
와 관련된 로그 나선이 하나씩 존재하며, 그런 나선들은 모두 모양이 저마
다 다르다.

그러므로 흔히들 주장하듯이 우리가 자연에서 발견하는 모든 로그 나
선이 곧 황금비와 관련되어 있는 나선이라는 것은 어불성설이다. 예를 들
어 앵무조개 껍질의 단면에서 우리는 로그 나선과 확실히 흡사한 나선을
볼 수 있다. 하지만 통념과 달리 그런 나선은 대부분 황금비 나선과는 거리

가 멀다.[19]

이 장의 뒷부분과 5장에서 우리는 황금비와 피보나치 수열의 진짜 특징과 가상의 특징에 대한 논의를 계속할 것이다.[20] 이러한 수가 나오는 다른 영화들의 목록을 보려면 21장을 참고하라.

이야기로 돌아가자.

0:16

맥스　[내레이션] 가설 재진술.

1. 수학은 자연의 언어다.

2. 우리 주변의 모든 것은 수로 표현하고 이해할 수 있다.

3. 어떤 시스템이든 그 수들을 그래프로 나타내면 패턴이 드러난다. 그러므로 자연 어디에나 패턴이 존재한다.

이렇게 말하면서 맥스는 어떤 네모진 나선을 그리는데, 그것의 꼭짓점들은 그가 연구 중인 주식 시세표의 특정 기재 사항들과 일치하는 듯하다. 그림 4.5를 보라.■

맥스　[내레이션] 그렇다면 주식 시장은 어떨까? 세계 경제를 나타내는 수들의 영역. 수많은 사람들이 영향을 미치고 있다. 수많은 정신들, 활기차게 아우성치는 광대한 네트워크, 유기체, 자연적 유기체. 내 가설은 이렇다. 주식 시장 내부에도 패

■　⟨자이언트 클로*The Giant Claw*⟩(1957)에서 주인공들이 괴물 새의 비행 경로를 알아내려고 애쓰는 장면에도 그와 비슷한 나선 그림이 나온다.

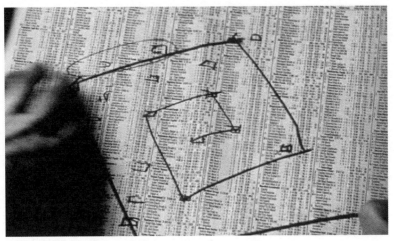

그림 4.5. "어떤 시스템이든 그 수들을 그래프로 나타내면 패턴이 드러난다."

턴이 있다. 바로 내 앞에서 숫자들을 가지고 놀고 있는 것이다. 늘 그래 왔다.

분명히 맥스는 자신이 어떤 중요한 사실을 간파했다고 믿고 있다. 그에 대한 후속 조치로 맥스는 주식 시장의 변화를 예측하기 위해 컴퓨터 유클리드에서 어떤 프로그램을 실행시킨다. 그러자 유클리드는 터무니없는 듯한 결과를 내놓고 고장이 난다. 하지만 고장 나기 직전에 유클리드는 난수로 보이는 긴 일련의 숫자들을 프린트한다. 그와 동시에 맥스는 편두통으로 의식을 잃는다.

◬ 아르키메데스와 금붕어

솔의 아파트. 맥스와 솔이 바둑을 두고 있다.

맥스 유클리드가 고장 났어요. 데이터도 하드웨어도 다 못 쓰게 됐어요.

솔 메인프레임은?

맥스 타 버렸어요.

솔 어쩌다가?

맥스 처음에 말도 안 되게 낮은 예상 주가가 나왔어요. 그다음에 유클리드 화면에 긴 수열이 뜨더군요. 난생처음 보는 거였는데, 그다음에 고장이 났어요. 기계 전체가 그냥 못 쓰게 돼 버렸죠.

솔 프린트한 건 가지고 있나?

맥스 뭘요?

솔 예상 주가, 그러니까 숫자 말이야.

맥스 내다 버렸어요.

솔 화면에 나온 수가 뭐던가?

맥스 몰라요, 그냥 길게 이어진 숫자들이었어요.

솔 몇 개나?

맥스 몰라요.

솔 뭐였어, 100개야, 1,000개야, 216개[중요한 숫자다!]야? 몇 개였어?

맥스 몰라요. 아마 한 200개쯤이요. 왜요?

솔 π 연구를 하던 시절에 어떤 버그를 다뤘거든. 내가 우연히 본 그 버그와 그게 혹시 비슷한 건가 해서. 우리 아르키메데스[솔이 기르는 물고기 중 한 마리]를 본 적

있나? 검은 반점이 있는 녀석 말이야. 보여?

맥스 네.

솔 시라쿠사의 아르키메데스를 기억하지? 왕이 자기가 받은 선물이 정말 순금인지 확인해 달라고 아르키메데스한테 부탁하잖아. 당시에는 미해결 문제였지. 그 문제로 이 위대한 그리스 수학자는 몇 주 동안 고심하지. 며칠 밤을 연달아 불면증에 시달리며 침대에서 뒤척이면서 말야. 결국 그와 마찬가지로 지칠 대로 지친, 이 천재와 어쩔 수 없이 침대를 같이 써 온 아내가 아르키메데스한테 목욕이라도 하면서 긴장을 좀 풀라고 설득하게 되지. 그래서 욕조에 들어가던 아르키메데스는 욕조의 물 높이가 높아지는 걸 알아차리지. 배수排水. 부피를 구하는 방법을 알게 된 거야. 그래서 부피 분의 무게, 즉 밀도를 구하는 방법도 알게 되고. 그렇게 해서 아르키메데스는 문제를 해결해 낸 거야. '유레카!' 하고 외치며, 흥분을 주체하지 못해 발가벗은 채로 물을 뚝뚝 흘리며 길을 달려 왕의 궁전으로 가서 자기가 발견한 걸 보고하지. 자, 이 이야기의 교훈이 뭔가?

맥스 언젠가는 돌파구를 찾게 된다는 거죠.

솔 틀렸네. 이 이야기의 핵심은 아내한테 있어. 아내 말을 들으면 통찰력을 얻게 된다는 거야. 그러니까 자네도 좀 쉬게. 목욕을 하라고. 안 그러면 아무 진전도 못 볼 거야. 오로지 혼돈뿐, 질서란 없을 걸세. 맥스, 집에 가서 목욕이라도 좀 하게.

이 영화의 크레딧을 보면 바둑, 유대교, 의학 분야의 자문 위원들은 있지만 수학 자문 위원은 없다. 우리는 아로노프스키의 DVD 해설을 듣고 그의 아버지가 과학자라는 사실을 알았다. 영화 속의 아르키메데스 이야기는 감독이 아버지한테서 들은 것이다. DVD 해설에서 배우 숀 걸릿의 말에 따르면, 영화에 나오는 수학 자료는 모두 감독이 모으고 정리했다고 한다.

솔이 아르키메데스와 황금 왕관 이야기를 하는 부분은 아르키메데스와 관련된 최고의 영화 장면으로 꼽힐 만하다. 아르키메데스가 나오는 다른 영화에 대해서는 20장을 참고하라.

◇ 우연의 일치?

0:26

유대교 회당에서.

레니 전에 당신 이름이 맥스 코언이라고 했을 때, 당신이 그 맥스 코언인 줄은 몰랐어요. 당신의 연구 성과는 획기적이잖아요. 우리가 하는 일에도 영향을 미쳤어요.

맥스 정말요?

레니 네, 아주 많이요. 유일한 차이점은 우린 주식 시장을 조사하고 있지 않다는 거죠. 우리는 토라에서 패턴을 찾고 있어요.

맥스 어떤 종류의 패턴이죠?

레니 확실히는 몰라요. 유일하게 아는 건 그게 216자릿수라는 거죠.

0:28

다시 솔의 아파트에서.

맥스 216자릿수가 뭐예요, 선생님?

솔 뭐라고?

맥스 전에 216자릿수를 봤느냐고 물어보셨잖아요?

솔 아, 버그 말이로군. π 연구를 하다가 그걸 우연히 봤지.

맥스 '우연히 봤다'는 게 무슨 말이에요?

솔 이게 다 무슨 소린가?

맥스 어떤 독실한 유대교도들과 얘기를 나눴는데요.

솔 독실한 유대교도?

맥스 네, 왜 하시디즘 유대교도라고 있잖아요, 수염을 기르고 있는 사람들. 커피숍에서 한 명을 만났어요. 알고 보니 숫자를 연구하는 사람이더군요. 토라를 자료로 해서요. 그 사람 말이 자기들은 토라에서 어떤 216자릿수를 찾고 있대요.

솔 에이, 그건 그냥 우연의 일치일 뿐이야.

맥스 그래도 뭔가 다른 게 있어요.

솔 뭐가?

맥스 제가 이상한 예상 주가를 얻었다고 한 거 기억하세요?

솔 어제 예상 주가 말이군, 그래서?

맥스 알고 보니까 그게 맞았어요. 예상 주가가 두 개나 정확히 맞았어요. 딱 맞아떨어졌단 말이에요. 무슨 일이 일어나고 있는 거예요. 그 수와 관련된 일이요. 그 수에 답이 들어 있어요.

솔 따라오게.

솔과 맥스가 다시 바둑을 둔다.

솔 옛날 일본 사람들은 바둑판을 소우주로 여겼다네. 비어 있는 바둑판은 단순하고 정연해 보이지만, 게임을 전개하는 방식은 그 가능성이 무한하지. 바둑에서 두 판이 똑같았던 적은 지금껏 한 번도 없었다고들 하지. 마치 눈송이와도 같아. 그러니까 사실 바둑판은 극히 복잡하고 무질서한 우주를 상징하는 건데, 그게 바로 우리 세계의 진리라네, 맥스. 수학으로 간단히 요약할 수 있는 게 아니야. 간단한 패턴이란 없어.

맥스　하지만 바둑 게임이 진행됨에 따라 그 가능성은 점점 작아져요. 바둑판에 질서가 생기는 거죠. 곧 어떤 움직임이든 예측할 수 있게 됩니다.

솔　그래서, 그래서?

맥스　그러니까 어쩌면 우리가 지력이 부족해서 그걸 못 알아차리는지는 몰라도, 모든 바둑 게임의 밑바탕에는 어떤 패턴이, 어떤 질서가 깔려 있어요. 어쩌면 그 패턴이 주식 시장, 토라의 패턴과 같은 것일지도 모르죠. 그 216자릿수 말이에요.

솔　이건 미친 생각이야, 맥스.

맥스　어쩌면 천재적인 생각일지도 모르죠. 그 수를 알아내야겠어요.

솔　잠깐만, 너무 급해. 자넨 미쳐 가고 있어, 숨을 좀 돌리게. 자신이 무슨 말을 하고 있는지 잘 생각해 봐. 자네는 내가 본 컴퓨터 버그와, 자네가 본 듯한 컴퓨터 버그와, 어떤 종교적인 헛소리를 관련짓고 있어. 이 세상에서 216이라는 수를 찾고자 하면, 어디에서든지 그걸 찾아내게 돼. 길모퉁이에서 현관까지 내딛는 216걸음. 엘리베이터를 타고 보내는 216초. 마음이 뭔가에 사로잡히면, 나머지 것들은 모조리 걸러 내고 어디에서든지 그걸 찾아내게 되지. 320, 450, 23. 뭐든 간에 말이야! 자네는 216을 골랐으니 자연 어디에서든지 그걸 찾아내게 될 걸세. 하지만 맥스, 과학적인 엄격함을 버리는 순간부터 자네는 더 이상 수학자가 아니야. 수비학자지.

──

　여기서 솔은 아주 좋은 이야기를 했다. 맥스가 그 말을 귀담아들었다면 좋았을 텐데! 어떤 수에 신경을 쓰고 나서 그 수가 자꾸자꾸 보이는 경험을 안 해 본 사람이 있을까? 물론 그런 '일어날 것 같지 않은' 사건들은 대부분 좀 더 자세히 따져 보면, 일어날 가능성이 꽤 높은 것으로 판명된다. 예를 들어 한 방에 스물세 명 이상이 있으면 그중 두 사람의 생일이 같을 가능성이 50 대 50보다 높다. 간단한 계산을 해 보기 전까지는 설마 그

럴까 싶겠지만.■

◇ 다시 황금비로

0:41

아파트에서 맥스가 더 많은 나선들에 대해 곰곰이 생각해 본 후.

맥스 [내레이션] 피타고라스를 기억하라. 기원전 500년경 아테네의 수학자, 종교 지도자. 주요 신조: 우주는 수로 구성되어 있다. 주요 업적: 황금비. 그것을 기하학적으로 나타내는 최선의 방법은 황금 사각형을 그리는 것이다. 그 모양의 가로와 세로 사이에는 우아한 균형이 시각적으로 존재한다. 거기서 정사각형을 만들면, 같은 독특한 비율의 더 작은 황금 사각형이 남는다. 그런 정사각형 만들기는 점점 더 작은 수준으로 무한히 계속할 수 있다.

이런 말을 하면서 맥스는 우리가 앞서 설명했던 방식으로 황금 나선을 그린다. 그림 4.4와 4.6을 비교해 보라.

맥스는 여기서 몇 가지 실수를 한다. 첫째, 피타고라스가 황금비를 발견했다고 하는데, 이는 확실하지 않다. 이에 대한 자세한 내용은 5장을 참고하라. 둘째, 맥스는 황금 사각형이 미학적으로 ('완벽하게') 균형 잡혀 있다

■ 한 사람이 특정한 수 하나에 집착하는 것에 대한 탁월한 영화를 보고 싶으면, 짐 캐리의 〈넘버 23*The Number 23*〉(2007)을 보라. 아주 재미있지만 수학은 없다. 23이라는 숫자가 몇 번이고 거듭해 나온다는 점만 빼면.

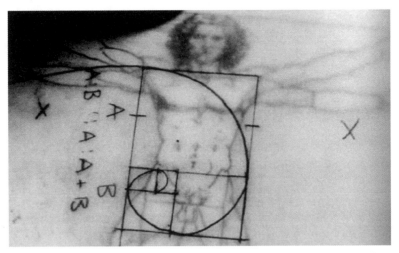

그림 4.6. 맥스는 황금 나선을 다빈치의 〈비트루비우스 인간Vitruvian Man〉 위에 겹쳐 놓는다.

는, 근거 없는 통념을 이야기하는 전철을 밟고 있다. 사실상 직사각형 미인 대회 우승자들의 비율이 황금비에 가깝다는 믿을 만한 증거는 '없다.' 여기서 레오나르도 다빈치의 그림이 등장하는 것은 이 그림이 완벽한 황금비를 갖추고 있다고 여겨지기 때문인데, 이는 사실이 아니다. 이 점에 대해서는 5장에서 좀 더 자세히 다룬다. 셋째, '사각형 만들기squaring'라는 표현을 '사각형 제거하기removing a square'라는 뜻으로 사용하는 것은 어색하다. 끝으로, 그리고 가장 중요한 점으로, 비율의 관계식은 사실 이렇게 적어야 한다.

$$A : B :: A + B : A$$

우리가 이렇게 비판하긴 했지만, 맥스는 대체로 정확하게 알고 있다(나선에 관해서만은 그렇지 않지만).

맥스 [내레이션] 또 다른 증거: 다빈치를 기억하라. 15세기 이탈리아의 미술가, 발명가, 조각가, 박물학자, 과학자. 그는 황금 사각형의 균형 잡힌 완벽함을 재발견하고 그것을 자신의 걸작에 그려 넣었다. 중심이 같은concentric 황금 사각형들을 관통하는 곡선을 이어서 그리면, 신비로운 황금 나선이 생긴다. 피타고라스는 이 모양을 아주 좋아했다. 자연 어디에서나 발견할 수 있었기 때문이다. 앵무조개 껍질, 숫양 뿔, 소용돌이, 회오리바람, 우리 지문, 우리 DNA, 심지어 우리 은하에서도.

'중심이 같은'이라는 말은 이 맥락에서 전혀 의미가 닿지 않는다. 사실 맥스가 여기서 하는 말은 모두 기본적으로 터무니없다.

△ 해를 쳐다보기

차이나타운을 돌아다니며.

맥스 [내레이션] 내가 어렸을 때 엄마는 나한테 해를 쳐다보지 말라고 말씀하셨다. 하지만 나는 여섯 살이 되었을 때 해를 쳐다봤다. 처음에는 밝은 빛에 압도되었지만, 그건 전에도 본 적이 있었다. 나는 계속 쳐다보면서 억지로 눈을 안 깜박이고 있었는데, 얼마 후 빛이 약해지기 시작했다. 동공이 아주 작게 수축하면서 모든 것이 뚜렷해졌고 잠시 동안 나는 뭔가를 이해했다. 새 가설: 우리가 나선으로 만들어져 있고 거대한 나선 안에서 살고 있다면, 우리가 손대는 모든 것에 나선이 깃들어 있을 것이다.

●●●

이 부분은 벨기에 물리학자 조제프 플라토Joseph Plateau ▼의 유명한 이야기를 연상시킨다. 비눗물 막 연구의 대가인 플라토는 이른바 플라토 문제와 플라토 법칙■으로 수학자와 거품 연구자들 사이에서 유명하다. 또 플라토는 맥스가 한 바로 그 실험을 수행해 태양을 쳐다보면 어떻게 되는지 알아내려 할 만큼 어리석었던 것으로도 유명하다. 그리고 그는 정말 알아냈다. 눈이 멀어 버린 것이다.

맥스는 주식 시장 예측에 대한 그의 연구 결과를 입수하려는 어떤 주식 시장 분석가들과 거래를 한다. 그래서 고성능 신형 컴퓨터 칩을 얻는다. 또 그는 레니에게 그 수를 찾는 일을 도와주겠다고 제안하고, 레니에게서 토라 디스켓을 받는다. 맥스는 유클리드를 수리하고 내장된 칩을 업그레이드한 후 토라를 분석하기 시작한다. 하지만 유클리드는 고장 나고, 맥스도 (또다시 극심한 편두통으로) 쓰러진다.

▼ 벨기에의 물리학자 조제프 플라토(1801~1883)는 시각의 지속성을 입증하기 위해 1832년 페나키스토스코프를 발명한 것으로도 유명하다.
■ 플라토 문제: 어떤 철사 고리를 비눗물에 담갔다 꺼내면 어떤 모양의 비눗물 막이 생기는가? 플라토 법칙: 1. 비눗물 막은 전부 매끄러운 표면으로 구성된다. 비눗물 막 일부의 평균 곡률은 그 막 조각의 어느 곳에서나 일정하다. 2. 비누 거품에서 비눗물 막은 항상 세 개씩 모서리를 따라 이웃하며, 이웃 막과 120도를 이룬다. 3. 모서리들은 항상 정사면체의 꼭짓점과 중심을 잇는 선분들의 각도로 네 개씩 한 점에서 만난다.

전에 맥스가 접했던 불가사의한 수열이 유클리드의 모니터에 다시 나타난다. 이번 장면에서는 수열 전체가 다음과 같이 온전히 보인다.

94143243431512659321054872390486828512913474876027
67195923460238582958304725016523252592969257276553
64363462727184012012643147546329450127847264841075
62234789626728592858295347502772262646456217613984
829519475412398501.

자세히 살펴보면 숫자가 전에 우리가 믿게 되었던 대로 216개가 아니라 실은 218개임을 알 수 있다. 영화계에서 으레 그렇듯이, 적당히 비슷하면 충분히 좋은 것이다.

솔의 아파트

맥스 거짓말하셨죠.
솔 그래, 일단 앉게. 나는 그걸 정확히 알아내기 전에 그만두었네. 하지만 내 짐작으론 어떤 문제 때문에 컴퓨터가 특수한 루프에 갇히는 것 같네. 그 루프가 고장을 일으키지. 그런데 고장 나기 직전에 컴퓨터는 자신의 구조를 '의식'하게 돼.

컴퓨터가 자기 회로의 본질을 인식하고 그 구성 요소들을 출력하는 거지.

맥스   컴퓨터에 의식이 생긴다는 거예요?

솔   어떤 면에서는…… 아마도.

맥스   [혼잣말로] 패턴을 연구할 때 유클리드가 자신을 의식하게 됐던 거군. 고장 나기 전에 유클리드는 수를 내놓았지. 그 수가 바로 그 의식이군요.

솔   아니야, 맥스, 그건 그냥 고약한 버그일 뿐이야.

맥스   그게 다가 아니에요!

솔   아니 그렇지 않아. 막다른 골목이야. 그다음에는 아무것도 없어.

맥스   그건 문이에요, 선생님, 문이라고요.

솔   낭떠러지 바로 앞의 문이겠지. 자네는 자신을 벼랑 끝으로 밀어붙이고 있네. 멈춰야 해.

맥스   겁이 났던 거죠. 그래서 그만두셨죠.

솔   맥스, 난 몸이 상했어.

맥스   아니잖아요, 선생님.

솔   그것 때문에 나는 뇌졸중을 겪었어.

맥스   말도 안 되는 소리 마세요. 그건 수학, 숫자들, 아이디어예요. 수학자라면 벼랑 끝에 서야죠. 저한테 그렇게 가르치셨잖아요!

솔   맥스, 수학이 다가 아니야! 그건 죽음이야, 맥스!

맥스   그게 뭔지 저한테 말씀하실 처지가 아니죠. 틀어박혀서 바둑이나 두고 책 읽고 금붕어나 키우고 있지만, 만족하지 못하시잖아요.

솔   맥스, 가라. 우리 집에서 나가.

맥스   저는 그게 뭔지 알아낼 거예요. 그걸 봐야겠어요. 그걸 이해하고야 말겠어요.

◇ 신의 이름

1:07

유대교 회당. 한 랍비가 그 수가 자기들에게 왜 중요한지 맥스에게 설명한다.

맥스 [못 믿겠다는 투로] 그러니까 내 머릿속의 그 수가 신의 진짜 이름이라고요!?

랍비 신 이상의 것이라오. 만물이지. 수학이고 과학이고 자연이며…… 우주요. 나는 우주의 DNA를 보았소.

맥스 그건 한낱 수에 불과해요. 분명히 당신들은 온갖 216자릿수를 다 적어 봤 겠죠. 다 해석해 봤고. 다 읊어 봤고. 그랬죠? 하지만 그 결과로 뭘 얻었죠?[■] 그 수 자체는 아무것도 아니에요! 중요한 건 의미, 구조예요. 숫자들 사이에 있는 거죠. 그걸 이해하지 못했다면, 그건 당신들 게 아니에요. 내가 그걸 찾아냈어요. 나는 그걸 찾아냈고, 이해해요, 이해할 거예요! 랍비 양반…… 선택받은 사람은 바로 나예요.

신의 이름에 해당하는 216자릿수는 '스켐함포라스Schemhamphoras,' 즉 '신의 분절명'과 관련되어 있다. 그 이름은 출애굽기 14장 19, 20, 21절에 숨어 있다. (히브리어 원문에서) 각 절은 72자로 구성되어 있다. 그 세 절을 세 행으로 적으면, 즉 첫 행은 오른쪽에서 왼쪽으로, 둘째 행은 왼쪽에서 오른 쪽으로, 셋째 행은 오른쪽에서 왼쪽으로 적으면, 신의 세 글자 이름 72열을

[■] 사실 어떤 수학자도 이렇게 말하지는 않을 것이다. 온갖 216자릿수들을 모조리 열거하기란 광 신도에게도 명백히 불가능한 일이기 때문이다.

얻게 된다.

그러니까 영화에서 이야기하는 바와 반대로 그 216자 이름은 사실상 잘 알려져 있는 것이다. 게다가 그 216자 이름은 216자릿수로 변환되지도 않는다. 하지만 그 216자 이름과 관련된 진짜 비밀이 (적어도) 하나는 있는 듯싶다. 그 이름을 어떻게 발음해야 하는지는 아무도 모르는데, 이름의 힘을 이용하려면 아마 그걸 알아야 할 것이다.

<hr/>

1:11

솔이 두 번째로 온 뇌졸중으로 죽었다. 솔의 아파트에서 맥스는 216자릿수가 적힌 종이를 발견한다. 그것을 호주머니에 집어넣은 맥스는 바둑판 위에 바둑알들이 큰 나선 모양으로 배열되어 있는 것을 알아차린다.

<hr/>

◇ 그 후로 오래도록 행복하게 잘 살았답니다

<hr/>

1:15

맥스가 그 수가 적힌 종이를 불태운 다음, 자기 머리의 '수학 부위math section'에 전기 드릴로 구멍을 뚫는다.■ 그 후 맥스는 더 이상 소녀 제나의 계산 문제를 빨리 풀지 못하지만, 그런 데에 신경 쓰지 않는다. 처음으로 맥스가 미소 짓는 모습이 나온다. 이 멋진 이야기는 이렇게 끝난다.

<hr/>

■ '수학 부위'는 촬영 대본에서 사용한 표현이다.

이 결말은 감독의 해설에 훌륭하게 요약되어 있다.

1:16

저는 항상 이 영화를 이렇게 끝내고 싶었습니다. 소녀 제나가 묻죠. '답이 뭐게
요?' 하지만 맥스는 답을 내놓지 못합니다. 처음으로 답을 모르기 때문이죠. 그리
고 여러모로 저는 그게 바로 〈파이〉의 주제라고 생각합니다. 이 영화는 질문에 대
한 이야기, 혼돈에 대한 이야기, 질서를 찾는 일에 대한 이야기입니다. 그런 과정에
서 맥스는 아름다움을 발견하죠. 그는 이제 그걸 발견합니다. 자기 주변의 세상에
서 말이죠.

5장

수학 마법 나라에서 흠잡기

〈수학 마법 나라의 도널드*Donald in Mathmagic Land*〉(1959)에서 우리는 도널드 덕을 따라가며, '진정한 모험 정신'이라는 정령이 그에게 소개해 주는 놀라운 수학의 세계를 살펴본다. 이 주옥같은 영화와 수학의 관계는 디즈니의 〈판타지아*Fantasia*〉와 클래식 음악의 관계와 같다. 〈수학 마법 나라의 도널드〉는 반은 다큐멘터리이고 반은 오리의 모험담을 담은 활극이다.

몇십 년간 〈수학 마법 나라의 도널드〉는 학생들에게 수학에 대한 의욕과 자신감을 고취시키려는 교사들에게 매우 귀중한 자료가 되어 왔다. 하지만 도널드가 접하는 수학 중에는 불분명한 부분이 많고, 부정확한 부분도 더러 있다. 이 장에서 우리의 목표는 그 내용의 진상을 밝혀내는 데 있다. 교사와 부모들이 꼬마 수학자들의 의욕을 북돋는 데 이 장이 유익한 자료가 되었으면 한다.

이 영화에 나오는 수학적인 주제들은 대부분 수학의 아름다운 측면을 소개하는 여느 이야기에서 다루는 것들과 비슷하다. 황금 분할(황금비), 피타고라스의 음악 이론, 원뿔 곡선, 무한대 등등. 한 가지 주목할 만한 예외는 스리 쿠션 당구의 수학적 경험칙인 '다이아몬드 법칙'이다.

이 영화의 뻔한 부분에 대해서는 길게 이야기하지 않을 것이다. 그 부분에 대해서라면 이 책의 독자들은 대체로 많이 들어 봤을 것이다. 그 대신 우리는 간과하기 쉬운 측면들에 초점을 맞추고, 꼭 옳다고 할 수 없는 (혹은 명백히 잘못된) 수학적 주장에서 흠을 잡아낼 것이다. 특히 황금 분할에 대한 근거 없는 통념들 가운데 일부를 집중적으로 다루고, 다이아몬드 법칙을 이 영화에서 한 것보다 더 잘 설명해 보겠다.

△ 아주 작은 흠: π가 얼마라고?

수학 마법 나라에는 숫자 모양의 가지와 잎이 달린 나무, 네모난 뿌리(square root: 제곱근)를 내린 나무 외에도 흥미로운 수학적 생물들이 많이 살고 있다. 특히 인상적인 것은 연필 동물과 파이 동물이다. 연필 동물은 직각 삼각형 모양의 몸통에 연필 모양의 머리가 달려 있다. 그 동물은 땅바닥에 난수를 적다가, 도널드에게 틱택토 게임을 하자고 한다(당연히 연필 동물이 이긴다).

파이 동물은 이렇게 암송한다. "π는 3.14159265389747 등등이다." 놀랍게도 그 동물은 마지막 숫자 두 개를 틀리게 말한다. 실제로 π의 소수 전개는 3.14159265389793…와 같이 시작된다. 하지만 π의 소수 전개가 나오는 여느 영화들의 경우 이보다 훨씬 못하다는 사실에서 파이 동물은 그나마 위안을 받을 수는 있을 것이다. 18장을 참고하라.

그림 5.1. 피타고라스학파에 대한 벽화. 피타고라스 정리, 악기, 펜타그램 로고가 그려져 있다.

△ 역사적인 홈: 피타고라스와 피타고라스학파

수학이 '공붓벌레들이나 하는 것'이 아님을 도널드에게 납득시키기 위해 정령은 도널드를 고대 그리스로 휙 데려가서 '공붓벌레들의 우두머리 피타고라스'를 만나게 한다. 그 첫 장면의 배경은 그림 5.1에 나타나 있는 벽화다.

수학적인 내용을 살펴볼 시간이다! 맨 위의 펜타그램pentagram(오각형의 별 모양)은 피타고라스학파의 로고였다. 그 아래에는 분명히 '피타고라스Pythagoras'라는 이름을 그리스 문자로 적어 놓기로 한 듯하지만, 잘못 적힌 글자가 있다. 그 이름은 '$\Pi \upsilon \theta \alpha \gamma \acute{o} \rho \alpha \varsigma$'로 적어야 한다. 그 아래에 보이는 유명한 다이어그램은 유클리드의 《기하학 원론Elements》에서 피타고라스 정리를 최초로 증명하는 부분에 들어가 있는 그림이다.

여기서 중요한 역사적 문제 하나가 제기된다. 매력적인 피타고라스를 보면서 여러분은 '피타고라스'가 발견했다는 것들 중 일부는 피타고라스학파 중 누군가의 성과로 보아야 하고 또 일부는 피타고라스학파와 아무 관련이 없을 수도 있음을 염두에 두어야 한다.[21] 유력한 일례로 피타고라스 정리는 아마도 후자의 범주에 속하는 듯하다!■

◁ 작은 흠: 피타고라스의 음악 이론

이 그림에서 악기도 몇 개 볼 수 있는데, 다음 장면에서는 피타고라스가 음악 이론에 기여한 바를 간단히 짚어 본다. 음악에서도 수학을 찾아볼 수 있다는 데 매우 감탄한 도널드는 봉고를 두드리며, 리라를 퉁기는 피타고라스와 함께 즉흥 연주를 펼친다. 그리고 피타고라스의 집단에 입회한다. 도널드의 손바닥에 피타고라스가 정오각형의 펜타그램을 찍어 준 것이다.

모두 대단히 재미있다! 하지만 그 재미에는 어설프고 모호한 구석도 숨어 있다.

정령   피타고라스는 옥타브에 2:1의 비율이 있다는 점을 발견했어. 그리고 간단한 정수비를 이용해 이걸 얻었지[리라로 어떤 화음을 연주한다]. 수와 관련된 그런 화음에서 오늘날의 음계가 발달했단다.

■   분명히 고대 바빌로니아 사람들도 피타고라스보다 한참 전에 피타고라스 정리를 알고 있었다. 그리고 그 정리에 대한 최초의 증명이 실린 것으로 알려진 유클리드의 《기하학 원론》은 피타고라스가 죽고 나서 200년 정도 후에 쓰였다.

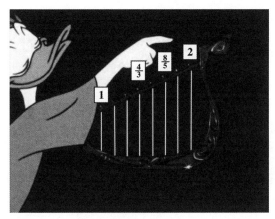

그림 5.2. 도널드가 피타고라스의 음악 이론을 시연해 보인다.

　그림 5.2에서 우리는 정령이 말하는 현의 비율을 나타내는 숫자들을 강조해 두었다. 가장 짧은 현은 가장 긴 현의 절반 길이로 옥타브 음정을 만들어 낸다. 하지만 피타고라스가 옥타브에 그런 비율이 있다는 점을 '발견했다'고 하는 것은 사실 말이 되지 않는다. 옥타브란 단지 그런 식으로 정의되어 있을 뿐이기 때문이다. 피타고라스가 2:1 비율의 현들이 울리는 소리가 조화롭게 들린다는 점을 발견했다고 하는 편이 (아마도) 더 정확할 것이다.▪

　그뿐만 아니라 피타고라스의 음악 체계는 결코 정령의 설명처럼 간단하지도 분명하지도 않았다. 사실상 현의 길이 체계에는 그럴듯한 선택지가 많이 있는데, 간단한 정수비를 사용하는 데 더 중점을 둔 사람은 후대의 수학자와 음악가들이었다. 그런 접근법을 '순정조'라고 부른다. 특히 피타고라스의 체계에서는 8:5 비율을 사용하지 않고 훨씬 모호한 선택지인

▪　피타고라스가 정말 이를 발견했다고 봐야 하는지도 분명하지 않다.

128：81을 사용했다.[22]

△ 중간 홈: 황금 분할

정령은 도널드 손바닥의 펜타그램에서 황금 분할을 이끌어 내어 도널드에게 보여 준다.[23] 그림 5.3을 보라. 이어서 정령은 황금 분할의 아주 유명한 놀라운 수학적 속성을 몇 가지 설명하고 그런 비율이 자연 곳곳에 존재함을 보여 주면서 도널드를 현혹한다. 하지만 애석하게도 정령은 황금 비율에 대한 흔하지만 허황된 여러 미신을 얘기하는 전철을 밟기도 한다. 그 미신은 미술, 특히 회화와 건축에서 황금 분할을 중요한 수학적인 '미의 법칙'으로서 사용한다는 이야기와 관련되어 있다. 9분부터 2분 동안 나오는 영상과 말은 거의 모두 터무니없다.

정령 그리스인들에게 황금 분할은 미의 수학적 법칙에 해당했어. 그들의 고대 건축물에서 그런 분할을 찾아볼 수 있어. 그리스의 가장 유명한 건물로 꼽히는 파르테논 신전에도 황금 사각형이 많이 들어 있단다.

이 영화에서도 그렇고 이런 주장이 나올 때면 언제나 그렇지만, 제시되는 유일한 증거는 황금 사각형 한두 개를 해당 물체에 포개 놓은 그림이다. 그림 5.4는 파르테논 신전과 관련된 매우 유명한 예다. 언뜻 보면 이 그림은 제법 그럴듯해 보일 수도 있지만, 좀 더 자세히 살펴보면 다른 직사각

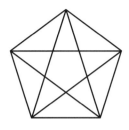

그림 5.3. 황금비는 정오각형의 한 변에 대한 대각선의 비와 같다.

형을 선택했더라도 마찬가지로 잘 갖다 맞출 수 있었으리라는 점이 분명해진다. 예를 들어, 포개 놓은 직사각형의 아랫변이 기둥이나 계단의 맨 아랫부분에 있지 않고 지금의 위치에 있어야 할 이유는 딱히 없다.

정령   그런 황금비는 그리스인들의 조각에도 쓰였어. 그 이후 황금 분할은 서양 곳곳의 건축에서 미의 관념을 지배했지. 노트르담 대성당은 탁월한 예야.

그림 5.4. 완벽한 비율을 보여 주는 파르테논 신전.

황금 분할이 고대 그리스인들의 기하학에서 생겨나긴 했지만, 그것을 미술이나 건축에 적용했다는 구체적인 증거는 16세기 초에 루카 파촐리 Luca Pacioli▼가 황금 분할을 미학과 접목한 후에야 마침내 나왔다. 심지어 그런 다음에도 황금 분할을 확실히 적용한 최초의 사례는 19세기에 가서야 비로소 나타났다.

정령 르네상스 화가들도 이 비밀을 잘 알고 있었어.

여기서 우리는 레오나르도 다빈치의 〈모나리자*Mona Lisa*〉에 여러 직사각형이 어수선하게 겹쳐지는 장면을 보게 된다. 다빈치는 분명히 황금 분할을 알고 있었고, 루카 파촐리의 책에 삽화를 그려 주기도 했다. 하지만 다빈치가 자신의 작품에 그것을 적용했는지는 매우 미심쩍다. 설령 그랬다고 하더라도 다빈치는 직접 쓴 글에서 단 한 번도 황금 분할을 언급하지 않았다.

정령 오늘날 황금 사각형은 우리 현대 세계의 많은 부분을 차지하고 있어.

▼ 이탈리아의 수학자 루카 파촐리(1445~1517)는 프란시스코회 수사이며 레오나르도 다빈치의 스승으로 알려져 있다. 그의 저서 《산수, 기하학, 비례 총람》은 르네상스 시대 베네치아의 상인들이 쓰던 복식 부기를 담고 있어 '회계학의 아버지'로도 불린다.

여기서 우리는 국제연합본부(UN)의 정면이 황금 사각형인 듯한 직사각형 세 개로 분할되는 모습을 보게 된다. 하지만 그 직사각형들은 길이를 확인해 보면 황금 사각형과 거리가 멀다.

정령　현대 화가들은 그런 비율의 매력을 재발견했어.

살바도르 달리Salvador Dali를 비롯한 몇 명은 그랬지만, 대부분은 그러지 않았다. 우리가 건축가 및 미술가들과 이야기를 나눠 보니, 그들이 대체로 황금 분할에 신경을 쓰는 것은 뭐가 뭔지 잘 모르겠지만 자기가 뭔가 잘못하고 있는 것 같다고 느끼는 딱 그 정도인 듯하다. 그리고 확신하건대 지금 황금 분할을 이용하는 몇몇 사람들도 딱히 미학적 목적이 있어서 그러는 것이 아니라, 단지 자기가 고대 그리스의 전통을 따르고 있다는 잘못된 믿음 때문에 그러고 있을 것이다. 요컨대 이른바 황금 분할의 미학적 아름다움이라는 것은 저절로 계속 되풀이되는 미신이 된 것이다.

정령　사실 이 이상적인 비율은 자연에서도 찾아볼 수 있단다.

여기서 우리는 아름답게 균형 잡힌 발레리나의 몸이 몇 개의 황금 사각형으로 분할되는 모습을 보게 된다. 하지만 황금비가 인체의 아름다움의 열쇠라는 것 또한 희망 사항에 불과하다.

그림 5.5 도널드가 완벽한 비율을 뽐내고 있다.

황금 분할에 대한 긴 이야기가 끝날 무렵에 도널드는 자기 몸에도 완벽한 비율이 있음을 보여 주려 한다. 도널드가 정오각형에 몸을 욱여넣음으로써(그림 5.5) 이에 성공하자 정령은 도널드를 비웃는다.

정령은 영화 〈파이〉에 나오는 수비학에 대한 이야기(4장 참고)를 들었더라면 웃음을 참았을지도 모른다. 그 얘기를 들었다면 정령은 파르테논 신전을 황금 사각형에 욱여넣는 일이 도널드의 몸 구부리기 묘기와 다를 바 없음을 깨달았을 것이다. 그리고 한 걸음 더 나아갔다면 정령은 누구든 충분히 노력하고 실상을 못 본 체하면 황금비는 물론이고 어떤 수라도 거의 모든 곳에서 찾아낼 수 있다는 점도 깨달았을 것이다.

흥미롭지만 오해의 소지가 아주 다분한 이 부분 다음에는 자연 속의 관련 모양들을 보여 주는 인상적인 슬라이드 쇼가 나오는데, 그런 모양들은 대체로 '정말' 황금 분할에 기초한다. 오각형 꽃, 나뭇가지가 뻗는 패턴, 열매, 솔방울 등등. 하지만 그다음에 정령은 앵무조개 껍질의 나선형이 황금비와 관련되어 있다는 매혹적이지만 근거 없는 미신을 얘기하는 전철을 또 밟는다.

△ 큰 흠: 스리 쿠션 당구

정령은 여러 가지 게임에서도 수학을 찾아볼 수 있다고 말한다. 첫 번째 예로 체스를 드는데, 체스보드에서 도널드는 루이스 캐럴의 앨리스로 변해 쫓기다가 간신히 위기를 모면한다. 그다음에는 야구, 축구, 농구, 사방치기가 언급된다. 하지만 이런 예들은 모두 관련성이 약하다. 이를테면 사방치기가 수학적인 게임으로 보이는 이유는 '여러 개의 사각형' 때문이다. 하지만 마지막에는 다음과 같은 이야기가 나온다.

정령　완벽한 정사각형 두 개로 이루어진 대 위에서 완벽한 구체 세 개와 다이아몬드 여러 개를 이용하는 수학적인 게임. 다시 말해 당구가 있지.

분명히 도널드는 미국 정령의 안내를 받고 있고, 정령이 말하는 '당구'는 더 흔한 영국 당구가 아니라 스리 쿠션 당구다. 두 게임 모두 공 세 개를 사용하지만, 스리 쿠션 당구대에는 포켓이 없다. 스리 쿠션 당구의 목적은 큐볼로 나머지 두 공을 맞히되 큐볼이 당구대 안쪽의 가장자리 면(쿠션)에 3회 이상 닿은 후 두 번째 타깃 볼과 부딪치게 하는 것이다.

다이아몬드들은 당구대의 긴 변은 팔등분하고, 짧은 변은 사등분한

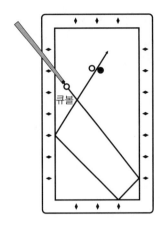

그림 5.6. 스리 쿠션 샷.

다. 우리는 숙련된 경기자가 다이아몬드를 이용해 그림 5.6에 나타나 있는 것과 같은 전형적인 샷을 계획하는 방식을 설명할 것이다. 다음 논의를 단순화하기 위해 두 개의 공, 즉 흰색 큐볼 하나와 검은색 타깃 볼 하나만 고려할 것이다.[24]

그림 5.7은 영화에서 논하는 샷 가운데 하나를 보여 준다. 여기서 A는 왼쪽 쿠션의 한 점, 즉 큐볼이 출발하는 가상의 점을 나타낸다. 그리고 B와 C는 큐볼이 두 긴 쿠션에서 튕기는 점을 나타낸다.

당구대 왼쪽 변의 다이아몬드에는 두 가지 방식으로 번호를 매긴다. 그림 5.7에 나타나 있듯이 하나의 번호열은 점 A에, 다른 하나의 번호열은 점 C에 적용된다. 그와 비슷하게 당구대 오른쪽 변의 다이아몬드에는 점 B에 적용되는 번호를 매긴다. 그래서 이 예에서는 A = 4, B = 1, C = 3이다. 여기서 다이아몬드 법칙은 A−B = C이다. 이 예에서는 4−1 = 3에 해당한다.

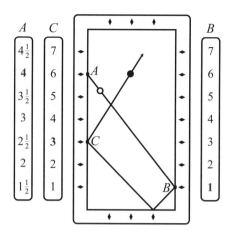

그림 5.7. 다이아몬드 법칙 A − B = C. 이 경우에는 A = 4, B = 1, C = 3이다.

진짜 당구공의 수학은 매우 복잡하고 다이아몬드 법칙은 대략적인 경험칙에 불과하다는 점을 알고 있어야 한다. 특히 사이드스핀 때문에 큐볼은 보통 입사각보다 더 큰 각도로 쿠션에서 튕겨 나온다.

그러므로 다이아몬드 '법칙' A−B = C는 지침일 뿐이다. 하지만 그 법칙은 실제로 당구대에서 다양한 샷을 계획하는 데 쓸 수 있을 만큼 충분히 정확하다. 영화에서처럼 우리는 문제를 더 쉽게 만들기 위해, A−B = C가 정확히 그대로 유효한 것처럼 가정하며, 그것의 실제 적용과 관련된 미묘한 사항들을 무시할 것이다.

이제 우리는 경기자가 그림 5.7에 나타나 있는 것과 같은 샷을 계획하는 데 다이아몬드 시스템을 어떻게 적용할 수 있는지 설명하려 한다. 가장 단순한 상황에서는 흰 공과 검은 공 둘 다 왼쪽 쿠션에 붙어서 각각 점 A와 C에 위치한다. 그런 경우 A = 4이고 C = 3이므로 B = A−C = 1이라는 계산 결과가 나온다. 이는 오른쪽 쿠션의 맨 아래 첫 번째 다이아몬드를

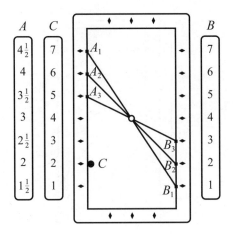

그림 5.8. A − B = C가 될 때까지 흰 공을 중심으로 당구봉을 이리저리 돌려 본다.

겨냥해서 흰 공을 치면 흰 공이 그림 5.7에 표시된 경로를 정확히 따라가서 C의 검은 공과 부딪힐 것이라는 뜻이다.

　좀 더 복잡한 상황에서는 검은 공은 왼쪽 쿠션에 붙어 있고 흰 공은 당구대 안쪽의 어딘가에 있을 수 있다. A와 B의 값을 알아내기 위해 경기 자는 당구봉을 흰 공 위에서 좌우로 이리저리 돌리며, 당구봉 왼쪽 끝의 수(A)에서 오른쪽 끝의 수(B)를 계속 빼 본다. 뺄셈의 결과가 C 값이 나올 때까지 계속 그렇게 하는 것이다. 그림 5.8을 보라.

　이 예에서 C = 2인데, 경기자의 추산은 다음과 같다.

$$A_1 - B_1 = 4\frac{1}{2} - 1 = 3\frac{1}{2}$$
$$A_2 - B_2 = 4 - 2 = 2$$
$$A_3 - B_3 = 3\frac{1}{2} - 3 = \frac{1}{2}$$

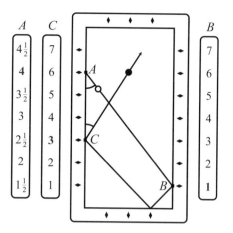

그림 5.9. 가장 복잡한 상황.

두 번째 뺄셈에서 C의 실제 값이 나오므로, 다이아몬드 법칙에 따르면 우리는 오른쪽 쿠션 아랫부분의 두 번째 다이아몬드를 겨냥해야 한다.

끝으로, 가장 까다로운 상황은 검은 공도 당구대 안쪽에 있을 때 발생한다. 그림 5.9를 보라. 이 경우 다이아몬드를 이용해 정확한 A, B, C 값을 구하는 체계적인 방법은 없다. 하지만 공이 쿠션에서 튕기는 방식에 대한 직관적 감각이 있는 노련한 경기자라면, C의 각도가 A의 각도에 따라 어떻게 달라지는지 잘 알고 있을 것이다.

노련한 경기자는 다음과 같은 방식으로 당구봉 돌리기 기법과 각도 관계에 대한 직관력을 병용해서 적절한 값을 구할 수 있다. 당구봉을 어떻게 돌려 보든 그 각각의 위치는 어떤 A 점과 B 점, A의 각도와 대응한다. 그런 각각의 위치에서 경기자는 다이아몬드 법칙으로 C 값을 계산하고 A의 각도에 기초해 C의 각도를 짐작한다. 흰 공의 예상 경로가 검은 공에 이르도록 C 점의 위치와 C의 각도가 잡히면, 경기자는 그 값들이 적절하다는 것을 알고 공을 칠 수 있다.

우리는 다이아몬드 시스템이 다소 간단한 (혹은 복잡한) 수학을 훌륭하게 응용한 것임을 알 수 있지만, 정령의 설명은 누가 들어도 매우 헷갈릴 것이다. 다음은 정령의 설명 가운데 관련 부분으로, 그림 5.9에 예시된 복잡한 상황에 대한 이야기다.

<hr/>

정령　그는 당구대 가장자리의 다이아몬드 마크들을 수학적인 길잡이로 이용한단다. 먼저 그는 표적구[검은 공]를 맞히기 위한 [C의] 적정 각도를 잡지. 그리고 큐볼[흰 공]이 3번 다이아몬드에서 튕겨 나와야 한다는 걸 알아차리지. 그다음에 그는 공을 칠 준비를 하는데, 큐 위치[A]에 대응하는 수를 알아야 해. 그러려면 다른 일단의 번호들[A에 적용되는 번호열]이 필요하지. 보다시피 큐 위치[A]는 4야. 자, 간단한 뺄셈을 하면 4-3 = 1이 되지. 그러니까 그는 첫 번째 다이아몬드[B]로 공을 쳐 보내면, 성공하게 될 거야. ……

<hr/>

사실상 정령은 당구봉 돌리기 기법을 쓰지 않아도 그림 5.9의 점 C와 A 위치를 쉽게 알아낼 수 있고, 또 간단한 뺄셈만 하면 B 값을 구해 확실히 성공적인 샷을 할 수 있다는 식으로 이야기하고 있다.

물론 이것은 말이 안 되는 이야기다. 흰 공이 당구대 안쪽에 있을 경우, 흰 공의 위치 및 A의 위치가 샷을 결정하게 되는데, A를 그렇게 간단히 알아냈다면 다이아몬드 법칙을 전혀 사용하지 않고 B와 C를 이미 구해 놓은 셈이 된다! 훨씬 더 우스운 점은 도널드가 다이아몬드 시스템을 이용해 보려 할 때 사실상 당구봉 돌리기 기법을 쓰는데, 그것 때문에 정령한테서 핀잔을 듣는다는 것이다.

그 밖에도 정령이 무시하는 기술적 문제가 몇 가지 더 있다. 첫째, 앞서 언급했듯이 다이아몬드 법칙은 사실상 경험칙에 불과하며, 정령의 말처럼 수학적으로 전혀 틀림이 없는 법칙이 아니다. 둘째, 다이아몬드 법칙이 주효하려면 경기자가 큐볼에 사이드스핀을 어느 정도 걸어서 반사각이 입사각보다 예상대로 커지게(지금까지 우리의 모든 다이어그램에서 그랬듯이) 해야 한다. 셋째, 영화와 이 책에서 설명한 다이아몬드 법칙은 더 광범위한 다이아몬드 시스템의 일부에 불과하다. 그 시스템에서는 A를 위쪽 쿠션의 접점 중에서 선택해야 하는 경우도 다룬다. 넷째, 현대의 여러 당구 서적에 따르면 다이아몬드 시스템은 경기자가 다이아몬드들 사이가 아니라 다이아몬드를 정통으로 겨냥하는 경우에 가장 효과적이다. 끝으로, 공의 반지름이 0이 아니라는 점을 계산에 넣으면 우리의 모든 다이어그램을 조금씩 다시 고쳐 그려야 할 것이다.

실제 당구에 쓰이는 법칙은 경험칙일 수밖에 없다. 하지만 한편으로 '수학적 당구'라는 이상적인 게임에서는 다이아몬드 시스템이 어떻게 될지 생각해 보면, 통찰력과 재미를 얻을 수 있다. 만약에 우리가 큐볼의 입사각과 반사각이 항상 같다고 가정하면, 정확한 법칙이란 것이 정말 있을 수 있다. 그리고 나아가 우리가 큐볼의 반지름이 0이라고도 가정하면, 그 법칙은 매우 단순한 형태를 취하게 된다. 아까와 같은 번호열을 이용하면, 우리는 다음과 같은 수학적 당구의 '정확한' 다이아몬드 법칙을 얻게 된다.

$$A - B = 1 + \frac{C}{2}$$

예를 들어 그림 5.10에서는 A = 4, B = 1, C = 4인데, 정말 다음 식이 성립한다. $4 - 1 = 3 = 1 + \frac{4}{2}$

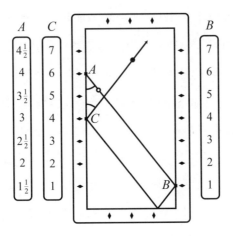

그림 5.10. A와 C의 각도가 같으면, 다이아몬드 법칙은 $A - B = 1 + \frac{C}{2}$가 된다.

　수학적인 당구에서도 우리는 앞서 설명한 방법과 똑같은 방법으로 샷을 계획할 수 있다. 심지어 두 공 모두 쿠션에서 멀리 떨어져 있는 상황도 쉽게 처리할 수 있다. 왜냐하면 간단히 확인할 수 있겠지만 C와 A의 각도가 항상 같기 때문이다.

　마지막 단순화로 우리는 A에만 적용되는 특이한 번호열을 없애고 A, B, C 모두에 '자연스러운' 번호열을 적용할 수 있다. 그림 5.11을 보라. 이제 수학적 당구의 다이아몬드 법칙은 다음과 같은 형태를 취하게 된다.

$$A - 2B = C$$

　이 마지막 법칙이 왜 성립하는지는 쉽게 이해할 수 있다. 입사각과 반사각이 항상 같으므로 우리는 흰 공의 굽은 경로를 펴서 직선으로 만들 수 있다. 이는 그림 5.12의 왼쪽 다이어그램에 나타나 있다. 거기서 새로운

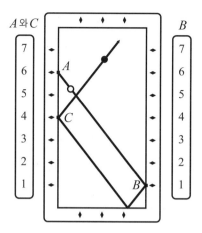

그림 5.11. A에 적용되는 번호열을 더 간단하게 바꾸고 나면, 다이아몬드 법칙은 $A - 2B = C$가 된다.

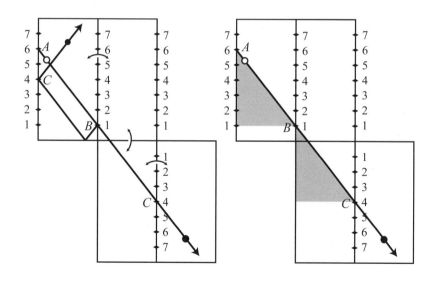

그림 5.12. 굽어 있는 경로를 펴서 수학적 당구의 다이아몬드 법칙 $A - 2B = C$를 이끌어 내기.

표적점 C는 뒤집힌 거울상 번호열에 표시되어 있다. 진하게 표시된 두 직각 삼각형의 모양이 똑같다는 점도 분명하다. 이는 곧 두 삼각형의 세로 변 길이도 같다는 뜻이므로, $A-B = C + B$이다. 즉 $A-2B = C$인 것이다. Q.E.D.

◁ 흠 안 잡기

이 장에서 선택한 초점 때문에 우리는 결국 〈수학 마법 나라의 도널드〉에 대해 그리 좋지 않은 점들을 몇 가지 이야기하게 됐다. 이는 우리가 이 영화를 좋아하지 않는다거나 이 영화가 볼 만한 작품이 아니라는 인상을 줄 수도 있다. 둘 다 절대 사실이 아니다. 〈수학 마법 나라의 도널드〉는 수학에 대한 매력적이고 영감을 주는 영화이며 꼬마 수학자들이라면 꼭 봐야 할 작품이다. 정령은 영화 끝 부분에서 다음과 같이 명쾌하게 요점을 말한다.

정령 갈릴레이는 이렇게 말했지. 수학은 신이 우주를 쓰는 데 사용한 알파벳이다.

〈수학 마법 나라의 도널드〉는 갈릴레이의 말을 매우 잘 보여 준다.

그림 5.13. 〈열정의 람바다〉에서 멋쟁이 수학 교사 블레이드가 믿음직한 각도기를 사용하고 있다.

자문 위원　　크레딧을 보면 밀트 반타Milt Banta, 빌 버그Bill Berg, 하인츠 하버 Heinz Haber가 〈수학 마법 나라의 도널드〉의 줄거리를 만드는 데 기여한 것으로 되어 있다. 수학과 관련된 부분을 책임진 사람은 아마도 천체 물리학자 하인츠 하버 (1913~1990) 박사였을 것이다. 과학자로서 그는 우주 의학이라는 새로운 연구 분야의 창시자 중 한 명으로 유명해졌다. 그는 과학 대중화에 힘쓴 주요 인물이기도 했으며, 디즈니의 다른 몇몇 교육적인 작품의 제작에도 참여했다.

수학과 당구　　포켓볼 혹은 당구를 '수학적으로' 하는 장면이 나오는 다른 영화로는 〈열정의 람바다Lambada〉(1990), 〈꼬마 천재 테이트Little Man Tate〉(1991) 등이 있다. 〈열정의 람바다〉의 당구 장면은 〈수학 마법 나라의 도널드〉를 보충하는 재미있는 자료가 된다. 가장 주목할 만한 부분은 주인공인 교사 블레이드가 다이아몬드와 각도기를 이용해 스리 쿠션 샷을 계획하는 장면이다(그림 5.13)!

만화책　　〈수학 마법 나라의 도널드〉의 진정한 팬이라면, 1959년에 나온 같은 제목의 만화책(Dell comic no. 1951)도 찾아봐야 할 것이다. 하지만 경고하는데, 출간 당시에야 가격이 단돈 10센트에 불과했지만, 우리가 가지고 있는 책은 이베이에서 구하는 데 30달러나 들었다.

이 만화책에서는 영화보다 수학을 주제별로 더 많이 다루기도 하고 더 조금 다루기도 한다. 무엇보다도 파이 동물은 π에 대해 정확하게 이야기한다. "파이는 원의 둘레와 지름의 관계를 나타내는 데 쓰는 그리스 문자야! 그 값은 3.14159265…이지."

도널드는 고대 그리스인들뿐만 아니라 석기 시대 사람들도 만나고, 수를 헤아릴 줄 알면 왜 편리한지를 고생 끝에 깨닫는다. 또 도널드는 십진법과, 그 밖에 고대인들이 수를 적는 데 사용한 몇 가지 방법에 대해서도 배운다. 당구도 언급되긴 하지만, 다이아몬드 시스템은 암시적으로만 다뤄진다.

만화책에서 도널드는 수학 마법사 님블 넘보를 만나는데, 넘보는 도널드에게 어떻게 하면 스크루지 아저씨를 쩔쩔매게 하고 아저씨의 빚에서 벗어날 수 있는지를 알려 준다. 다음은 도널드가 그 계획을 행동에 옮기는 대목이다(우리는 원문을 조금 더 간략하게 다듬었다).

도널드　　　이제 제가 아직 지고 있는 남은 빚은 15달러 정도일 거예요. 제 집을 통째로 드러서 그걸 다 갚을게요! 당연히 아저씨는 저한테 차액을 메울 뭔가를 거슬러 주셔야겠죠[도널드가 체스판을 내놓는다]. 다만 몇 센트라도요, 스크루지 아저씨! 자! 여기 체스판이 있어요!

　　　아저씨가 이렇게만 하면 계산이 끝난 걸로 할게요. 첫 번째 네모 칸에 1센트, 두 번째 칸에 2센트, 세 번째 칸에 4센트를 놓으세요. 매번 동전 수를 두 배로 늘려서 놓으시기만 하면 돼요. 이 64칸 모두에 대해 얼마를 저한테 주실 때까지요.

물론 총액은 $2^{64} - 1$센트가 되는데, 그 액수는 스크루지 아저씨에게 매우 불쾌한 놀라움으로 다가온다.

수학이 나오는 다른 디즈니 영화　　　〈왕자와 거지*Prince and the Pauper*〉(1990)에서는 미키 마우스가 삼각법 때문에 골머리를 앓는다. 〈덤보*Dumbo*〉(1941)에서는 덤보가 코로 네모난 거품을 만들어 내는데, 그런 묘기는 실제로도 가능해서 수학자들이 제자들을 놀라게 하는 데 즐겨 써먹기도 한다.

6장

큐브에서 탈출하기

〈큐브*Cube*〉(1997)에서는 지지리도 운이 없는 사람들이 '큐브'라는 치명적인 미로에서 깨어나는 바람에 탈출구를 찾아야만 한다. 수학과 대학생 레븐이 수학적인 암호의 풀이를 도맡다시피 한다. 그녀는 워스와 카잔의 도움을 받는데, 워스는 큐브 건축에 참여한 엔지니어 중 한 명이고, 카잔은 인수분해를 아주 잘하는 자폐아다. 그 밖의 등장 인물로는 큐브의 초기 희생자 앨더슨, 경찰 쿠엔틴, 탈옥의 명수 렌, 의사 할로웨이가 있다.

〈큐브〉의 큐브

큐브를 뒷받침하는 수학은 실제로 유효하다. 사실 큐브는 이스트 캐롤라이나 대학의 수학 교수 데이비드 W. 프래비카David W. Pravica가 디자인한 것이

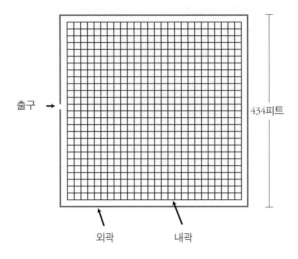

그림 6.1. 큐브에 대응하는 2차원 구조물.

다.[25] 제작진은 영화를 만들면서 프래비카에게 조언을 구하기도 했지만, 촬영 및 편집 단계에서 영화에 몇몇 모순적인 요소들을 넣게 되었다.

큐브는 그림 6.1의 2차원 다이어그램에 대응하는 3차원 구조물이다. 석관 같은 정육면체 외곽이 정육면체 내곽을 둘러싸고 있는 형태로 되어 있다. 외곽의 너비는 434피트(약 132미터)다. 내곽은 $26 \times 26 \times 26 = 17,576$개의 더 작은 정육면체 공간들로 세분되어 있는데, 그 각각의 너비는 15.5피트(약 4.7미터)다.

큐브 외곽과 내곽 사이의 거리도 15.5피트인데, 그 공간은 보통 비어 있다. 어느 시점에서든지 각 정육면체 공간은 비어 있거나 정육면체 방이 차지하고 있거나 둘 중 하나다. 그런 방들 중 일부에는 치명적인 덫이 장치되어 있다. 그리고 주기적으로 방들 가운데 일부는 새로운 위치로 미끄러지듯이 이동한다. 하지만 영화에서 방들이 동시에 움직이기로 되어 있는지는 분명하지 않다. 이 점에 대해서는 뒷부분에서 논할 것이다.

각 정육면체 방에는 똑같은 모양의 정사각형 문이 벽마다 한가운데 하나씩 총 여섯 개가 있다. 그 문을 통해 큐브의 포로들은 옆방으로 이동할 수 있다. 일정한 시간 간격으로 그 방들 중 딱 하나가 '다리bridge'로, 내곽에서 나와 외곽의 유일한 출구 앞으로 이동한다. 그러므로 큐브에서 탈출하려면 포로는 다리에 들어간 다음 다리가 출구 앞으로 이동할 때까지 기다리거나, 다리가 출구 앞에 있을 때 다리에 인접할 방을 찾아야 한다.

렌은 영화 초반에 죽는다(어떻게 죽는지는 묻지 않는 편이 나을 것이다). 그가 죽은 후 나머지 포로들은 덫이 장치되어 있는 방을 식별하는 안전한 방법을 알면 도움이 되겠다는 생각을 하게 된다. 그들은 그 방법을 정말 알아낼 수 있다. 큐브를 만든 사람들이 큐브의 기하학적 구조와 방의 안전 여부에 대한 정보를 각 방의 숫자 라벨에 암호화해 두었기 때문이다. 그뿐만 아니라 각 포로는 특별한 능력이 있거나 큐브에 대한 중요한 정보를 알고 있다. 하지만 처음에는 등장 인물들이 이를 하나도 알아채지 못한다.

다음에서 우리는 등장 인물들이 (고생을 하면서) 상황을 깨닫는 과정을 좀 더 자세히 살펴볼 것이다.

◇ 첫 번째 통찰: 소수의 힘

●●

0:11

등장 인물들이 한 방에 566, 472, 737이라는 숫자 라벨이 있고 옆방에 476, 804, 539라는 숫자 라벨이 있음을 알아차렸다[그림 6.2].

그림 6.2. 세 수가 한 조를 이루는 방 번호 중 하나.

쿠엔틴　뭐지, 일련번호인가?

할로웨이　방 번호야. 방마다 달라.

워스　아, 잘됐군, 그러니까 여기 방이 5억 6640만 개 정도밖에 없다는 거 아냐.

할로웨이　그래서는 곤란해! 우린 음식과 물 없이 3일쯤 지나면 힘이 없어서 움직이지도 못하게 돼.

0:18

쿠엔틴　레븐, 전공이 뭐지? 수학?

할로웨이　그 숫자들의 의미가 뭐야?

레븐이 안경을 쓰고 숫자들을 유심히 보기 시작한다.

레븐　149?

레븐이 다른 문을 연다. 645, 372, 649라는 숫자들이 보인다.

레븐   소수야. 이걸 몰랐다니.

쿠엔틴   뭘?

레븐   이 수 중에 소수가 하나라도 있으면 그 방에는 덫이 있는 것 같아요. 자, 645······ 645, 이건 소수가 아냐. 372······ 아냐. 649······ 잠깐, 11 곱하기 59, 이것도 소수가 아냐. 그러니까 저 방은 안전해요.

레븐이 645와 372가 소수가 아니라고 말하기 전에 머뭇거리는 모습은 본의 아니게 아주 우습다. 1의 자릿수가 5와 2이므로 복잡한 계산이 필요하지 않기 때문이다. 게다가 그 쉬운 것들로 고심한 후에 레븐은 $649 = 11 \times 59$임을 곧바로 알아낸다.

쿠엔틴   잠깐, 잠깐, 잠깐. 소수 덫이 하나 있었다는 걸로 어떻게 그렇게 넘겨짚을 수가 있지?

레븐   하나만 갖고 그러는 게 아니에요. 소각로 방에는 소수 083이 있었어요. 분자 화학 방에는 137이 있었고, 산이 나온 방에는 149가 있었죠.

할로웨이   그걸 다 기억하고 있단 말이야?

레븐   이런 재능은 타고났어요.

◁ 소수를 식별하는 방법

영화의 나머지 부분에서 우리는 수학 전문가 레븐이 세 자릿수가 소수인지 아닌지를 알아내려고 애쓰는 모습을 거듭 보게 된다. 자, 만약에 여러분이 내일 잠에서 깨어 보니 큐브 안에 있다면 그 일을 어떻게 하겠는가? 공공 서비스 차원에서 우리는 여기서 생존을 위한 소수 식별 지침을 제공한다.

세 자릿수는 abc의 형태로 되어 있다. 예를 들어 '분자 화학 방'에는 137이라는 라벨이 있었는데, 그 수에서는 $a = 1, b = 3, c = 7$이다.■ 자, 만약 abc가 소수가 아니라면, 그 수에는 그 수의 제곱근보다 크지 않은 소인수가 적어도 한 개는 있을 것이다(그렇지 않다면 제곱근보다 큰 인수가 두 개 있어야 하는데, 그 두 인수의 곱은 너무 커져 버릴 것이다). 그리고 abc의 최댓값인 999의 제곱근은 약 31.6이므로, 우리는 최대 31까지의 소수들로 해당 수가 나누어떨어지는지를 확인해야 한다.

우선 abc가 31까지의 다음 소수들 가운데 하나인지 빨리 확인해 본다.

$$2, 3, 5, 7, 11, 13, 17, 19, 23, 29, 31$$

그다음에 abc가 짝수인지, 즉 2로 나누어떨어지는지 확인한다. 이 일은 레븐을 좀 힘들게 했지만, 물론 사실상 그리 어려운 일이 아니다. abc가 짝수이면 소수가 아니다. 더 따져 볼 것도 없다.

abc가 짝수가 아니면 abc가 3으로 나눠떨어지는지 확인하고, 그다음에 5로 나눠떨어지는지 확인하고, 그다음에 7로 나눠떨어지는지 확인하는 등등의 과정을 거쳐 마지막으로 $\sqrt{abc}$ 미만의 최대 소수로 나눠떨어지는지 확인한다. 그러는 도중에 인수를 하나 찾으면 즉시 확인을 중단한다. 끝내

■ '세 자릿수'라고 말할 때 우리는 100의 자릿수나 10의 자릿수가 0일 가능성도 감안한다. 예컨대 소각로 방에는 083이라는 소수 라벨이 있었는데, 그 수에서는 $a = 0$이다.

인수를 하나도 찾지 못했다면, *abc*는 분명히 소수일 것이다.

이제 우리는 무엇을 해야 하는지 알고 있다. 큐브가 어떤 사악한 짓을 저지르기 전에 실제로 그 일을 빨리 끝내려면, 일부는 잘 알려져 있고 일부는 잘 알려지지 않은 가분성 확인 요령을 이용해야 한다.

- 2: 1의 자릿수 *c*가 0, 2, 4, 6, 8이면, 수 *abc*는 2로 나누어떨어진다(레븐, 잘 봐 두세요).
- 3: 합 $a + b + c$가 3으로 나누어떨어지면, 수 *abc*는 3으로 나누어떨어진다. 예컨대 543은 3으로 나누어떨어진다. $5 + 4 + 3 = 12$인데 12가 3으로 나누어떨어지기 때문이다.
- 5: 1의 자릿수 *c*가 0이나 5이면, 수 *abc*는 5로 나누어떨어진다(레븐이 연습해야 할 또 다른 요령).
- 7: $2a + 3b + c$가 7로 나누어떨어지면, 수 *abc*는 7로 나누어떨어진다. 예컨대 364는 7로 나누어떨어진다. $(2 \times 3) + (3 \times 6) + 4 = 28$이 7로 나누어떨어지기 때문이다.
- 11: $a - b + c$가 11로 나누어떨어지면, 수 *abc*는 11로 나누어떨어진다. 예컨대 649는 11로 나누어떨어진다. $6 - 4 + 9 = 11$이 11로 나누어떨어지기 때문이다. (레븐은 이 요령을 연습해 둔 듯하다.)

사실 어떤 소수든 이런 가분성 확인 요령이 있다. 물론 999까지의 수 가운데 대부분은 2나 3이나 5로 나누어떨어진다. 그러므로 그런 작은 소수들의 간단한 가분성 확인 요령만 이용해도 수많은 큐브 덫을 피할 수 있을 것이다.

큐브로 돌아가기 전에 마지막 연습 문제로 137이 소수인지 아닌지 판단해 보자. 137의 제곱근은 11보다 조금 크다. 가분성 확인 요령을 이용하면, 137이 2, 3, 5, 7, 11로 나누어떨어지지 않음을 빨리 확인할 수 있다. 그러므로 우리는 137이 소수라고 결론짓는다.

얼마 동안 레븐의 소수 테스트는 완벽하게 들어맞는다. 하지만 어느 시점에 쿠엔틴은 번호들이 소수가 아닌 방에서 죽을 뻔한다. 레븐이 영문을 알아차리기 전에 포로들은 또 다른 매우 중요한 정보를 알게 된다.

△ 두 번째 통찰: 큐브의 좌표

0:39

워스가 자기가 이 미로의 외곽을 설계했고 그 전체 모양이 정육면체임을 알고 있다고 털어놓았다. 하지만 그는 내곽의 구조에 대해서는 아무것도 알지 못한다.

레븐   외곽의 크기가 어떻게 되죠?
워스   가로 세로 434피트.

레븐이 걸음짐작으로 방의 크기를 재어 본다.

레븐   14 곱하기 14 곱하기 14.
워스   안쪽 큐브가 외곽과 딱 붙어 있을 리 없어. 빈 공간이 있을 거야.
레븐   방 하나만큼?
워스   몰라. 그럴 수도 있지.
레븐   음, 그러면 안쪽 큐브는 크기를 최대한도로 잡으면…… 세로로 방 26개, 가로로 방 26개, 그러니까…… 방이 17,576개 있는 거네요.

나중에 레븐은 큐브에 가로로 방이 26개 있다는 점의 중요성을 깨닫는다. 434를 14로 나누면 31이 나온다는 점을 주목하라. 이에 따르면 31 × 31 × 31개의 방이 외곽에 꼭 들어맞을 테니 내곽에는 29 × 29 × 29개의 방이 있을 듯하다. 하지만 이는 벽의 두께를 고려하지 않은 계산이다. 큐브 외곽의 너비가 방 28개가 들어갈 만큼이라고 가정하고 역으로 따져 보면 벽 두께가 1.5피트 정도일 것이라는 계산이 나오는데, 이는 타당한 수치인 듯싶다.

할로웨이   방이 17,576개라고? 맙소사, 속이 다 메스꺼워지네.
레븐   데카르트.

레븐이 다른 문을 열고 안경을 낀다.

레븐   난 천재야!
쿠엔틴   무슨 소리야?

517, 478, 565라는 숫자들이 보인다.

레븐   데카르트 좌표, 그럼 그렇지, 암호화된 데카르트 좌표예요. 기하학에서 쓰는 거예요. 3차원 그래프에서 점의 위치를 나타내는 거죠.
쿠엔틴   쉽게 말해 봐. 천천히.
레븐   봉주르! 이 숫자들은 표시, 좌표예요. 지도의 위도와 경도 같은 거죠. 우리가 큐브 내부의 어디에 있는지 말해 주는 숫자란 말이에요.
쿠엔틴   그럼 우리가 어디에 있는 건데?

레븐은 각 방의 숫자들이 덫의 유무뿐만 아니라 방의 좌표도 나타낸 다는 사실을 막 알아냈다. x좌표는 첫 번째 수의 각 자릿수들의 합, y좌표 는 두 번째 수의 각 자릿수들의 합, z좌표는 세 번째 수의 각 자릿수들의 합 이다. 예컨대 식별 번호가 517, 478, 565인 방의 좌표는 다음과 같다.

$$(5 + 1 + 7, 4 + 7 + 8, 5 + 6 + 5) = (13, 19, 16)$$

레븐　　　정말 되네요! x좌표는 19예요.

여기서 레븐은 금속 조각에 928이라고 갈겨쓴다. 각 자릿수를 더하면 $9 + 2 + 8 = 19$가 되지만, 레븐은 방금 전에 화면에 나온 세 수 517, 478, 565를 다루고 있지는 않은 듯하다.

레븐　　　y는……。

레븐은 856이라고 쓴다. 따라서 $y = 8 + 5 + 6 = 19$가 된다.

레븐　　　방이 26개. 그러니까[26 − 19 = 7이므로] 우리는…… 끝에서 방 일곱 개 와 떨어져 있는 거예요.

레븐이 다른 좌표를 놓고 고심하고 있다.

쿠엔틴　왜 그래?

레븐　이 좌표들이요. (14, 27, 14)잖아요.

y좌표가 27로 나오는 경우는 두 번째 식별 번호가 999일 때뿐이다. 따라서 27은 분명히 우리가 만날 수 있는 가장 큰 좌표다. 그런데…….

쿠엔틴　그게 어쨌다는 거야?

레븐　음, 말이 안 돼요. 큐브에 가로로 방이 26개 있다면, 26보다 큰 좌표가 있을 리 없잖아요. 이 좌표대로라면, 우리는 큐브 밖에 있는 셈이에요.

이 통찰은 나중에 매우 중요한 것으로 판명될 것이다.

◇ 세 번째 통찰: 순열

1:04

포로들은 렌의 시체가 있는 방으로 돌아가려 한다. 그런데 전에 렌이 죽은 옆방은 그 이후로 사라져 버렸다.

워스   렌은 저 방에서 죽지 않았나?

렌이 죽은 방으로 연결되는 문을 워스가 열지만, 그곳에는 아무것도 없다. 암흑밖에 안 보인다. 그곳은 외곽인 것이다.

워스   어째서 저기 아무것도 없는 거지?

워스   어이! 내 말 좀 들어봐. 전에는 저기 방이 있었잖아. 우리가 맴돌고 있는 게 아냐, 방들이 돌고 있는 거지!

레븐   그렇죠…… 그렇게 말고는 달리 논리적으로 설명할 길이 없죠. 난 정말 바보예요.

워스   뭘 알아낸 거야, 레븐?

레븐   잠깐만요. 숫자들은 표시죠, 지도상의 표시, 그렇죠?

워스   그래.

레븐   계속 움직이는 점을 지도에 어떻게 나타내죠?

워스   순열.

쿠엔틴   순…… 뭐라고?

레븐   순열이요. 방이 거쳐 가는 모든 좌표들의 목록이죠. 방이 어디서 출발하는지, 몇 차례나 움직이는지, 어디로 이동하는지를 말해 주는 지도 같은 거예요.

알고 보니 세 좌표는 방의 현재 위치가 아니라 출발 위치만 알려 주는 수였다. 하지만 레븐은 방이 큐브 안에서 움직이는 방식도 방의 식별 번호에 암호화되어 있음을 깨달았다. 우리가 설명해 주겠다.

방의 출발 이후 위치들을 알아내기 위해 먼저 방의 각 식별 번호 abc에 대해 다음 세 수를 계산한다.

$$a-b, b-c, c-a$$

등장 인물들이 곧 발견하게 될 665, 972, 545라는 번호가 붙은 방에 대해 생각해 보자. 먼저 다음을 계산한다.

$$665 \rightarrow 6-6 = 0, 6-5 = 1, 5-6 = -1$$

그러므로 처음 세 수는 0, 1, −1이다. 이어서 다음을 계산한다.

$$972 \rightarrow 9-7 = 2, 7-2 = 5, 2-9 = -7$$

그래서 두 번째 세 수는 2, 5, −7이다. 끝으로 다음을 계산한다.

$$545 \rightarrow 5-4 = 1, 4-5 = -1, 5-5 = 0$$

세 번째 세 수는 1, −1, 0이다.

이런 세 수들이 방의 움직임을 어떻게 좌우하는지 이해하기 위해 우리는 이동하는 방을 따라가 볼 것이다. 먼저 우리는 각 식별 번호의 자릿수들을 더해, 이 방의 출발 위치가 다음과 같음을 알아낸다.

$$(6 + 6 + 5, 9 + 7 + 2, 5 + 4 + 5) = (17, 18, 14)$$

이제 첫 번째 움직임을 위해 첫 번째 세 수 가운데 맨 처음 수를 x성분에 더하면 다음과 같이 된다.

$$(17 + 0, 18, 14) = (17, 18, 14)$$

따라서 우리는 아무 데도 가지 않았다. 하지만 두 번째 움직임을 위해 두 번째 세 수 가운데 맨 처음 수를 y성분에 더하면 다음과 같이 된다.

$$(17, 18 + 2, 14) = (17, 20, 14)$$

세 번째 움직임을 위해 세 번째 세 수 가운데 맨 처음 수를 z성분에 더하면 다음과 같이 된다.

$$(17, 20, 14 + 1) = (17, 20, 15)$$

이제 각 세 수 가운데 두 번째 수로, 이어서 마지막으로 각 세 수 가운데 세 번째 수로 그런 과정을 되풀이한다. 그러면 경로는 다음과 같이 이어진다.

$$\rightarrow (18, 20, 15) \rightarrow (18, 25, 15) \rightarrow (18, 25, 14)$$
$$\rightarrow (17, 25, 14) \rightarrow (17, 18, 14) \rightarrow (17, 18, 14)$$

이 방은 총 아홉 차례 움직였지만, 0에 대응하는 처음과 마지막의 '움직임'은 사실상 가만히 있는 상태에 해당한다. 아홉 번의 움직임을 끝낸 방은 출발 위치로 돌아왔다. 그다음에는 그런 움직임을 몇 번이고 되풀이하며 돌고 돌 것이다.

사실상 방마다 이와 비슷한 사이클이 있을 것이다. 그런 사이클에서 각 방은 아홉 차례 움직이고 나면 꼬박꼬박 출발 위치로 돌아온다. 이는 다름이 아니라 방 좌표 변화량의 합이 $(a-b) + (b-c) + (c-a) = 0$이기 때문이다.

방들이 이동하는 방식을 이해했으니, 이제 다시 영화로 돌아가 레븐이 이 문제에 어떻게 대처하는지 살펴보자.

쿠엔틴　그 수가 그런 걸 다 말해 준단 말이야?

레븐　잘은 몰라요. 그러니까 나는 지도 위의 한 점만 보고 있었던 거죠. 그 점은 아마 출발점일 거예요. 내가 알고 있던 건 큐브가 이동을 시작하기 전의 모습 [방의 첫 좌표]일 뿐이었어요.

쿠엔틴　좋아, 그러니까 그게 움직이고 있는 거군. 그럼 우린 어떻게 나가지?

레븐　27. 출구가 어디 있는지 알겠어요. 우리가 지나온 그 방 기억해요? 좌표가 26보다 큰 방?

워스　그게 어쨌다는 거야?

레븐　그 좌표대로라면 그 방은 큐브 밖에 있게 되는 거였어요.

워스　다리?

레븐　맞아요, 하지만 원래 위치에 있을 때만이요.

쿠엔틴　무슨 소리야?

레븐　자, 그 방은 처음에는 다리에요. 하지만 그다음에는 미로 안에서 이리저리 이동하죠. 그러고 있던 중에 우리와 우연히 만났던 거예요. 하지만 어느 시점이 되면 그 방은 분명히 원래 위치로 돌아갈 거예요.

워스   그러니까 그 다리는 유일한 다리구나······.

레븐   그것도 짧은 시간 동안만이요. 마치 거대한 다이얼 자물쇠 같은 거죠. 그 자물쇠는 방들이 출발점에 있을 때면 열려 있어요. 하지만 방들이 움직이면서 배열이 흐트러지면 잠겨 버리죠.

워스   이 정도 규모의 구조물이면······ 한 사이클을 다 도는 데 며칠이 걸리겠군.

쿠엔틴   그럼 그게 언제 열려?

────────────────────────────────

레븐이 계산하는 모습이 보인다. 그들은 지금 식별 번호가 665, 972, 545인 방에 있다고 한다.[26]

────────────────────────────────

레븐   원래 좌표를 구하려면 덧셈을 하고, 순열을 구하려면 뺄셈을 한다. 됐어요. 이 방은 x축으로는 0, 1, −1, y축으로는 2, 5, −7, z축으로는 1, −1, 0 이렇게 움직여요.

────────────────────────────────

레븐은 우리가 앞서 산출한 이동 사이클을 정확하게 계산해 냈다. 하지만 그녀는 좀 더 나아가려 한다.

────────────────────────────────

쿠엔틴   그게 무슨 뜻이야?

레븐   수학은 젬병이죠? 자, 기준점으로 옆방들의 번호를 알아야겠어요.

■□

레븐은 그들이 있는 방의 현재 위치를 알아낼 수 있음을 막 깨달았다. 방법은 그 방과 옆방의 좌표 사이클을 비교하는 것이다.

■□

워스   666, 897, 466.

쿠엔틴   567, 898…… 적었어?

레븐   네!

쿠엔틴   545…… 적었어?

■□

우리와 레븐은 그들이 있는 방, 즉 식별 번호가 665, 972, 545인 방이 다음과 같은 사이클로 이동한다는 것을 이미 계산해 두었다.

출발 = (17, 18, 14) → 동일 → (17, 20, 14) → (17, 20, 15) → (18, 20, 15) → (18, 25, 15)* → (18, 25, 14)† → (17, 25, 14)‡ → (17, 18, 14) → 동일 = 출발

이제 이것을 워스가 번호를 확인한 옆방의 사이클과 비교해 보자. 전과 같은 방식으로 계산하면, 그 방이 다음과 같은 위치들을 거치며 순환한다는 것을 알아낼 수 있다.

출발 = (18, 24, 16) → 동일 → (18, 23, 16) → (18, 23, 14) → 동일

→ (18, 25, 14)*‡ → 동일*‡ → 동일*‡ → (18, 24, 14)† → (18, 24,

16) = 출발

만약 두 방이 인접해 있다면, 두 방의 좌표는 두 성분은 일치하고 나머지 한 성분은 1 차이로 달라야 한다. 따라서 레븐과 동료들은 어깨글자로 표시된 세 위치 중 한 곳에 있고, 각 경우에 워스의 방은 해당 어깨글자로 표시된 위치 중 한 곳에 있을 것이다.

이제 우리는 큐브가 어떻게 작동하도록 계획되어 있는가 하는 미묘한 문제에 대해 생각해 봐야 한다. 가장 간단한 방법은 모든 방이 동시에 움직이도록 하는 것이었을 텐데, 이는 아마도 원래 계획이었던 것 같다.[27] 만약 정말 그렇게 되어 있다면, 인접한 방들은 우리가 이미 보여 준 바와 같이 좌표가 비슷할 뿐만 아니라, 사이클의 단계도 동일할 것이다. 그렇다면 레븐과 동료들에게는 두 가지 가능성이 남게 된다. 그들이 (18, 25, 15)*에 있고 워스의 방이 (18, 25, 14)*‡에 있거나(사이클의 5단계), 그들이 (17, 25, 14)‡에 있고 워스의 방이 (18, 25, 14)*‡에 있는 것이다(사이클의 7단계).

유감스럽게도 영화 속의 큐브는 그렇게 단순할 리가 없다. 만약 그렇게 단순하다면, 레븐의 방은 사이클의 6단계에 (18, 25, 14)에서 워스의 방과 충돌했을 것이다. 그러므로 방들이 동시에 움직이지 않게 계획되어 있거나, 이런 부분이 영화 제작 중에 실수로 들어간 오류이거나■ 둘 중 하나일 것이다.

■ 데이비드 프래비카는 우리와 이야기할 때, 큐브의 방들이 동시에 움직이도록 만들 생각은 없었다고 말했다.

어떤 경우든지 간에 이 시점에서 레븐은 정보가 더 필요하다. 쿠엔틴이 그런 정보를 불러 주었다. 쿠엔틴이 확인한 방의 식별 번호는 567, 898, 545인데, 이에 따른 좌표 사이클은 다음과 같다.

출발 = (18, 25, 14)*‡

→ (17, 25, 14)† → (17, 24, 14)‡ → (17, 24, 15) → (16, 24, 15)

→ (16, 25, 15) → (16, 25, 14)‡ → (18, 25, 14)*‡ → 동일*‡ → 동일*‡

= 출발

이런 방들이 동시에 움직이기로 되어 있을 경우, 좌표들을 비교해 보면 한 가지 가능성만 남아 있음을 알 수 있다. 즉 레븐이 사이클 7단계인 (17, 25, 14)‡에 있는 것이다. 아아, 하지만 이것도 불가능하다. 워스의 방과 쿠엔틴의 방은 실제로 방 하나를 사이에 두고 떨어져 있지만, 이 가정대로라면 (18, 25, 14)*‡에서 이미 충돌했을 것이다.

어쨌든 감독은 레븐에게 방의 충돌에 대해 알려 주지 않았고, 그래서 레븐은 계산을 계속한다. 하지만 방들이 동시에 움직이지 않는다 하더라도 레븐은 그들의 위치를 알아내는 데 필요한 정보를 충분히 얻었다. 위의 좌표 주기에 따르면, 두 가지 가능성만 있다. 레븐과 일당이 (17, 25, 14)에 있고 워스와 쿠엔틴이 (18, 25, 14)와 (16, 25, 14)를 들여다보고 있거나, 그들이 (18, 25, 14)에 있고 워스와 쿠엔틴의 방이 (18, 24, 14)와 (17, 25, 14)에 있는 것이다. 이 두 가지 가능성은 구별할 수 있다. 첫 번째 시나리오에서는 세 방이 일직선으로 있는 반면에, 두 번째 시나리오에서는 방들이 L자 모양을 이루고 있기 때문이다(그림 6.3).

우리는 사실 영화를 보고 세 방의 위치를 알 수는 없다. 하지만 결국

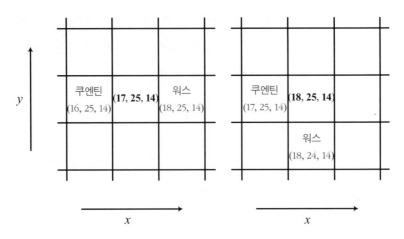

그림 6.3. 그들 방의 현재 위치는 (17, 25, 14)이거나 (18, 25, 14)이다.

레븐은 그들이 좌표 (17, 25, 14)인 곳에 있다고 결론짓는다. 그런 결론을
내리기 위해 그녀는 정보를 더 요구한다.

워스   656, 778, 462.

이것은 또 다른 옆방의 식별 번호라고 하지만, 좌표 사이클을 계산해
보면 그 방이 그 위치에 있는 것이 불가능함을 알 수 있다. 또 다른 실수다.

레븐   됐어요. x는 17, y는 25, z는 14예요. 이 방은 두 번 더 움직이면 원래 위치
로 돌아가요.

워스   시간이 충분할까?

레븐   아마도요.

▪▪▪

사실 그들의 방은 한 번만 더 움직이면 출발 위치로 돌아가게 되어 있다. 마지막 '움직임'은 무효하기 때문이다. 물론 아마도 레븐은 큐브 전체가 처음 배열 상태로 돌아가려면 두 차례 더 움직여야 한다고 추산하고 있을 것이다. 하지만 그런 추산은 방들이 동시에 움직이는 경우에만 타당하다. 사실 이 시점에서 수수께끼에 대한 레븐의 해답은 그런 가정하에서만 타당하다. 그런 경우에 우리는 또다시 그 방들이 충돌하는 문제를 처리해야 할 것이다.

◁ 마지막 통찰: 소수의 거듭제곱

▪▪▪

쿠엔틴   그럼 가자고.

워스   이 시스템에서 덫을 알아낼 수 있어?

쿠엔틴   덫이고 나발이고, 그냥 다리로 가자고.

워스   네가 마지막 부츠를 던져 버렸잖아, 이 멍청한 자식아.

레븐   이론적으로는 덫을 식별할 수 있어요.

워스   이론적으로는?

레븐   처음에는 소수로 식별되는 줄 알았는데, 그게 아니에요. 소수의 거듭제곱인 수로 식별되는 거예요.

쿠엔틴   좋아, 그래서?

워스   계산할 수 있어?

레븐   수들이 너무 커요.

쿠엔틴   그래도 넌 할 수 있지? 그렇지?

레븐   번호마다 인수가 몇 개인지 계산해야 할 거예요. 컴퓨터가 있다면 할 수 있겠죠.

쿠엔틴   컴퓨터는 없어도 돼.

레븐   있어야 해요. 이봐요! 세상에 이걸 머릿속으로 계산할 수 있는 사람은 없어요! 이 수들을 봐요. 567, 898, 545. 이걸 인수분해할 도리가 없어요. 아예 567부터 속수무책이에요. 천문학적인 수라고요!

카잔   둘…… 천문학적인.

●●

　　레븐은 지금까지 잘해 왔지만, 쓸데없는 걱정을 하고 있다. 우선 어떤 수가 2, 3, 5로 나누어떨어지는지 확인하는 일은 매우 쉽다. 따라서 그런 소수들의 거듭제곱으로 어떤 수가 나누어떨어지는지 확인하는 일도 매우 쉽다. 그다음에 레븐이 확인해야 할 다른 소수 거듭제곱은 다음 수들뿐이다.

$$7^2 = 49, 7^3 = 343, 11^2 = 121, 13^2 = 169, 17^2 = 189,$$
$$19^2 = 361, 23^2 = 529, 29^2 = 841, 31^2 = 961$$

　　그들 모두의 목숨이 여기 걸려 있다는 점을 고려해 보면, 할 일이 많이 남아 있는 것은 결코 아닌 듯하다.

　　아무튼 레븐이 '천문학적'이라는 말을 한 후에 그들은 카잔이 인수의 개수를 세는 데 매우 능하다는 것을 알아차린다. 사실 카잔은 하나를 잘못 헤아리지만(462의 인수 개수), 그 실수로 해당 방에서 문제가 생기진 않는다.

결국 레븐은 다리를 찾아낸다. 하지만 탈출을 시도하기 전에 죽게 된다. 과연 할리우드 영화답다. 일은 똑똑한 인물이 다 하고, 보상은 다른 사람이 받는다.

다른 큐브들　　〈큐브〉는 뒷이야기를 다룬 속편 〈큐브 2*Cube 2: Hypercube*〉(2002)와 이전 이야기를 다룬 속편 〈큐브 제로*Cube Zero*〉(2004)가 있다. 우리는 15장에서 〈큐브 2〉를 논한다. 〈큐브 2〉의 제작진도 데이비드 프래비카와 연락했지만, 벽을 장식할 잡다한 수학식에만 관심이 있었다. 〈큐브 제로〉에는 수학이 전혀 나오지 않는다.

7장

좁아지는 방

〈페르마의 밀실*La Habitación de Fermat*〉(2007)은 〈큐브〉를 연상시키는 스페인 영화다. 서로 모르는 네 명의 '수학자들'이 자칭 페르마라는 수수께끼 같은 인물의 파티에 초대를 받는다. 명목은 어떤 중요한 수학 문제를 풀어 달라는 것이다.

파티 동안 손님들은 갈루아, 힐베르트, 파스칼, 올리바라는 가명을 써야 한다. 갈루아는 유명한 골드바흐의 추측▪을 증명해 냈다고 주장하는 수학 전공 학생이고, 힐베르트는 나이가 지긋한 수학자이고, 파스칼은 엔지

▪ 골드바흐의 추측은 아주 오래되고 아주 유명하며 아직도 해결되지 않은 수학 문제다. 그 내용은 2보다 큰 짝수는 모두 두 소수의 합으로 적을 수 있다는 것이다. 즉 4 = 2 + 2, 6 = 3 + 3, 8 = 5 + 3 등등(그래서 추측이라고 부른다)이라는 이야기다. 골드바흐의 추측은 살인 미스터리 드라마 〈인스펙터 루이스*Inspector Lewis*〉(2006)와 전기 영화 〈첸징룬*Chen Jingrun*〉(2001)에서도 중요한 역할을 한다. 〈하늘에는 고속도로가 없다*No Highway in the Sky*〉(1951)에서 지미 스튜어트도 그 문제에 달라붙는다. 그리고 〈퓨처라마*Futurama*〉'등이 10억 개인 괴수The Beast With a Billion Backs' (2008) 에피소드에서는 판즈위스와 윈스트롬이 '또 다른 초등적 증명'을 함께 연구한다.

니어다. 올리바에 대해 우리가 알게 되는 것은 그녀가 체스를 매우 잘 둔다는 점뿐이다.

하지만 초대는 함정이다. 네 사람은 네모난 방에 갇힌다. 그리고 몇몇 수학 문제와 맞닥뜨리게 된다. 매번 지정된 시간 안에 어떤 퍼즐을 풀지 못하면, 방의 벽들이 거리를 좁히며 그들에게 다가온다(낡았지만 좋은 수법이다). 그들이 얻은 시간은 많지 않다. 한 시간에 걸쳐 그 벽들은 폭이 약 7미터에서 겨우 1미터로 줄어들도록 되어 있다.

〈페르마의 밀실〉에는 매력적인 수학적 요소가 많이 들어가 있다. '피타고라스'라는 이름의 보트, 공을 가장 조밀하게 쌓는 방식에 대한 케플러의 추측, 등장 인물들의 나이가 그들의 가명이 본명인 수학자들이 죽었을 때 나이와 같다는 점(힐베르트는 주목할 만한 예외이지만), 골드바흐 추측의 여러 예, 그리고 물론 퍼즐도 있다.

◇ 여러분은 퍼즐을 얼마나 잘 푸는가?

이 장에서 우리는 방에 갇힌 수학자들이 맞닥뜨린 퍼즐에 초점을 맞출 것이다.[■] 그리고 그 퍼즐을 여러분에게 과제로 낼 것이다. 여러분이 페르마의 치명적인 방에 갇히면 얼마나 잘해 나갈 수 있는지 한번 보자.

먼저 두 가지 몸풀기 문제를 낸다. 첫 번째 문제는 쉽다. 네 명의 수학자들이 보트를 타고 호수를 건너면서 논했던 케케묵은 문제다. 그 문제를 비롯한 모든 퍼즐의 해답은 이 장의 뒷부분에서 확인할 수 있다.

■ 우리는 모호한 부분을 없애고 의미를 명확하게 하기 위해 퍼즐 중 일부를 조금 고쳐 썼다.

첫 번째 몸풀기 퍼즐   한 사내가 작은 보트로 늑대 한 마리, 양 한 마리, 양배추 한 통을 강 건너편으로 실어 날라야 한다. 한 차례 이동할 때마다 사내는 셋 중 하나만 나를 수 있다. 사내가 가까이에 없으면 늑대는 양을, 양은 양배추를 먹어 버릴 것이다. 셋 다 무사히 강 건너편으로 옮길 계획을 세워라.

두 번째 몸풀기 퍼즐은 그리 쉽지 않다. 이것은 네 명의 수학자들이 파티에 초대할 만한 사람인지 시험하기 위해 그들에게 보낸 예비 퍼즐이었다.

두 번째 몸풀기 퍼즐   수열 8, 5, 4, 9, 1, 7, 6, 3, 2에 숨어 있는 원칙은 무엇인가?

몸풀기는 끝났다. 다음은 우리 게임의 규칙이다.

- 일곱 개의 퍼즐이 있다.
- 각 퍼즐에는 5분이라는 제한 시간이 있다(영화에서는 퍼즐에 따라 할당된 시간이 다르다). 제한 시간이 다 되면, 벽들이 움직이기 시작한다. 여러분이 시간을 얼마나 초과했는지 계속 기록하라. 초과 시간이 1시간에 이르면, 여러분은 죽은 목숨이다.
- 여러분을 도와줄 사람이 없는 대신 답을 전혀 모르겠다면 주사위를 굴릴 수 있다. 주사위에 6이 나오면, 여러분은 죽은 목숨이다. 그렇지 않으면 여러분은 살아남아서 다음 퍼즐로 넘어갈 수 있다.
- 퍼즐에 대한 여러분의 답이 틀리면, 여러분은 주사위를 굴려야 한다.
- 부정행위 금지!

준비되었는가? 행운을 빈다!

퍼즐 1   어떤 과자 장수가 사탕 세 상자를 받는다. 하나에는 박하사탕만 들어 있고, 다른 하나에는 초콜릿 사탕만 들어 있고, 나머지 하나에는 두 가지가 섞여 있다. 각 상자에는 그 내용물을 식별하기 위해 라벨을 붙여 놓았다. 하지만 과자 장수가 들은 바에 따르면 세 상자 모두 라벨이 엇바뀌어 있다고 한다. 과자 장수가 세 상자 모두의 내용물을 알아내려면 사탕을 최소 몇 개 꺼내 보아야 하는가?

퍼즐 2   다음 메시지를 해독하라.
00000000000000011111111100011111111110011111111110011000100
011001100010001100111101111100111100011110001111111110000010
10101000000110101100000011111110000000000000000

퍼즐 3   밀폐되는 방 안에 백열전구가 하나 있다. 방 바깥에는 스위치 세 개가 '오프' 위치에 있다. 그중 한 스위치로만 전구를 켤 수 있다. 나머지 두 스위치는 아무 작용도 하지 않는다. 일단 방문을 열어 보고 나면 다시 돌아가서 스위치를 움직일 수 없다. 백열전구가 켜지는 스위치가 어느 것인지 알아내려면 어떻게 해야 할까?

퍼즐 4   4분짜리 모래시계와 7분짜리 모래시계가 있다. 어떻게 해야 정확히 9분의 시간을 잴 수 있을까? 모래시계는 항상 모래가 흐르고 있어야 한다. 모래시계를 옆으로 눕혀 놓으면 안 된다.

퍼즐 5　　한 학생이 교수에게 묻는다. "자제분 셋의 나이가 어떻게 됩니까?" 교수는 이렇게 대답한다. "곱하면 36이 되고, 더하면 우리 집 번지수가 된단다." "선생님 댁 번지수야 알고 있지만, 그것만 갖고는 모르겠는걸요!" 하고 학생은 말한다. 그러자 교수는 이렇게 대답한다. "그렇겠지. 제일 큰 애는 위층에 산단다." 세 자녀는 각각 몇 살일까?

퍼즐 6　　거짓의 나라 사람들은 항상 거짓말을 하고, 진실의 나라 사람들은 항상 참말을 한다. 한 외국인이 문이 두 개 있는 방에 갇혀 있다. 한 문으로 나가면 자유를 얻고, 다른 한 문으로 나가면 꼼짝없이 죽게 된다. 외국인은 둘 중 한쪽 문을 지키는 이는 거짓의 나라 사람이고 반대쪽 문을 지키는 이는 진실의 나라 사람임을 알고 있다. 외국인은 두 문지기 중 한 명에게 딱 한 번만 질문을 할 수 있다. 무사히 나갈 수 있는 문을 알아내려면 어떤 질문을 해야 할까?

퍼즐 7　　아들보다 21살 더 많은 어머니가 있다. 6년 후에 어머니의 나이는 아들 나이의 5배가 될 것이다. 아버지는 지금 어디에 있을까?

◈ 퍼즐의 답

첫 번째 몸풀기 문제의 답　　이것은 유명한 퍼즐이다. '양, 늑대, 양배추'로 검색해 보라.▼

▼ 먼저 양을 싣고 가서 두고 온다. 그리고 양배추를 싣고 가서 양과 바꿔 온다. 늑대를 싣고 가서 두고 온다. 끝으로 양을 다시 싣고 간다.

두 번째 몸풀기 문제의 답   수의 영어 명칭을 알파벳순으로 생각해 보라. eight, five, four, nine, one, seven, six, three, two. 물론 영화에서는 이 단어가 모두 스페인어 수사로 되어 있다. 그 수열은 5, 4, 2, 9, 8, 6, 7, 3, 1 인데, cinco, cuatro, dos, nueve, ocho, seis, siete, tres, uno에 해당한다.

퍼즐 1의 답   라벨이 모두 엇바뀌었으므로 지금 상자에 분명 잘못된 라벨이 붙어 있을 것이다. 따라서 '혼합'이라는 라벨이 붙은 박스에서 사탕을 하나 꺼내 보기만 하면 충분할 것이다.

꺼낸 사탕이 박하사탕이라고 가정해 보자(초콜릿 사탕이 나온 경우라도 우리는 대동소이한 주장을 할 수 있다). 우리는 이 박하사탕이 혼합 사탕 상자에서 나오지 않았음을 알고 있으므로, 이것이 박하사탕 상자에서 나왔다고 확신할 수 있다. 그러면 초콜릿 사탕은 '초콜릿'이라는 라벨이 붙은 상자에 들어 있을 리 없으므로, 분명히 '박하' 라벨이 붙은 상자에 들어 있을 것이다. 그렇다면 '초콜릿' 라벨이 붙은 나머지 상자에는 두 사탕이 섞여 있을 것이다.

퍼즐 2의 답   그 수열에는 숫자가 $169 = 13 \times 13$개 있는데, 이것은 두 자연수의 곱으로 169를 적는 유일한 자명하지 않은 방법이다. 따라서 열쇠는 수열을 13 숫자씩 13행으로 적고, 0은 속이 빈 정사각형, 1은 속이 가득 찬 정사각형으로 해석하는 데 있다. 그렇게 해 보면 인상적인 해골 그림(그림 7.1)이 나타나는데, 이것이 바로 문제에서 요구하는 답이다. 〈페르마의 밀실〉에서는 갈루아가 마작 패의 앞뒷면을 이용해 1과 0을 나타낸다.

이 퍼즐은 아마도 유명한 아레시보Arecibo 메시지▼에서 영감을 받아 만들었을 것이다. 아레시보 메시지란 전파에 실어 우주 공간으로 보낸 1과 0의 1679자리 이진수를 말한다. 외계 문명이 그 전파를 수신해서 23×73

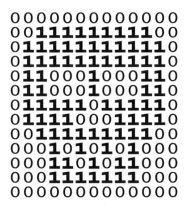
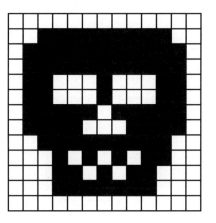

그림 7.1. 1과 0이 늘어선 수열을 그림으로 해석하면······.

픽셀 그림으로 해독하길 바라며 보낸 것이다.

퍼즐 3의 답　스위치에 1, 2, 3이라는 번호를 매기자. 1번 스위치를 얼마간 '온' 위치에 두었다가 다시 오프 위치로 되돌린다. 그리고 2번 스위치를 '온' 위치로 움직인 다음 곧바로 방문을 연다. 전구가 켜져 있다면, 2번 스위치와 연결되어 있는 것이다. 전구가 꺼져 있는데 만져 보니 따뜻하다면, 1번 스위치와 연결되어 있는 것이다. 두 경우 다 아니라면 3번 스위치가 전구와 연결되어 있는 것이다.

　　영화에서는 맨 처음에 스위치가 '오프' 위치에 있다고 명확히 이야기하지 않는다. 하지만 영화 속의 해답이 유효하려면 그런 조건이 꼭 필요하다.

▼　아레시보 메시지는 1974년 11월 16일에 아레시보 전파 망원경에서 주파수 변조 전파 방식으로, 우주 공간을 향해 쏘아 보낸 방송이다. 전파가 향한 곳은 지구에서 2만 5000광년 떨어진 허큘리스 대성단으로, 전파를 쏠 당시 많은 별들이 한 곳에 밀집되어 있었기 때문이다. 이 메시지는 이진수 1679자리로 이루어져 있으며, 이는 약 210바이트이다.

퍼즐 4의 답　　맨 처음에 두 모래시계를 동시에 뒤집는다. 4분짜리 모래시계가 다 되면 즉시 그 시계를 뒤집는다. 7분짜리 모래시계가 다 되면 그것도 바로 뒤집는다. 그때 4분짜리 모래시계는 1분이 남아 있다. (1분 후에) 4분짜리 모래시계가 또 다 되면, 8분이 지났을 것이다. 그때 7분짜리 모래시계를 뒤집는다. 그 시계가 1분 동안 갈 것이므로, 총 9분이 경과하게 된다.

퍼즐 5의 답　　세 자녀의 나이를 곱한 값이 36이라고 했으므로 다음과 같은 가능성이 있다. (1, 1, 36), (1, 2, 18), (1, 3, 12), (1, 4, 9), (1, 6, 6), (2, 2, 9), (2, 3, 6), (3, 3, 4). 학생이 번지수를 알고 있는데 그것만으로는 나이를 알 수 없으므로, 합이 번지수인 세 수가 분명히 두 가지 있을 것이다. 위의 세 수들을 확인해 보면, 유일한 가능성은 번지수가 13이고 나이가 (1, 6, 6)이거나 (2, 2, 9)인 경우다. 마지막 단서에 따르면 가장 나이 많은 아이가 한 명만 있으므로, 자녀들의 나이는 분명히 (2, 2, 9)일 것이다.

퍼즐 6의 답　　이것은 거짓말쟁이의 역설과 관련된 유명한 퍼즐이다. 한 가지 해답은 다음과 같다. 수감자가 한 문지기를 선택해, 그가 지키고 있는 문을 가리키며 이렇게 물어보는 것이다. "당신이 자유의 문을 지키고 있느냐고 내가 어제 당신에게 물었더라면, 당신은 '그렇다'라고 말했을까요?" 문지기가 누구이든지 간에 "그렇다"라는 대답이 나오면 그 문은 자유의 문이고 "아니다"라는 대답이 나오면 그 문은 죽음의 문이라는 것은 쉽게 확인할 수 있다.

　거짓말쟁이 퍼즐은 〈라비린스Labyrinth〉(1986)와 〈하늘은 스스로 돌보는 자를 돌보지 않는다The Enigma of Kaspar Hauser〉(1974)에도 중요하게 나온다. 그리고 스탠리 로넌 감독의 〈일곱 가지 유혹Bedazzled〉(1967)에는 거짓말

그림 7.2. 힐베르트가 퍼즐 7의 답을 계산하고 있다.

쟁이의 역설 자체가 나온다. 〈하늘은 스스로 돌보는 자를 돌보지 않는다〉에서는 젠체하는 논리학 교수가 그 퍼즐을 잘못 이야기한다. 그는 카스파어에게 수상한 사람이 거짓말쟁이인지 아닌지 알아내려면 어떻게 해야 하느냐고 묻는다. 카스파어의 자명하고 매우 재미있는 해법은 '당신은 청개구리입니까?' 하고 그에게 물어보는 것이다.

퍼즐 7의 답   어머니 나이를 M, 아들 나이를 S라고 하면 다음과 같은 식이 성립한다.

$$M = S + 21$$
$$(M + 6) = 5(S + 6)$$

S에 대해 풀면 $S = -\frac{3}{4}$ 이므로, 아들 나이는 −9개월이다. 따라서 아버지는 어머니에게서 그리 멀리 떨어져 있지 않을 것이다.

잘 풀었는지? 아직 살아 있는가?

퍼즐이 매우 중요한 역할을 하는 영화가 몇 편 더 있다. 영화 〈폭력 교실*Cutting Class*〉(1989)에서는 살인자가 기차와 관련된 서술형 문제를 내는데, 그 답은 어느 문으로 나가면 안전한지를 알려 준다(주인공은 오답을 내놓는다). 〈톰과 비브*Tom & Viv*〉(1994)에서는 T. S. 엘리엇의 아내 비비언이 정신병원에 수용되지 않으려면 교묘한 수학 퍼즐들을 풀어야 한다. 〈아이큐*I.Q.*〉(1994)에서는 팀 로빈스가 자신이 멕 라이언에게 수학적으로 걸맞은 사람임을 입증하기 위해 퍼즐을 풀어야 한다. 다른 재미있는 퍼즐들이 17장(도전! 수학 퀴즈)에 열거되어 있다. 〈다이 하드 3*Die Hard: With a Vengeance*〉(1995)에서는 브루스 윌리스와 새뮤얼 잭슨이 퍼즐 몇 문제를 풀지 못하면 꼼짝없이 죽게 된다. 그중 하나인 다음 문제는 역사에 기록된 가장 오래된 수학 퍼즐로 꼽힌다. ■ "나는 세인트 아이브스로 가다가, 아내를 7명 거느린 남자를 만났어. 아내마다 자루를 7개씩 가지고 있었는데, 자루마다 고양이가 7마리씩 들어 있고, 고양이마다 새끼를 7마리씩 배고 있었어. 새끼, 고양이, 자루, 아내들, 다 해서 몇이나 세인트 아이브스로 가고 있지? 내 전화번호는 555─……" 이 전화번호의 나머지 뒷자리는 어떻게 될까?

■ 이 퍼즐의 한 변형이, 기원전 1650년경에 쓰인 《린드 파피루스*Rhind Papyrus*》에 79번 문제로 실려 있다.

8장

온실 살인 사건

우리는 이 책의 마무리 작업을 막 하려던 참에 오스트레일리아의 경찰 드라마 〈시티 호미사이드City Homicide〉 소품팀에서 걸어 온 전화를 한 통 받았다. 조만간 제작할 '온실Hot House'(2010) 에피소드에서 그들은 (허구의) 수학자 두어 명을 죽일 계획이었다. 일을 제대로 하기 위해 그들은 (실존) 수학자들과 이야기하고 싶어 했다. 물론 우리는 기꺼이 도움을 주었다.

수학자들이 살해당하다

'온실'에서는 수학자 두 명이 살해된다. 첫 번째 피해자인 크리스토퍼 볼링브로크는 멜버른 대학의 순수 수학 교수로 있다가 퇴직한 인물이다. 그는 이제 수학 수재들을 가르치면서 시간을 보내고 있는데, 그중에는 아들 해리도 있었다. 두 번째 피해자인 고든 닌데스는 실패한 수학자다. 그는 영재인 두 자녀 앤드리아와 리엄을 '온실 속 화초'처럼 키우며, 자신이 못다 이룬 꿈을 아이들이 이루게 하려 했다.

해리는 수학자로 성공을 거두지 못했고 통계 전문 공무원으로 일하고 있다. 앤드리아는 6년 전에 가출하여, 지금 고급 매춘부로 일하고 있다. 앤드리아의 남동생 리엄은 아직도 볼링브로크의 지도를 받고 있다.

드라마의 첫 부분에서 볼링브로크는 의자에 묶인 채로 발견된다. 그의 몸은 찔린 상처와 수학식으로 뒤덮여 있다. 곧 밝혀지는 바에 따르면, 그 수학식들은 볼링브로크가 마지못해 직접 적은 것이고, 찔린 상처들은 볼링브로크가 틀리게 적은 부분에 그어진 가위표였다. 나중에 닌데스도 같은 방식으로 살해된다.■

알고 보니 앤드리아와 해리가 우연히 만나 자기들 아버지의 살해를 계획하고 실행한 것이었다. 한편으로는 앙갚음으로, 한편으로는 리엄을 구하기 위해서였다. 하지만 얄궂게도 리엄은 수학을 정말 즐기고 있으며, 구원이 필요 없었다.[28]

◇ 수학식으로 장식된 시체

〈시티 호미사이드〉의 소품팀 책임자 케이트와 슬라브코가 우리에게 처음 연락을 취했을 때 주된 용건은 시체와 화이트보드 등에 적어 넣을 수식 샘

■ 〈큐브 2〉에도 수학식으로 장식된 시체가 나온다. 그리고 〈빌리버스*Believers*〉(2007)에서는 광신적인 종교 집단의 지도자가 추종자들을 세상 종말 전에 안전한 곳으로 보내 줄 수식을 발견했다. 그래서 그 집단의 구성원들은 그 수식을 각자의 몸에 문신으로 새겨 두었다.

그림 8.1. 살해되는 수학자 중 한 명인 크리스토퍼 볼링브로크 교수.

플을 얻는 것이었다. 하지만 결국 우리는 그 에피소드에 나오는 수학식을 모두 다 적고, 대본의 수학적인 부분들을 검토하고, 소품으로 수학책을 잔뜩 제공하고, 촬영장에서 며칠을 아주 재미있게 보내며 드라마 제작 과정을 지켜보게 되었다.

대본에서 볼링브로크와 닌데스가 소수와 리만 가설에 관심을 두고 있는 것으로 설정했기 때문에, 우리는 그에 맞는 수식을 골랐다(그림 8.1). 칠판을 유심히 보면, 그 내용이 대부분 해석적 정수론임을 알 수 있다. 특히 시체 두 구에 적은 수식들은 베른하르트 리만Bernhard Riemann의 논문 〈주어진 수보다 작은 소수의 개수에 관하여Über die Anzahl der Primzahlen unter einer gegebenen Grösse〉와 해럴드 에드워즈Harold Edwards의 고전《리만 제타 함수Riemann's Zeta Function》[29]에서 리만의 논문을 다룬 장에서 가져왔다. 대본에서 요구한 최첨단 연구는 아니었지만, TV에서 멋지게 보였으면 했던 단연코 아름다운 수학이었다.

그림 8.2. 볼링브로크 교수와 함께 있는 마티 로스(왼쪽)와 버카드 폴스터(오른쪽).

수식이 적힌 시체들은 시청자의 시선을 사로잡아야 했다. 제작진은 그것으로 최대한 강렬한 효과를 내길 원했다. 그래서 우리는 시험용 인체로 연습을 하기 위해, 그리고 케이트와 슬라브코, 분장팀, 케이트 우즈 감독과 그 일을 계획하기 위해 멜버른 스튜디오에 처음 갔다.

슬라브코는 문신사들이 도안을 스케치할 때 사용하는 특수한 펜을 구해 놓았다. 제작진은 시험용 인체가 될 사람으로 루이지도 고용해 두었다. 루이지는 재미있고 수다스러운 친구였다. 우리는 그의 몸에 수식을 적으면서, 사랑, 신발, 신데렐라에 대한 그의 별난 이론에 대해 들었다.

시험 단계에서 우리는 루이지 몸의 절반 정도를 수식으로 채우고, 감독을 만났다. 하지만 의견이 어느 정도 오간 후에는 시체의 보이는 부분은

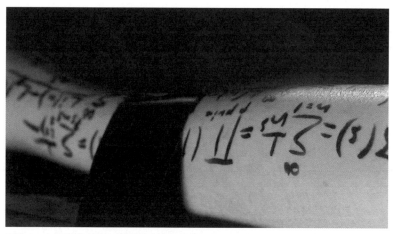

그림 8.3. 소수와 리만 제타 함수를 관련짓는 레온하르트 오일러의 유명한 공식.

$$\zeta(s) = \sum_{n=1}^{\infty} \frac{1}{n^s} = \prod_{p\ \text{prime}} \frac{1}{1-p^{-s}}.$$

거의 다 수식으로 채우기로 결정되었다. 몸통에 적힌 글자들은 그럴듯했다. 그림 8.2를 보면, 우리가 글씨의 방향을 조절해서 볼링브로크가 직접 수식을 적은 것처럼 보이게 하려고 애썼음을 알 수 있다.

하지만 다리에 발가락까지 내려가도록 적힌 글자들은 그다지 이치에 맞지 않았다. 피해자는 두 다리와 왼팔이 결박되어 있어서 오른팔로만 글자를 적을 수 있는 것으로 설정되어 있었다. 그런 식으로 묶여 있었다면 볼링브로크와 닌데스는 그렇게 아래까지는 글자를 적지 못했을 것이다. 하지만 케이트 우즈는 카메라로 다리 전체를 죽 훑으면서 한 줄의 글자들을 따라갈 요량이었다(그림 8.3). 최종 결과는 매우 인상적이어서, 약간의 비현실성을 정당화하고도 남았다.

우리(버카드와 마티)는 글씨가 매우 달라서, 원래는 각자 시체 한 구씩을 전담해서 꾸밀 계획이었다. 하지만 실제 촬영 중에는 상황이 너무 바쁘게 돌아가서 두 시체 모두 우리가 함께 작업하게 되었다. 시체 한 구의 장식을 우리가 함께 끝내는데도 45분 정도가 걸렸다. 어쨌든 피부에 적힌 글자들은 문제가 되지 않을 만큼 흐릿하게 보였다.

△ 칠판과 화이트보드의 수식들

수학자들의 시체를 꾸미는 것 외에도 우리는 수학자들의 연구실과 리엄의 방에서 보이는 화이트보드와 칠판을 채우느라 매우 바빴다. 슬라브코는 화이트보드들을 버카드의 집으로 보내 주었다. 화이트보드 '몇 개'란 것이

그림 8.4. 마티가 화이트보드 중 하나를 작업하고 있다.

알고 보니, 채워야 할 화이트보드 열다섯 개를 의미했다. 그 일은 하룻밤의 절반이 걸렸다(그림 8.4).

우리는 리엄의 화이트보드를 주로 조촐한 미적분으로 채우기로 했다. 예를 들면 이런 것이다. 다음의 증명.

$$\int_{-\infty}^{\infty} e^{-x^2} \mathrm{d}x = \sqrt{\pi}$$

다음의 환원 공식 유도 과정.

$$\int \sin^n x \, \mathrm{d}x$$

다음의 증명.

$$\sum_{n=1}^{\infty} \frac{1}{n^2} = \frac{\pi^2}{6}$$

다음의 두 가지 일반적인 증명법.

$$\sum_{n=1}^{\infty} \frac{1}{n} = \infty$$

리엄의 화이트보드 중 하나에는 시대를 초월한 고전적인 수학 공식과 한 줄 증명들 가운데 몇 가지를 콜라주처럼 모아 놓았다. 그림 8.5를 보라.

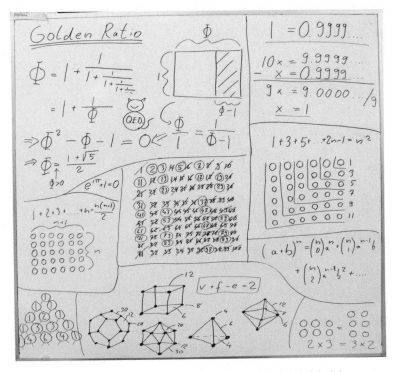

그림 8.5. 리엄을 위한 수학적 콜라주. 우리 마스코트인 QED 고양이도 들어가 있다.

△ 촬영장에서 배우다

우리는 2주에 걸쳐 총 3일간 촬영장에 가 있어야 했다. 시체를 꾸민 후에
도 혹시 필요할 경우에 대비해서 떠나지 않고 있었다. 우리가 할 일은 거의
없었지만, 촬영 과정을 지켜보며 출연진이나 제작진과 담소를 나누는 일은
매우 즐거웠다. 그들에게 폐가 되긴 했지만, 우리가 멋진 팀과 한 식구가 되
었다는 느낌도 들었다.

　모든 사람들이 우리를 곁에 둔 것을 매우 기꺼워한다는 느낌을 받았

다. 그리고 우리가 그들에게 흥미를 느끼고 그들 때문에 정신이 없는 만큼, 그들도 우리에게 흥미를 느끼고 우리 때문에 정신이 없다는 느낌도 받았다. 분명히 그들은 우리가 그 에피소드에 수학적인 사실감을 부여하려고 애쓴 것을 진심으로 고맙게 여겼다.

두고두고 생각나도록 인상에 남은 것은 모든 이들의 전반적으로 친절하고 협조적인 태도였다. 그 일은 아주 빠듯한 예산에 엄청나게 빠른 속도로 진행되었지만, 한편으로는 굉장히 인간적이기도 했다. 학계에서 한 수 배울 만했다. 잊지 못할 대단히 즐거운 작은 모험이었다.[30]

9장

생사를 가르는 수학 문제

〈다이 하드 3〉에서 악당 사이먼(제러미 아이언스)은 존(브루스 윌리스)과 제우스(새뮤얼 L. 잭슨)에게 물통과 관련된 간단한 문제를 하나 낸다.

0:58

사이먼 [휴대 전화로] 보이는 게 뭔지 알겠지. [폭탄에는] 센서가 있네. 그러니 옮기지 말게.

존 그래, 알았어. 안 옮겨. 어떻게 해야 꺼지지?

사이먼 분수대에 물통이 두 개 있을 걸세, 보이나? 5갤런짜리와 3갤런짜리야. 그중 한 물통에 정확히 4갤런의 물을 담아서 저울에 올려놓으면 타이머가 멈출 걸세. 정확하게 해야 하네. 1온스라도 많거나 적으면 폭발할 거야. 5분 후에도 살아 있다면 그때 또 얘기하지.

존 잠깐, 잠깐만. 난 모르겠어. 넌 알겠어?

제우스   아니.

존   물통 갖고 와 봐. 당연히 3갤런짜리 물통에 물 4갤런을 넣을 수는 없을 테고.

제우스   당연하지.

존   좋아. 알았다, 이거야. 3갤런짜리 물통을 가득 채우는 거야, 알겠지?

제우스   응.

존   좋아. 이제 그 물 3갤런을 5갤런짜리 물통에 붓는 거야. 그러면 5갤런짜리 물통에 정확히 물 3갤런이 들어가겠지?

제우스   그래, 그다음엔?

존   좋아. 3갤런짜리 물통을 3분의 1 채워서…….

제우스   안 돼. 정확하게 해야 한다고 했잖아. 정확히 4갤런이 되어야 한다고.

존   젠장! 이 동네 경찰들은 다 발에 불이 나도록 뛰어다니고 있는데, 나는 여기 공원에서 애들 장난이나 하고 있다니……. 이봐, 이걸 다른 데로 옮기면 안 되지, 터질 테니까. 잠깐, 잠깐만 있어 봐. 알았어! 알았어! 여기 정확히 2갤런이 들어 있지?

제우스   그래.

존   빈 공간은 정확히 1갤런이겠지?

제우스   응.

존   여기 정확히 5갤런이 들어 있지?

제우스   그래.

존   5갤런 중에 1갤런을 여기에 부어 넣으면, 거기에는 정확히 4갤런이 남게 될 거야.

제우스   바로 그거야!

존   자 어서. 흘리지 마. 좋아 좋아 좋아. 정확히 4갤런이지.

제우스   해냈군, 매클레인!

우리는 이런 종류의 문제와 씨름하는 일반적이고 명쾌한 방법을 살펴 볼 것이다. 그 방법은 특수한 대 위에서 당구를 하는 것에 기반을 둔다.

◁ 당구로 물통 문제 해결하기

우리는 그림 9.1에 나타나 있는 평행사변형 당구대를 이용한다.

당구대는 보다시피 치수가 5칸 × 3칸이고, 모퉁이 각도가 60도와 120 도다. 우리는 정수 좌표를 도입하여 왼쪽 아래 모퉁이가 (0, 0), 오른쪽 위 모퉁이가 (5, 3)에 위치하게 한다. 그다음에 우리는 오른쪽 아래 모퉁이 (5, 0)에 공을 하나 놓고 화살표 방향으로 쳐 보낸다. 공이 당구대 가장자리에 서 연이어 튕김에 따라 우리는 그런 바운스 점들의 좌표를 다음과 같이 기록한다.

$(5, 0) \rightarrow (2, 3) \rightarrow (2, 0) \rightarrow (0, 2) \rightarrow (5, 2) \rightarrow (4, 3) \rightarrow (4, 0) \rightarrow$ 등등

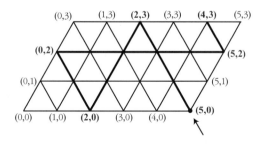

그림 9.1. 평행사변형 당구로 존과 제우스의 물통 문제를 풀 수 있다.

이 일련의 좌표들은 다음과 같이 사이먼의 문제에 대한 존의 해답과 들어맞는다.

- (5, 0): 5갤런짜리 물통을 채운다.
- (2, 3): 5갤런짜리 물통의 물로 3갤런짜리 물통을 채우면, 5갤런짜리 물통에 물 2갤런이 남는다.
- (2, 0): 3갤런짜리 물통을 비운다.
- (0, 2): 5갤런짜리 물통의 물 2갤런을 모두 3갤런짜리 물통에 부어 넣는다.
- (5, 2); 5갤런짜리 물통을 채운다.
- (4, 3): 5갤런짜리 물통의 물로 3갤런짜리 물통을 채우면, 5갤런짜리 물통에 물 4갤런이 남는다.

공을 더 따라가 보면, 공은 (4, 3)에서 계속 나아가 왔다 갔다 하면서 당구대 안쪽의 선들을 모두 딱 한 번씩 지난 후에 왼쪽 위 모퉁이에서 멈춘다. 전체 경로는 다음과 같다.

$$(5, 0) \to (2, 3) \to (2, 0) \to (0, 2) \to (5, 2) \to (4, 3) \to (4, 0) \to$$
$$(1, 3) \to (1, 0) \to (0, 1) \to (5, 1) \to (3, 3) \to (3, 0) \to (0, 3)$$

특히 공의 경로에 당구대 아래위 가장자리의 다음과 같은 점들이 포함된다는 데 유의하라.

$$(1, 0), (2, 0), (3, 0), (4, 0), (5, 0)$$

그리고

$$(0, 3), (1, 3), (2, 3), (3, 3), (4, 3)$$

물론 0갤런 채우기와 8갤런 채우기는 매우 쉽게 계획할 수 있다. 그러므로 0~8의 정수라는 범위 안에서라면 사이먼이 몇 갤런을 요구했든지 간에 존과 제우스는 사이먼을 만족시킬 수 있었을 것이다.

여러분은 아마 이 원리를 이해했을 것이다. x축과 평행한 선들은 3갤런짜리 물통은 그대로 두고 5갤런짜리 물통을 채우거나 비우는 행위에 해당한다. 그와 비슷하게, y축과 평행한 선들은 3갤런짜리 물통을 채우거나 비우는 행위에 해당한다. 나머지 선들은 한 물통에서 다른 물통으로 물을 최대한 많이 부어 옮기는 행위에 해당한다. 그러므로 우리는 (5, 0)에서 시작할 수 있는데, 그 후 경로의 지시에 따른 행위들은 모두 사이먼의 규칙에 어긋나지 않는다.

이 다이어그램에는 사이먼의 문제에 대한 두 번째 해답도 포함되어 있다. 공을 왼쪽 위 모퉁이에 놓고 먼젓번과 반대 방향으로 공을 쳐 보내 보라. 그러면 공이 같은 경로를 역방향으로 거쳐 가게 된다. 그 결과로 나오는, 사이먼의 문제에 대한 해답은 다음과 같다.

$$(0, 3) \rightarrow (3, 0) \rightarrow (3, 3) \rightarrow (5, 1) \rightarrow (0, 1) \rightarrow (1, 0) \rightarrow (1, 3) \rightarrow (4, 0)$$

⬦ 레시피

첫 번째 해답을 하나의 알고리즘으로, 즉 물통 문제 해결을 위한 일반 방법의 일례로 요약할 수 있다. 두 물통이 빈 상태에서 시작하면, 주요 단계는 다음과 같다.

1. 3갤런짜리 물통이 가득 차 있으면, 그 물통을 비운다.
2. 5갤런짜리 물통에서 3갤런짜리 물통으로 물을 최대한 많이 부어 넣는다.
3. 5갤런짜리 물통에 물이 남아 있으면, 1단계로 돌아간다. 그렇지 않으면
4. 5갤런짜리 물통을 채우고 2단계로 돌아간다.

이 방법을 이용하면 물은 항상 다음과 같이 흐른다.

분수대 ⟫ 5갤런짜리 물통 ⟫ 3갤런짜리 물통 ⟫ 분수대

두 번째 해답의 알고리즘을 얻으려면, 위 레시피에서 3을 모두 5로, 5를 모두 3으로 바꾸면 된다. 그 해답에서는 물이 반대 방향으로 흐른다.

⬦ 또 다른 사이먼을 좌절시키기

만약 내일 여러분 차례가 되면 어떻게 할 것인가? 사이먼이 여러분에게 10갤런짜리 물통과 6갤런짜리 물통을 주고, 정확히 9갤런의 물을 물통에 담으라고 한다. 여러분은 10×6 평행사변형 당구대를 그려서 이 문제를 해

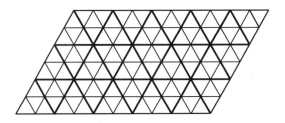

그림 9.2. 경로의 간격은 10과 6의 최대 공약수를 나타낸다.

결해 보려고 시도할 수도 있다(그림 9.2).

그러나 해답을 얻기가 불가능함을 당구대 없이도 쉽게 확인할 수 있다. 10과 6은 공약수가 2다. 그러므로 우리가 물통을 어떻게 채우고 비우든지 간에 물의 양은 2의 배수가 될 수밖에 없다. 따라서 정확히 9갤런을 얻기란 불가능하다는 결론이 나온다. 그림을 보면, 당구대에서 한 줄 걸러 한 줄꼴로만 공이 거쳐 간다.

일반적으로 우리가 물통 두 개로 얻을 수 있는 물의 양은 물통 용량의 최대 공약수의 배수들뿐이다. 역으로, 평행사변형 방법을 이용해서 최대 공약수의 어떤 (작은) 배수라도 얻을 수 있음을 입증할 수도 있다. 이와 관련된 상세한 내용을 알고 싶으면, 이 장 끝 부분의 참고 문헌을 살펴보라.

결과적으로 당구대는 그림으로 두 수의 최대 공약수를 찾는 방법을 제공하기도 한다. 두 수에 대응하는 당구대를 그리고 공의 전체 경로를 표시해 보라. 그러면 최대 공약수는 경로 선들 사이의 칸 수다.

◇ 최소 공배수

우리는 임의의 두 수 m과 n에 대해 다음이 성립함을 알고 있다.

$$m과\ n의\ 최소\ 공배수 = \frac{mn}{m과\ n의\ 최대\ 공약수}$$

그러므로 당구대 방법 같은 최대 공약수 계산법들은 모두 최소 공배수 계산법도 제공한다. 사실 당구대를 직접 이용하는 방법도 있다.[31]

1. 길이 m, 너비 n의 직사각형 당구대를 그린다.
2. 한 모퉁이에 공을 놓고 45도로 쳐 보낸다. 그림 9.3($m = 15$, $n = 6$인 경우)을 보라.

이제 공이 다른 모퉁이에 닿기 전에 왼쪽 가장자리와 오른쪽 가장자리 사이를 몇 번 이동하는지 세어 보라. m과 n의 최소 공배수는 m과 그 이동 횟수의 곱이다. 위 그림에 나와 있는 15 × 6의 예에서는 공이 왼쪽 가장자리와 오른쪽 가장자리 사이를 두 번 이동한다. 그러므로 15와 6의 최소 공

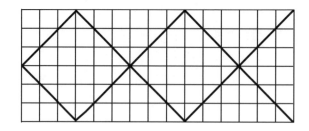

그림 9.3. 직사각형 당구대를 이용해 최소 공배수 계산하기.

배수는 $15 \times 2 = 30$이다.

혹은 공이 위 가장자리와 아래 가장자리 사이를 이동한 횟수에 n을 곱해도 최소 공배수가 나온다. 위 예에서는 $6 \times 5 = 30$이 된다.

물통 문제, 그리고 그와 밀접히 관련된 '포도주 옮겨 따르기 문제' 혹은 '타르탈리아 측정 문제'를 다룬 훌륭한 참고 자료들이 제법 있다. 특히 다음을 보라.

- 알렉스 보고몰니Alex Bogomolny의 'Cut the Knot' 웹 사이트. 아주 멋진 JAVA 애플릿과 그에 관한 논의가 올려져 있다.

- H. S. M. Coxeter & S. L. Greitzer, The three jug problem, *Geometry Revisited*, Mathematical Association of America, Washington, DC, 1967, section 4.6, pp.89~93.

- P. Boldi, M. Santini, & S. Vigna, Measuring with jugs, *Theoretical Computer Science* 282, 2002, pp.259~270.

- M. C. K. Tweedie, A graphical method of solving Tartaglian measuring problems, *Mathematical Gazette* 23, 1939, pp.278~282.

10장

$$7 \times 13 = 28$$

애벗과 코스텔로*의 몇몇 인상적인 루틴routine**에는 수학이 가미되어 있다. 그중 단연 돋보이는 루틴은 〈인 더 네이비*In the Navy*〉(1941)의 도넛 장면이다.■ 루 코스텔로는 빵 굽는 취사병 포머로이 역을 연기하고, 버드 애벗은 친구 스모키로 나온다.

1:06

스모키   야, 도넛 좀!

포머로이   안 돼, 스모키! 그러지 마!

▼   1930년대 말부터 미국 코미디계를 주름잡았던 명콤비로, 많은 영화와 텔레비전 쇼에 출연했다.
▼▼   일련의 동작과 대사로 구성된 연기 패턴을 말한다.
■   이 장의 뒷부분에서 영화나 TV에 나오는 그 루틴의 다른 버전들을 훑어본다.

스모키   에이, 왜 그래. 하나만 줘.

포머로이   충분하지가 않아. 여분이 없어. 28개밖에 안 만들었거든. 내가 배식해
야 하는 장교가 7명 있는데, 딱 그 장교들한테 줄 만큼밖에 없단 말이야. 한 사람
당 13개씩.

···

　

　당연하게도 스모키는 7 × 13이 정말 28이 된다는 것을 증명해 보라고
한다. 포머로이는 흔쾌히 그 청을 들어준다. (다음에서 우리는 포머로이의 각 계산
단계에서 새로 진행된 부분을 굵은 글씨로 쓴다.)

　

　

◁ 첫 번째 증명: 엉터리 나눗셈

···

포머로이   장교가 7명 있었지. 7이 있어. 이제 나눗셈으로 그걸 증명해 볼게[그림
10.1]. 자, 도넛 28개.

$$7|28|$$

포머로이   자, 2에 7이 몇 번 들어갈까. 억지로 밀어 넣어도 이 커다란 7이 저 자
그마한 2에 들어갈 리가 없지. 그러니까 2는 사용할 수가 없는 거야. 2는 디지한테
맡겨 놓을게. 이따가 사용할 거야. 자, 8에는 7이 몇 번 들어갈까……. 한 번이지.

$$7|28|1$$

포머로이   이제 7을 옮길 거야. 좀 무거워져서 바로 여기에다 내려놓을게.

그림 10.1. 28 ÷ 7 = 13.

포머로이   8 빼기 7은…… 1.
$$7|28|1$$
$$\mathbf{7}$$

$$7|28|1$$
$$\frac{7}{\mathbf{1}}$$

포머로이   자, 좀 전에 2는 사용하지 않았잖아. 이제 사용할 거야. 디지, 그 2를 돌려줘. 고마워. 바로 여기에다 내려놔.

$$7|28|1$$
$$\frac{7}{\mathbf{2}\,1}$$

포머로이   이제 21에 7이 몇 번 들어가?
스모키   세 번.
$$7|28|1\mathbf{3}$$
$$\frac{7}{\mathbf{2}\,1}$$

포머로이   7…… 28…… 13.
스모키   잠깐만 있어 봐!

◇ 두 번째 증명: 엉터리 곱셈

:::

스모키   거기 위에다 13이라고 적어 봐[그림 10.2]. 장교마다 도넛을 13개씩 받는다고? 7이라고 적고, 줄을 하나 그어. 자, 13 곱하기 7은 뭐다?

$$\begin{array}{r} \mathbf{13} \\ \underline{\mathbf{7}} \end{array}$$

포머로이   28이지.

스모키   증명해 봐.

포머로이   7 곱하기 3은?

스모키   21.

$$\begin{array}{r} 13 \\ \underline{7} \\ \mathbf{21} \end{array}$$

포머로이   7 곱하기 1.

스모키   7.

$$\begin{array}{r} 13 \\ \underline{7} \\ 21 \\ 7 \end{array}$$

포머로이   7 더하기 1은?

스모키   8.

$$\begin{array}{r} 13 \\ \underline{7} \\ 21 \\ \underline{7} \\ \mathbf{8} \end{array}$$

포머로이   2.

그림 10.2. 13 × 7 = 28

$$
\begin{array}{r}
13 \\
7 \\
\hline
21 \\
7 \\
\hline
\mathbf{2}8
\end{array}
$$

△ 세 번째 증명: 엉터리 덧셈

스모키	그럴 리가. 말도 안 돼. 덧셈을 해 보자. 13을 일곱 번 적어 봐[그림 10.3].
스모키	이제 알게 될 거야. 이걸 다 더하면 얼마가 된다고?
포머로이	28.
스모키	[3을 맨 아래에서 맨 위까지 합산하며] 3, 6, 9, 12, 15, 18, 21, …

그림 10.3. 13 + 13 + 13 + 13 + 13 + 13 + 13 = 28

포머로이   [계산을 이어받아 1을 맨 위에서 맨 아래까지 합산하며] 22, 23, 24, 25, 26, 27, 28!

애벗, 다시 해 봐

대부분의 루틴에 대해 말하자면, 애벗과 코스텔로는 7 × 13 = 28 촌극을 수차례 써먹었다. 〈리틀 자이언트*Little Giant*〉(1946)에서도 훌륭한 버전으로 해 보였다. TV에서는 그 루틴이 〈콜게이트 코미디 아워*The Colgate Comedy Hour*〉(1952)와 〈애벗과 코스텔로 쇼*The Abbott and Costello Show*〉(1953)에 나온다.[32]

사실 이 루틴은 애벗과 코스텔로가 하기 한참 전부터 있었다. 《얽힌

그림 10.4. 마이클 잭슨이 〈플립 윌슨 쇼〉에서 이 루틴을 해 보이고 있다.

도넛과 그 밖의 수학적 오락거리들Knotted Doughnuts and Other Mathematical Entertainments》[33]에서 마틴 가드너는 그 유래가 어빈 S. 코브의 1923년작 농담 모음집 《하루에 한 번 웃으면 의사가 필요 없다A Laugh a Day Keeps the Doctor Away》까지 거슬러 올라가는 것으로 본다. 어쩌면 플러노이 밀러와 오브리 라일스가 1921년 브로드웨이 쇼 〈셔플 얼롱Shuffle Along〉에서 이 루틴을 공연했을 수도 있다.[34] 만약 정말 그랬다면, 그들은 훨씬 더 일찍 보드빌 무대에서 이를 공연한 셈이 된다.

아마도 최초로 촬영된 듯한 버전은 단편 영화인 〈짐타운 주류 밀매점Jimtown Speakeasy〉(1928)에 나오는데, 거기서는 밀러와 라일스가 $3 \times 17 = 24$를 증명한다.[35] 1951년에는 밀러와 체스 데이비스가 〈예스 서, 미스터 본스Yes Sir, Mr. Bones〉에서 $7 \times 13 = 28$ 버전으로 연기했다. 같은 해에 〈농장으로 돌아온 마·파 케틀Ma and Pa Kettle Back on the Farm〉에서는 케틀 부부가 $5 \times 14 = 25$를 증명했다. 마지막으로 〈플립 윌슨 쇼The Flip Wilson Show〉(1972)[36]에서는 플립 윌슨과 어린 마이클 잭슨이 $7 \times 13 = 28$ 루틴을 멋지게 해 보였다.

⟁ 엉터리 수학

마틴 가드너는 수학자 윌리엄 R. 랜섬이 처음 제기하고 답한 다음 문제를 논한다.[37] 그 루틴의 원리가 되는 어떤 특별한 속성이 7, 13, 28이라는 수에만 있을까? 결코 그렇지 않다. 이는 라일스와 밀러, 케틀 부부의 루틴을 보면 분명히 알 수 있다. 그렇다면 정확히 어떤 조합의 수들이 주효할까?

이 문제를 다루기 위해 세 수를 n, lr, LR이라고 적자. 여기서 l과 L은 왼쪽 숫자를 나타내고, r과 R은 오른쪽 숫자를 나타낸다. 따라서 예컨대 $7 \times 13 = 28$ 루틴은 $n = 7$, $l = 1$, $r = 3$, $L = 2$, $R = 8$ 이렇게 선택한 결과다.

그러면 애벗의 엉터리 곱셈은 $n \times lr = LR$이라는 형태가 되고, 그의 계산은 다음과 같이 된다.

$$
\begin{array}{r} 13 \\ \underline{7} \\ 21 \\ \underline{7} \\ 28 \end{array}
\qquad \rightarrow \qquad
\begin{array}{r} l \quad r \\ n \\ \overline{n \cdot r} \\ n \cdot l \\ \overline{LR} \end{array}
$$

따라서 엉터리 곱셈이 통하려면, 다음이 성립해야 한다.

$$ n \cdot (r + l) = LR $$

계산을 조금 해 보면, 이 관계식이 엉터리 덧셈과 엉터리 나눗셈의 충분조건도 됨을 확인할 수 있다. 하지만 나눗셈 루틴이 애벗이 해 보이는 방식대로 순조롭게 진행되려면, n이 R에 적어도 1번은 들어가되 $l + 1$번까지는 들어가지 않아야 한다는 조건도 필요하다. 즉 다음도 성립해야 한다.

$$n \cdot l \leq R < n \cdot (l + 1)$$

이렇게 찾아낸 두 조건으로 가능성 있는 후보들을 모두 검토해 보는 일은 어렵지 않다. 예를 들어 $n = 7$인 경우를 생각해 보자. $7 \cdot l \leq R$이므로, $l = 1$이어야 하고, R이 취할 가능성이 있는 수는 7, 8, 9뿐이다. 결과 값의 1의 자릿수 R이 그런 수가 되는 7의 곱셈은 $7 \times 4 = 28$과 $7 \times 7 = 49$뿐이다. 따라서 우리는 두 가지 엉터리 곱셈 $7 \times 13 = 28$과 $7 \times 16 = 49$를 얻게 된다.

다음은 완성된 곱셈표다.

$2 \times 15 = 12$	$3 \times 14 = 15$	$4 \times 13 = 16$	$5 \times 12 = 15$	$6 \times 12 = 18$	$7 \times 13 = 28$	$8 \times 15 = 48$
$2 \times 25 = 14$	$3 \times 17 = 24$	$4 \times 15 = 24$	$5 \times 14 = 25$	$6 \times 15 = 36$	$7 \times 16 = 49$	
$2 \times 35 = 16$	$3 \times 24 = 18$	$4 \times 18 = 36$	$5 \times 16 = 35$	$6 \times 17 = 48$		
$2 \times 45 = 18$	$3 \times 27 = 27$	$4 \times 25 = 28$	$5 \times 18 = 45$			

11장

하나의 거울에는 두 면이 있고,
두 개의 거울에는……

〈로즈 앤드 그레고리*The Mirror Has Two Faces*〉(1996)는 할리우드 영화치고는 특이한 이야기다. 남자 주인공인 그레고리 라킨(제프 브리지스)은 수학 교수로, 플라토닉한 연인 관계를 추구한다. 행운의 여주인공은 로즈 모건(바브라 스트라이샌드)이라는 문학 교수로 연애에 대단히 관심이 많다.

이 영화는 수학적인 요소로 가득하다. 소수에 대한 대화, 미적분학 강의, 눈길을 사로잡는 칠판 등등. 여러분이 혼란스러운 비수학적 세상에서 살아가는 전형적인 수학자라면, 이것은 여러분을 위한 영화다.

이 영화를 친구들과 함께 보면서, 잘 알려져 있지 않은 수학적인 이야깃거리를 찾아내고 엉뚱한 실수들을 집어내 친구들을 감탄시켜 보라. 어쩌면 수학적이면서 낭만적인 대사들을 차용해서 수학 문외한인 연인에게 감동을 줄 수도 있을 것이다. 혹은 여러분이 교사라면, 수업에 활기를 더하는 방법에 대한 로즈의 조언을 따라 볼 수도 있을 것이다. 이 장은 그런 여러분에게 길잡이가 될 수 있다.

△ 인생은 복잡하다

순수하게 수학적인 세계에서 사는 것만 한 건 없다. 그레고리는 저서 출판 기념 행사에서 이를 다음과 같이 훌륭하게 요약해서 말한다.

0:04

그레고리　여정의 막바지에 여기 이렇게 서 있으니, 데카르트가 했던 말이 생각 나는군요. 내가 깨어 있든 자고 있든, 2 더하기 3은 항상 5가 될 것이고, 사각형은 변이 네 개일 수밖에 없을 것이며, 명석판명한 진리를 조금이라도 의심하기란 불가 능할 것이다.

그것도 괜찮긴 하지만, 실생활은 어떻게 할 것인가? 그레고리가 조언 을 구한 상담 전문가 펠리샤는 지당한 충고를 한다.

0:10

펠리샤　인생은 아주 복잡해요. 확실히 뭐가 어떻게 된다는 보장은 없어요.
그레고리　왜 그래야 하죠? 수학의 세계는 완전히 합리적이고, 사랑과 얽혀 복잡 해질 게 전혀 없는데요.

펠리샤   생각을 너무 많이 하시네요.

- - -

△ 소수

여러분이 식사 중에 뭔가 수학적이면서도 낭만적인 대화를 나누고 싶다면,
쌍둥이 소수 추측에 대한 이야기를 꺼내 보는 것도 좋을 듯하다.

- - -

0:30

그레고리   자연과 수학에서 짝짓기가 이루어지는 방식은 흥미로워요.

로즈   아 참, 뭔가 쌍에 대한 얘기를 하시고 있었죠.

그레고리   아, 쌍둥이 소수 추측이란 거예요. 음, 소수의 쌍들을 살펴보는 건데,
소수의 쌍이란 그 수 자신으로만 나누어떨어지는 수들을 말해요. 이를테면 3과
5, 5와 7 같은 거죠. 7과 9는 아니에요. 왜냐하면…….

로즈   …… 9는 3으로 나눌 수 있으니까요.

그레고리   맞아요. 맞아요. 그다음엔 11과 13, 17과 19 등등이 있죠. 그런데 뭐가
발견되었느냐 하면요, 종종 그런 쌍들이…….

로즈   …… 수 하나 간격으로 떨어져 있다는 거군요.

그레고리   맞아요, 바로 그거예요.

로즈   그 쌍둥이 소수 추측이란 건 흥미롭군요. 100만을 지나 헤아려 보면
어떻게 될까요? 거기도 그런 쌍이 있을까요?

그레고리   그런 생각을 하셨다니 믿을 수가 없군요. 바로 그게 쌍둥이 소수 추측
에서 아직 증명되지 않은 점이에요.

- - -

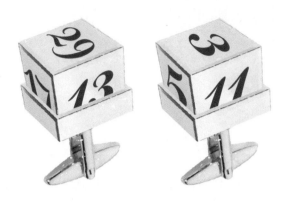

그림 11.1. 소수 커프스단추. 수학자 남자 친구를 위한 선물로 그만이다.

로즈는 수학자 남자 친구에게 줄 기발한 선물을 생각해 낸다.

그레고리   이게 뭐죠? 주사위?

로즈   전에는 주사위였지만, 지금은 커프스단추예요. 거기⋯⋯. [그림 11.1]

그레고리   소수가 들어가 있군요!

로즈   **2, 3, 5, 9.**

그리고 다음의 특별한 순간을 수학과 관련지을 기회를 절대 놓치지 마시라.

1:32

그레고리　여기 내 전화번호는 01712577355예요……. 그나저나 다 소수군요.

이 시점에 로즈는 그레고리와 대화를 하지 않고 있다. 상황이 좋지 않아 보인다. 그러니 심란해진 그레고리가 0과 1은 소수가 아니라는 점을 깜박할 만도 하다.

고민에 빠진 그레고리는 다음과 같이 학생들에게 화풀이를 한다.

1:45

그레고리　D[학생의 과제물에 매긴 성적]. 축하하네, 일취월장하고 있군그래.

학생　아직도 저는 소수에 대해 무슨 말씀을 하시는지 모르겠어요.

그레고리　지금 설명해 주고 있잖니.

학생　그래도 이해가 안 가는걸요.

그것은 아마 그리 어려운 내용이 아닐 듯하지만, 그레고리의 설명은 아무래도 도움이 되지 않을 것 같다.

그레고리　무한 집합에서 무한개의 원소를 제거해도 여전히 무한개의 원소가 남아 있을 수 있잖아. 이미 한참 동안 이 얘기를 했어. 세상에, 우리 아내는 첫 데이트 때 이걸 이해했단 말이야!

그레고리의 말은 물론 옳다. 예컨대 자연수에서 짝수를 모두 제거해도 여전히 무한히 많은 홀수가 남는다. 하지만 무한대에 대한 그런 지식이 소수에 대해 많은 것을 말해 주지는 않는다.

△ 미적분학

이 영화는 미적분학과 관련된 영화 클립들을 얻기 좋은 자료다. 맨 첫 장면에서 그레고리는 어떤 정리를 증명하면서 아주 즐거운 한때를 보내고 있다. 물론 학생들은 지루해서 죽을 지경이다.

0:01

그레고리 $f(x) = e^x$ 곱하기 e^y, 이게 바로 우리가 증명하려고 했던 거지. 이 증명이 얼마나 우아한지 보게. 아름답지. 소크라테스가 했던 말이 생각나는군. 어떤 정도의 어떤 구성에서든 측정과 대칭이 결여되면, 구성 요소와 구성 모두가 망가진다. 측정과 대칭은 세계 어디에서나 미와 덕이다.

지나친 미사여구로 표현되긴 했지만, 그것은 실로 우아한 증명이다. 우리는 그 칠판 내용을 재현했는데, 거기서 숫자들은 따라갈 순서를 나타낸다(그림 11.2). 그레고리는 지수 함수의 곱에 적용되는 법칙을 증명하는데(4번 칠판), 이는 지수 함수의 두 번째 정의(3번 칠판)에 덧붙인 '여담'에 해당한다. 그 증명 자체는 미분의 연쇄 법칙을 적용한 것이다(5번 및 6번 칠판).

이 장면에서 우리는 그레고리의 교과서도 얼핏 보게 된다. I. 앤설I.

1

$$=> \frac{d\ln y}{dy} = \frac{1}{y}$$

$$\frac{de^x}{dx} = e^x => y = e^x$$

2

지수 함수 e^x

<u>정의 1</u>: e^x는 $x = \ln y$의 역함수다.

3

<u>정의 2</u>: e^x는 다음 미분 방정식의 유일한 해다.

$$\frac{Df}{dt} = f \text{ 초기 조건 } f(0) = 1$$

(상미분 방정식 해의 존재성·유일성 정리를 이용한다.)

4

이 정의로 지수 법칙을 증명할 수 있다.

지수 법칙: $\boxed{e^{x+y} = e^x e^y}$

5

증명: $\boxed{f(x) = e^{x+y}}$ 라고 하자.

$$y = b \text{ 상수}$$

연쇄 법칙으로 $\dfrac{df}{dx}$ 를 계산한다.

$$\frac{df}{dx} = e^{x+b} \frac{d(x+b)}{dx} = e^{x+b} = f(x)$$

6

$=> f(x)$는 상미분 방정식 $\dfrac{Df}{dt} = f$ 의 해다.

여기서 초기 값 $f(0) = e^{0+b} = e^b$

이제 $b = y$로 두자.

$$=> \boxed{e^{x+y} = e^x e^y}$$

그림 11.2. 처음 나오는 칠판들. 그레고리는 첫 장면에서 5번 칠판의 맨 위 관계식을 가리킨다.

Anshel과 D. 골드펠드D. Goldfeld의 《미적분학*Calculus — A Computer Algebra Approach*》.[■] 이 교과서는 나중에 그레고리가 음함수 미분법에 대해 이야기할 때도 나온다.

▪▪

0:27

그레고리　음함수 미분은 흔히들 복잡하다고 생각하지만, 사실은 아주 간단하다네. 실제로는 *y*가 *x*의 함수인 것처럼 보기만 하면 되는 문제야. 그러니까⋯⋯.

▪▪

거기서 우리는 초대형 실수를 하나 보게 된다. 그레고리의 말에는 문제가 없다. 하지만 그는 칠판에서 정삼각형의 대칭성을 상세히 설명하는 부분(그림 11.3)을 가리키기도 하는데, 그것은 음함수 미분과 아무 관계가 없다.

　나중의 한 장면에서 그레고리는 실제로 음함수 미분법을 다음과 같이 적용한다.

▪▪

0:38

그레고리　*x* 제곱 더하기 *y* 제곱은 16. *x*와 *y*의 음함수로 $\frac{dy}{dx}$ 를 어떻게 구할까? 자, *y*는 *x*의 함수지. 그러니까 양변을 미분하는 거야. 좌변은 아주 쉬워. 좌변이 어떻게 되지? 좌변은 2*y*야.

▪▪

▪　아마도 수학 관련 상품을 간접 광고(PPL)한 초창기 일례일 것이다.

그림 11.3. 정삼각형의 대칭성을 미분하기?

그레고리는 지금 막 'x 제곱'을 다 적은 참이다. 그 위에 연쇄 법칙이 $\frac{df}{dx} = \frac{df}{dy}\frac{dy}{dx}$로 적혀 있는데, 오른쪽을 보면 그레고리가 함수 $f(x) = \cos(x^2 + 2x)$를 미분해 놓은 듯하다(그림 11.4). 그렇다면 $y = x^2 + 2x$로 둘 경우 우리는 다음을 얻게 된다.

$$\frac{df}{dy} = -\sin(y) \text{와} \quad \frac{dy}{dx} = 2x + 2$$

그레고리는 따분한 교수다. 본인도 그 사실을 알고 있다. 그래서 카리

그림 11.4. 그레고리가 대단한 강의 기법을 보여 준다.

스마 있는 문학 교수인 로즈에게 도움을 요청한다. 그 결과로 등가속도 운동과 관련된 간단한 수학이 등장하는 장면이 두어 차례 나온다.

0:39

로즈 자, 나한테 뭔가 가르쳐 봐요, 뭐든지.

그레고리 좋아요, 공을 공중으로 던지는데, 공의 높이가 $h = 100t - 16t^2$이라고 칩시다.

로즈 그레고리, 뭘 하고 있는 거예요? 돌아서요, 돌아서서 나를 보고 말해요!

그레고리 좋아요, t는 초 단위의 시간이에요. 속도가 접근하는 극한값은 얼마일까요, 그러니까 t가 이 값에 접근할 때 말이죠…….

로즈 못 따라가겠어요. 그걸 어떤 맥락에다 집어넣어 봐요. 얘기를 만들어 내고, 좀 더 재미있게 만들고, 거기 숨어 있는 유머를 찾아내 봐요.

그레고리 미적분에서 유머를?

로즈 음. 자, 이야기를 들려줘 봐요.

나중에 교실에서 그레고리는 그 주제를 다시 다룬다. 한 칠판에는 $\frac{d^2f}{dx^2} = c$가 적혀 있고, 나머지 칠판에는 등가속도 운동과 관련된 일반적인 공식들이 적혀 있다.

그레고리 ⋯⋯ 방정식, 이를테면 함수 f를 x에 대해 두 번 미분한 2차 도함수가 상수⋯⋯.

한 학생이 하품을 하자 그레고리는 로즈의 조언대로 해 본다.

그레고리 어제 야구 경기 본 사람? 그 마라케시란 놈, 참 솜방망이지? 이걸 좀 다르게 얘기해 볼게. 궤적을 계산할 때, 예컨대 타자가 공을 칠 경우, 그 공이 얼마나 멀리 날아갈지 알아내려면 어떻게 해야 할까? 홈런을 치는 데 필요한 변수들은 무엇일까? 그 솜방망이가 홈런을 칠 수 있다고 잠깐 상상해 본다면 말이지.

학생 방망이에 맞은 공의 속도요.

그레고리 속도, 그렇지.

사실 수학 선생님들은 위 대화 장면이 약간의 실수임을 곧바로 알아차릴 수 있을 것이다. 그레고리가 사탕발림으로 덧붙인 비유가 수업을 지루해 하는 학생들에게 실제로 먹힐 가능성은 아주 희박하다. 특히 더 그런 것이 그레고리의 진심이 그 얘기에 전혀 담겨 있지 않기 때문이다. 여러 순수

수학자들이 그렇듯이(농담이다) 그레고리는 야구에 관심이 없다. 하지만 로즈는 결국 그레고리를 납득시킨다.

1:06

그레고리   결국 똑같은 출발점으로 돌아오게 되는 게임을 왜 하는지 모르겠어요.

로즈   음, 사실 야구는 당신이 흥미를 느낄 만한 게임이에요. 통계랑 평균과 관련되어 있으니까요.

그레고리   통계와 평균? 설명해 줘요.

로즈   음, 봐요, 선수가 나올 때마다, 화면에 세 자릿수가 나오죠. 그게 그 선수의 평균 성적이에요. 그러니까 선수가 타석에 선 횟수에 대한 공을 친 횟수의 비율인 거죠.

영화를 주의해서 보면, 칠판에서 미적분학 관련 요소들을 더 많이 발견할 수 있을 것이다. 사인 곡선, 적분할 준비가 된 함수 그래프 아래 영역 등등.

◇ 수학적인 잡동사니

위의 세부 사항들을 지적하는 정도면 수학 문외한인 친구들의 관심을 끌기에 충분할 것이다. 하지만 수학자들을 감탄하게 하려면, 그것만 갖고는 절대 안 된다. 그런 목적으로 이제 우리는 이 영화의 배경에 숨어 있는 아름다운 수학을 총괄적으로 살펴본다(그중에 그레고리의 미적분학 강의와 눈곱만큼 이라도 관련이 있는 것은 거의 없다).

경고하겠는데, 다음 칠판에는 높은 수준의 수학이 살짝 보인다. 그러니 세부 사항에 대해서는 너무 신경 쓰지 마시라. 필요하다면, 그냥 그래픽을 감탄하며 바라보고, 아주 인상적인 전문 용어들을 기억해 두기만 하시라.

0:16

그림 11.5의 오른쪽 아래 칠판의 두 다이어그램은 가장 단순한 매듭인 '세 잎 매 듭'과 그 일례인 '원환면 매듭'을 보여 준다. 가운데 두 칠판의 내용은 '콕세터–딘 킨Coxeter-Dynkin 다이어그램'인 듯한데, 그 그림들은 바로 옆의 방정식에 부합하는 대수 곡선의 특이점을 나타낸다(그림 11.6의 재현에는 약간의 추측이 포함되어 있다).

왼쪽 칠판에는 '뉴턴의 발산 포물선'의 두 가지 예가 그려져 있는 듯하다. 뾰 족점이 있는 아래 곡선 $y^2 = x^3$은 이른바 '반입방 포물선' 혹은 '닐Neile의 포물선' 이라는 것이다. 다른 곡선 $y^2 = (x^2 - 1)(x - a)$는 '뉴턴의 계란 곡선' 중 하나다.

0:27

로즈가 어떤 게시판 앞에 있는데, 그 게시판에는 아주 멋진 그래픽이 한 점 붙어

그림11.5. 뉴턴의 발산 포물선, 딘킨 다이어그램, 원환면 매듭.

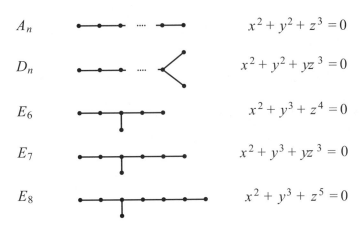

$$A_n \quad \bullet\!-\!\bullet\!-\!\bullet \cdots \bullet\!-\!\bullet \qquad x^2 + y^2 + z^3 = 0$$

$$D_n \qquad\qquad\qquad\qquad\quad x^2 + y^2 + yz^3 = 0$$

$$E_6 \qquad\qquad\qquad\qquad\quad x^2 + y^3 + z^4 = 0$$

$$E_7 \qquad\qquad\qquad\qquad\quad x^2 + y^3 + yz^3 = 0$$

$$E_8 \qquad\qquad\qquad\qquad\quad x^2 + y^3 + z^5 = 0$$

그림 11.6. 그레고리의 콕세터 – 딘킨 다이어그램.

있다(그림 11.7). 그 원본은 '퀘이자이타일러Quasitiler'라는 응용 소프트웨어의 웹 사이트에서 찾아볼 수 있다. 거기 설명되어 있듯이, 그림의 배경을 이루는 '펜로즈 타일링'은 '5차원 공간의 정(등변·등각)격자의 얇은 조각을 3차원 공간에 사영'해 서 얻은 것이고, 전경의 도형은 '5차원 입방체의 한 뼈대를 3차원 공간에 사영'해 서 얻은 것이다. 맙소사!

그림 11.7. 펜로즈 타일링.

그림 11.8. 십이면체 그물, 뫼비우스의 띠, 또 다른 몇 가지 뉴턴 곡선.

1:07

카메라가 빙 돌면서 '뫼비우스의 띠,' '십이면체 공간,' 아까도 나왔던 딘킨 다이어그램을 가로질러 (아까와 달라진) 뉴턴 곡선까지 훑는다. 그림 11.8을 보라.

1:45

이 마지막 교실 장면에서 우리는 어떤 포식자−피식자 모델을 설명하는 내용을 칠판에서 보게 된다. 이는 대부분의 미분 방정식 입문서에 나오는 자료인 만큼 그레고리의 미적분학 강의와 제법 잘 어울린다. 하지만 교실 뒤쪽 칠판의 내용은 그에 비해 훨씬 특이하다.

그림 11.9. 영화를 장식하기 위한 더 아름답지만 완전히 생뚱맞은 수학.

오른쪽에서 왼쪽으로 그 칠판들에는 교대 매듭(물론 테이트의 고전적인 목록에 나오는 7_6 매듭임을 바로 알아볼 수 있다!), 보로메오 고리Borromean rings,▼ 시에르핀스키▼▼의 카펫 프랙털Sierpinski's carpet fractal, 감쇠 진동 그래프, 어떤 나선형이 그려져 있다(그림 11.9). 모두 아름다운 수학이긴 하지만, 모두 미적분 및 미분 방정식이라는 주제와는 거의 무관하다.

▼ 보로메오 고리는 세 개의 연결 성분을 가진 연환이다. 이 가운데 하나의 고리를 제거하면, 남은 두 고리는 위상학적으로 자명하다(즉 호프 연환을 이루지 않는다). 귀족 집안이었던 보로메오 가문의 문장이 보로메오 고리였는데, 이는 삼위일체라는 뜻도 내포하고 있다.
▼▼ 폴란드 수학자 바츨라프 시에르핀스키(1882~1969)는 집합론에서 뛰어난 논문을 많이 남겼다. 그는 1915년 시에르핀스키 삼각형을 발견했는데, 이것은 훗날 만델브로가 프랙털을 연구하는 데 많은 영감을 주었다.

◁ 다른 거울

〈로즈 앤드 그레고리〉는 같은 제목의 1958년작 프랑스 영화(Le Miroir á deux faces/The Mirror Has Two Faces)의 원작을 각색해 만든 작품이다. 이 프랑스 영화에서는 남자가 여자를 만나고, 남자와 여자가 결혼하고, 여자가 성형 수술을 받고, 남자가 성형외과 의사를 죽인다. 남자 주인공은 그레고리처럼 수학 교사다. 하지만 이 영화에는 수학과 관련된 장면이 딱 한 번만 나오는데, 거기서 그는 한 학생을 무자비하게 다그친다(그림 11.10).

0:50

학생　[칠판에 적힌 글을 읽으며] "세 숫자로 이루어진 가장 작은 수는 무엇인가?" [학생은 000이라고 적는다.]

선생님　틀렸어, 비뇨 군. [선생님은 기다리는 동안 자로 자기 손바닥을 찰싹찰싹 때리고 있다. 학생이 111이라고 적는다.]

선생님　틀렸어, 비뇨 군. [학생이 엉덩이를 긁적인다.] 그렇게 긁어 봐야 소용없어. 네 궁둥이에서 답을 찾지는 못할 거야.

　사실 우리에게는 000이 매우 타당한 답으로 보였다. 유감스럽게도 비뇨 군이 다시 뭔가를 막 적으려고 할 때 이 장면은 끝나 버린다. 마치 우리는 가장 작은 세 자릿수가 정말 무엇인지 결코 알 수 없는 운명이기라도 한 것처럼.

그림 11.10. 세 숫자로 이루어진 가장 작은 수?

〈로즈 앤드 그레고리〉의 수학 자문 위원은 컬럼비아 대학의 수학자 헨리 C. 핑컴 Henry C. Pinkham이었다. 〈뉴욕 타임스*New York Times*〉에 실린 한 재미있는 기사에서 핑 컴은 제프 브리지스를 지도한 경험을 회상한 바 있다. 브리지스는 '수학적인 관점에 서 보기에 설득력 있는 대사를 배우기 위해 노력을 많이 기울인' 듯하다. 브리지스는 핑컴의 버릇 중 몇 가지를 차용하기도 한 듯하다. 하지만 핑컴은 지루한 강의가 자신 을 모델로 한 것이 아님을 분명히 밝히기도 했다. 그는 독자들에게 장담하기를, 자기 수업은 '흥미도가 높고' 컬럼비아 대학의 수학 교수들은 '이야기를 들려줄 줄 안다' 고 했다.

12장

내가 본격적인 수학을
좀 해 볼 차례가 됐어

우리가 아는 한 〈뉴욕 소나타*It's My Turn*〉(1980)는 수학 정리를 상세히 증명하는 장면이 나오는 유일한 영화다.[■] 그런 장면으로 할리우드 영화가 시작한다는 것은 정말 놀라운 일이다. 어쩌면 훨씬 더 놀라운 점일 수도 있겠지만, 그 증명은 정확하다.

이 영화는 군론group theory이라는 수학 분야를 언급하는 몇 안 되는 작품 중 하나이기도 하다.[■■] 그리고 우리가 알기로는 수학의 성배 중 하나인 유한단순군의 분류를 언급하는 유일한 영화다.

[■] TV 만화 시리즈 〈퓨처라마〉의 에피소드 '벤다의 포로The Prisoner of Benda'(2010)도 꼭 언급해야겠다. 이 굉장한 에피소드에서는 등장 인물들이 쌍쌍이 정신과 육체를 엇바꾸는데 그것을 바로 원상 복귀시키지 못하는 상황이 벌어진다. 에피소드의 마지막 부분에서 할렘 글로브트로터스가 어떤 정신이든 새로운 두 육체의 도움을 받으면 각자의 원래 육체로 돌아갈 수 있음을 밝힌다. 이 에피소드를 위해 특별히 생각해 낸 완전한 증명이 그 장면의 배경에 나온다.

이 영화의 수학 자문 위원은 하버드 대학의 수학과 교수 베니딕트 H. 그로스Benedict H. Gross였다. 영화가 어떻게 만들어졌는지 좀 더 이해하기 위해 우리는 그로스 교수와 연락했는데, 그는 수많은 질문에 친절하게 대답해 주었다. 매우 유익한 그의 대답을 이 장에 포함시켰다.

경고해 두겠는데, 앞으로 갈 길에는 수준 높은 수학이 더러 있다. 그런 수학이 낯설면 우리 의도대로 그냥 감탄만 하고 즐겁게 달리기를 권한다. 어쨌든 수학 안전띠를 단단히 매시라!

△ 뱀이 사랑스러운 고개를 쳐들다

주인공은 시카고 대학의 수학 교수 케이트 건징거(질 클레이버그)다. 그녀가 증명하고 있는 정리는 호몰로지 대수학[▼]의 유명한 '뱀 보조정리snake lemma'라는 것이다.

뱀 보조정리   어떤 아벨 범주에 다음과 같은 가환 다이어그램이 있다고 하자.

$$
\begin{array}{ccccccccc}
0 & \longrightarrow & A & \xrightarrow{f} & B & \xrightarrow{g} & C & \longrightarrow & 0 \\
& & \downarrow{\alpha} & & \downarrow{\beta} & & \downarrow{\gamma} & & \\
0 & \longrightarrow & A' & \xrightarrow[f']{} & B' & \xrightarrow[g']{} & C' & \longrightarrow & 0
\end{array}
$$

■ ■ 〈코드네임 이카로스Codename Icarus〉(1981)의 배경에는 리군Lie group의 인수분해가 나온다. 그리고 혹시 이것도 인정된다면, TV 드라마 〈스레숄드Threshold〉의 에피소드 '유리로 만들어진 나무, 2부Trees Made of Glass, Part 2'(2005)에서는 '동형 집단 요법isomorphic group therapy'을 언급한다.
▼ 호몰로지 대수학homological algebra은 대수적 위상수학에서 비롯된 호몰로지와 코호몰로지를 더 일반적인 상황에서 연구하는 것을 말한다.

그러면 다음과 같은 긴 완전열이 존재한다.

$$0 \longrightarrow \ker \alpha \longrightarrow \ker \beta \longrightarrow \ker \gamma \longrightarrow \operatorname{coker} \alpha \longrightarrow \operatorname{coker} \beta \longrightarrow \operatorname{coker} \gamma \longrightarrow 0$$

물론 여러분에게 이 전문 용어들이 생소하다면, 전혀 이해가 가지 않을 것이다. 지금이 호몰로지 대수학 수업 시간도 아니고, 이 책이 호몰로지 대수학 교재도 아니다. 하지만 이것이 도대체 무슨 이야기인지 살짝 귀띔해 주자면, 다이어그램의 대문자들은 같은 종류의 수학적 세계들(벡터공간, 군 등)을 나타내고, 화살표는 그런 세계들 간의 특수 함수(준동형사상 homomorphism)를 나타낸다.

영화의 첫 장면에서 뱀 보조정리는 케이트의 칠판에 그림 12.1과 같은 형태로 나타난다.

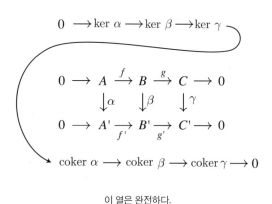

이 열은 완전하다.

그림 12.1. 케이트가 표현한 뱀 보조정리.

그림 12.2. 케이트가 뱀 보조정리를 증명하고 있다.

이 장면이 시작될 때 칠판에는 이미 다이어그램이 긴 화살표만 빼고 전부 나타나 있다. 그림 12.2를 보라. 케이트는 그 긴 화살표에 해당하는 특수 함수의 존재를 증명해야 한다. 그것을 증명한 케이트는 화살표를 더해 다이어그램을 완성한다.

'뱀'이라는 명칭은 당연히 이 화살표의 모양과 연관되어 있는데, 화살표를 그런 식으로 그리는 데는 그럴 만한 이유가 있다. 대상 ker α는 A와 관련되어 있고, coker α는 A'과 관련되어 있고…… 나머지도 다 그런 식이다. 이때 화살표는 가환 다이어그램에서 맨 위 행의 오른쪽을 맨 아래 행의 왼쪽으로 연결하므로, 자연히 뱀 모양을 띠게 된다.[■]

위의 두 장면을 비교해 보면, 작은 실수를 발견할 수 있다. 왼쪽 장면의 q는 오른쪽 장면의 g를 고쳐 적은 것이다. 이는 이 장면을 두 테이크 이상 찍었다는 뜻이다. 사실 그로스에 따르면 이 장면은 '꽤 여러 테이크'를 찍었다. 그는 이렇게 말했다. "클레이버그는 우리가 중국어 인사말을 외우듯

[■] 뱀 보조정리는 가환 다이어그램과 관련된 기억하기 쉽게 명명된 여러 보조정리 가운데 하나에 불과하다. 몇 가지만 이야기하자면 4 보조정리, 5 보조정리, 3 × 3 보조정리 등도 있다. 뱀 보조정리 와 마찬가지로 그런 이름들은 관련 가환 다이어그램을 암시한다.

이 수학을 외웠습니다. 한 음절씩 말이죠." 클레이버그는 아주 잘 해냈다고 말해 둬야겠다.

●●

0:01

케이트 사상 s를 어떻게 구성하는지 보여 줄게. 어쨌든 그게 이 보조정리에서 재미있는 부분 아니겠어? [그 사상 s는 길고 굽은 화살표에 해당한다.] γ의 핵의 원소, 즉 C의 원소가 있다고 하자. 여기서 γ는 C'의 0으로 가는 거지. 그걸 다시 B로 끌고 가자. 사상 g를 통해서 말이야. 이 사상은 전사……

쿠퍼먼 [최악의 학생] 잠깐만, 잠깐만요. 그건…… 그건 유일하지 않잖아요.

케이트 유일해, 쿠퍼먼 군. f의 상의 원소까지 유일해, 알겠니? 그래서 그걸 여기 고정된 b로 끌고 왔어. 그다음에 b의 β를 취하면 다이어그램의 가환성 때문에 C'의 0으로 가지. 그러므로 이건 사상 g'의 핵에 속하고, 따라서 아래 열의 완전성 때문에 f'의 상이 되지……

쿠퍼먼 아니죠.

케이트 …… 그러므로 그걸 다시 A'의 원소로 끌고 갈 수……

쿠퍼먼 그 대응 관계는 잘 정의되어 있지 않아요.

케이트 …… 알고 보면 α의 상에 속하는 나머지를 제외하면 잘 정의되어 있지. 따라서 α의 여핵의 원소가 정의되는데[이때 케이트는 뱀 화살표를 그린다], 바로 이게 그 뱀이야. 월요일에는 군 코호몰로지를 시작할 거야. [쿠퍼먼이 손을 든다.] 쿠퍼먼 군의 다음 이의에 대해서도 그때 얘기하고.

●●

이 장면의 마지막 부분에서 케이트는 칠판을 밀어 올려, 그 뒤에 있던 다른 칠판이 보이게 한다. 그 칠판에는 호몰로지 대수학의 사상 열에 대한 세 가지 기본 언명이 적혀 있다(그림 12.3).

$$0 \to A \xrightarrow{f} B \qquad \text{이 열이 완전할 필요충분조건은 } f \text{가 단사라는 것이다.}$$

$$B \xrightarrow{f} C \to 0 \qquad \text{이 열이 완전할 필요충분조건은 } f \text{가 전사라는 것이다.}$$

$$0 \to A \xrightarrow{f} B \to 0 \qquad \text{이 열이 완전할 필요충분조건은 } f \text{가 동형사상(전단사)이라는 것이다.}$$

그림 12.3. 기본적인 호몰로지 대수학.

$$0 \to A \to B \to C \to 0 \qquad\qquad \text{이 열이 완전하면}$$

$$0 \to \mathrm{Hom}(Q,A) \to \mathrm{Hom}(Q,B) \to \mathrm{Hom}(Q,C) \qquad \text{이 열도 완전하다.}$$

어떻게 두 번째 열의 사상들을 구성하고, 완전성을 증명할 것인가?

그림 12.4. 호몰로지 숙제.

그 장면에는 완전히 보이진 않지만 칠판이 두어 개 더 나온다. 그중 우리가 조금이나마 확신하며 재현할 수 있는 것은 하나뿐이다(그림 12.4). 그로스에 따르면 그것은 아마도 '호몰로지 대수학과 관련된 숙제로 적어 놓은 문제'였던 것 같다.

유한단순군의 분류

1981년경에 완료된 유한단순군 분류는 20세기 수학의 최고 업적으로 꼽힌다. 수학자 100여 명의 합작품인 이 증명은 1940년대 말~1980년대 초에 발표된 1만 5000여 페이지에 달하는 학술 논문 500여 편으로 구성되어 있다. 이 분류 정리classification theorem는 다음과 같다.

모든 유한단순군은 원소 개수가 소수인 순환군, 혹은 교대군 *An*, 혹은 리 유형Lie type의 유한군 중 하나, 혹은 간헐단순군 26개 중 하나와 동형이다.

간헐단순군은 수학 전 분야에서 가장 기이하고 가장 멋진 산물로 꼽히는데, 아마 그중에서도 가장 기괴한 것은 거대한 '괴물군monster group'일 듯싶다. 간헐단순군 가운데 5개는 19세기 중엽부터 알려져 있었다. 괴물군을 포함한 나머지 21개는 1965~1975년에야 발견되었다.[38]

그로스는 영화에서 이와 관련된 부분에 대해 이렇게 말한다. "처음에 버그스타인*의 대본을 읽어 봤더니, 케이트가 아벨군에 대한 이론을 연구하고 있는 걸로 해 두었더군요. 그래서 버그스타인한테 아벨군은 당시 학자들에게 그다지 큰 관심사가 아니라고,** 케이트가 간헐단순군 분류를 연구하게 하는 편이 나을 거라고 말해 줬죠. 그것 말고도 수학적으로 부적절한 부분이 많이 있었는데, 영화가 2주 후에 제작에 들어갈 거라고 해서 저는 아주 놀랐습니다."

뱀 보조정리 장면 바로 다음에 케이트의 군 연구에 대한 언급이 나온다.

쿠퍼먼　이건 너무 시시해요. 또 다른 다이어그램 뒤쫓기일 뿐이잖아요. 도대체 우린 언제쯤 뭔가 재미있는 걸로 넘어갈 건가요? 이를테면 선생님의 새로운 군 같은 거 말이죠. 2−퓨전은 진전이 조금이라도 있나요?

케이트　아니, 아직도 그대로야.

쿠퍼먼　어쩌면 선생님이 그걸로 갈 수 있는 데까지는 다 간 걸지도 몰라요.

■　엘리너 버그스타인은 〈뉴욕 소나타〉의 시나리오 작가였다.
■■　완곡한 표현이다.

케이트	그럴 수도 있지.
쿠퍼먼	저는 그걸 완전히 다른 각도에서 보기 시작했어요.
케이트	그래?
쿠퍼먼	그게 통하면 저는 유명해질 거예요.

케이트　아, 그러면 정말 좋겠구나. 나도 한숨 돌릴 수 있겠어. 나는 너를 가르쳤다는 걸로 유명해질 테니까.

0:07

쿠퍼먼이 깐죽거린 것 때문에 자극을 받아 행동에 나선 케이트가 어떤 봉투 뒷면에 뭔가를 적으며 계산하기 시작한다. 영문을 모르는 남자 친구 호머가 그녀의 말동무가 되어 준다.

케이트　쿠퍼먼 자식 죽여 버리고 싶어. 지금 2-퓨전을 연구하고 있다지 뭐야. 내가 뭘 하고 싶은지 알아?

호머　뭘 하고 싶은데?

케이트　내가 이 문제를 풀어내면 말이야. 있잖아, 나는 유클리드랑 뉴턴과 동급이 될 거야. 정말 그렇게 될 거야……. 뭐, 뉴턴은 돌파구를 찾았을 때 스물두 살이긴 했지만.

░░░

　　다음은 그로스가 이 장면에 나오는 수학에 대해 한 말이다. "(그 봉투에 뭘 적었는지) 잘 기억나진 않지만, 맨 위의 다이어그램은 아마 변형된 딘킨 다이어그램일 겁니다. 간헐단순군 연구에 많이들 이용하던 거죠. 아틀라스[39]를 보시면 그것과 비슷한 다이어그램들이 있을 거예요. 아마 그 급수는 톰슨 급수였을 겁니다. 거기서 고정된 켤레류에 대한 무한 표현열의 지표값들이 나오죠. 이들은 괴물군 같은 어떤 간헐군의 모듈러 형식인 걸로 밝혀집니다. 촬영 당시에는 그게 완전히 새로운 수학이었어요."

●●

0:17

진급 심사를 위해 면접관 교수들이 케이트와 나누는 대화.

교수 1   예일 대학의 제러미 그랜트. 그는 자네 논문을 아주 좋아하지. 자네 군
연구에 새로운 진척이 좀 있었나?

케이트   아뇨, 아직이요.

교수 1   나는 등골이 빠지게 군론과 씨름했어. 하지만 지금은 한참 뒤처져 버
렸지. 자네 같은 젊은이들이 넘겨받아야 해.

교수 2   건징거 박사, 자네 연구가 교착 상태에 빠졌나?

케이트   제발 그렇지 않았으면 합니다.

0:20

케이트가 아버지를 비롯한 몇몇 사람들과 식사 중이다.

아버지   면접은 잘 봤니?

케이트   입을 다물고 있을 걸 그랬어요. 아무래도 안 될 것 같아요.

아버지   너답지 않은 얘길 하는구나. 얘는 평면 기하학만 98점을 맞고 나머지
수학 시험은 다 100점을 맞은 애랍니다. 학위 논문은 간헐군에 대한 거였죠.

손님   그래, 평면 기하학에서는 뭘 틀렸니?

케이트   가운데 수영장이 있는 안뜰의 면적을 계산하는 문제였어요. 적절한 방
법을 쓰긴 했는데, 안뜰을 수영장 안에 넣어 버렸어요.

1:25

다시 본교 캠퍼스에서 케이트는 쿠퍼먼을 우연히 만난다.

쿠퍼먼   진전이 좀 있었어요?

케이트   글쎄, 사실 생각을 좀 해 봤는데 말이야. 그동안 엉뚱한 데를 보고 있었던 것 같아. 2-퓨전에 대해서 새로운 아이디어가 좀 떠올랐어.

쿠퍼먼   뭐죠? 왜요? 점 o에서 점 g로 가는 걸 말씀하시는 거예요?

케이트   그래, 가장 단순한 경우에만 그렇다는 거지만.

쿠퍼먼   하지만 문제 전체가 거기 달려 있을 수도 있어요. 맞아요, 곧 거기서 몫이 나올 거예요. 곧바로 나올 거라고요.

케이트   그래도 시작점일 뿐이야.

쿠퍼먼   무슨 얘긴지 자세히 설명해 주세요.

케이트   지금은 못해.

쿠퍼먼   설명해 주세요.

케이트   나는 얼마간은 여기에 있을 거야.

쿠퍼먼   어쩌면 분류가 바로 일단락될 수도 있어요. 정말 놀라운데요. 이게 통하면 우리는 유명해질 거예요.

케이트   이봐, 이건 시작점일 뿐이야. 관건은 이걸 어떻게 풀어 나가느냐 하는 거라고.

그들이 그 문제를 해결해 내는지는 알 길이 없다.

◁ 영화 제작에는 어떻게 참여했는가

우리는 영화 속 수학에 대한 수많은 질문으로 그로스 교수를 기진맥진하게 하려고 최선을 다했다. 다음은 우리가 나눈 대화 중 일부다.

Q　　　영화에서 케이트가 정말로 무엇을 하려고 하는지가 그다지 분명하지 않습니다. 한편으로는 사람들이 '케이트의 군'에 대해 이야기하는데, 그것이 암시하는 바에 따르면 케이트는 이미 어떤 간헐단순군을 발견해서 학위 논문에서 다룬 듯합니다. 하지만 다른 한편으로는 케이트가 아직도 그걸로 뭔가를 하려고 시도하고 있죠. 확실히 그런 내용은 영화에서 사실상 진전되지 않았습니다. 제작진이 어떤 생각을 하고 있었는지 아직도 기억하십니까? 그리고 2-퓨전 연구란 건 어떻게 된 거죠?

베네딕트 그로스　　　제작진은 케이트가 본격적인 연구 문제를 다루고 있다는 점에 대해서는 신경 쓰지 않았습니다. 대사가 인상적이고 기본적으로 적절하면 그뿐이었어요.

Q　　　이 영화 제작에는 어떻게 관여하게 되었습니까?

그로스　　　저는 프린스턴 대학의 강사였는데, 당시에 시나리오 작가인 버그스타인이 그 도시에 살고 있었죠. 그녀는 헤일 트로터 학과장한테 자기가 젊은 수학자의 수업을 참관할 수 있겠느냐고 물었죠. 어떤 등장 인물(존 쉐아가 그 역을 연기했으나 최종 편집에서 해당 장면이 삭제되었다)의 모델로 삼기 위해서 말이죠. 수업 참관 후에 버그스타인은 저한테 점심을 대접하면서 대본을 보여 줬어요. 저는 아벨군과 관련된 내용을 보고, 버그스타인에게 도움이 좀 필요할거라고 말해 줬죠. 그러면서 그 일에 관여하게 된 겁니다. 제가 가장 도움을 많이 준 부분은 뱀 보조정리가 나오는 오프닝 장면이었습니다.

Q　　　혹시 당신이나 다른 진짜 수학자가 그 영화에 잠시라도 출연했습

니까?

그로스 　제가 알기로는 전혀요. 저는 어느 정도 거리를 두려고 했습니다. 크레딧에도 제 이름을 올리지 말아 달라고 했어요.

Q 　칠판에 적혀 있는 건 당신이 직접 적은 거죠?

그로스 　잘 기억나지 않습니다. 아마 그럴 거예요. 저는 수학 관련 장면의 촬영 때문에 할리우드로 갔었으니까요.

Q 　생각나는 재미있는 일화가 또 있습니까?

그로스 　클레이버그가 자기는 스무 살이 넘어서 수학을 제대로 할 수 없다고 말하는 부분이 있었어요. 저는 그 대사에 이의를 제기하고, 그걸 '서른 살이 넘어서'로 수정하는 게 좋겠다고 했죠. 그랬더니 클레이버그가 영화 속에서 자기가 서른 살이 넘었다고 인정하는 건 불가능하다고 하더군요. 그럴 거였다면 클레이버그는 주역을 맡지 못했을 거라는 얘기였죠. [그 장면은 영화에 들어가지 않았다.]

수학 속의 영화 　　뱀 보조정리 장면은 다음과 같은 몇몇 고급 수학 문헌에서 언급된다. C. A. Weibel, *An Introduction to Homological Algebra*, Cambridge University Press, Cambridge, 1995; C. L. Schochet, The topological snake lemma and corona algebras, *New York Journal of Mathematics* 5, 1999, pp.131~137.

영화 속의 가환 다이어그램 　　우리가 알기로는 가환 다이어그램이 나오는 영화가 두 편 더 있다. 〈스페인 죄수*The Spanish Prisoner*〉(1997)에는 어떤 인물이 수학 공책을 대충 넘겨보는 장면이 나오는데, 그중 한 페이지에 가환 다이어그램이 들어 있다.

〈안토니아스 라인*Antonia's Line*〉(1995)은 4대에 걸친 가족의 삶을 다룬 영화다. 그 가족 중 신동이었던 테레즈가 수학 교수가 된다. 한 장면에서 그녀는 칠판에 적어

$$(A,A') \longrightarrow (X,A') \longrightarrow (X,A) \longrightarrow 0 \qquad\qquad 0 \longrightarrow S_*(A)/S_*(A, \text{???})$$
$$\downarrow \qquad\quad \downarrow \qquad\quad \downarrow \qquad\qquad\qquad 와$$
$$(B,B') \longrightarrow (Y,B') \longrightarrow (Y,B) \longrightarrow 0 \qquad\qquad 0 \longrightarrow S_*(B)/S_*(B, \text{???})$$

이 가환이면 임을 증명하라.

그림 12.5. 〈안토니아스 라인〉에 나오는 수학 천재 테레즈.

놓은 가환 다이어그램을 다룬다(그림 12.5).

1:11

테레즈 공집합의 특이 사슬복합체가 0이라고 가정할 수 있지. 정리 5.8에 따르면 이는 곧 n차 호몰로지군이 n차 상대호몰로지군과 같다는 뜻이지. 공집합을 부분 공간으로 보면 말이야. 이제 Top^2 범주에서 사슬복합체 범주로의 함자를 구성할 수 있지. 함자 S*를 이렇게 정의한다. 순서쌍 (X, A)의 S*는 공간 X의 특이 사슬복합체를 A의 복합체로 나눈 몫이 된다.

이것은 수학적으로 얼추 말이 되는 듯하다. 하지만 어디까지나 얼추 그렇다.

2부

수학,
영화를 만나다

Math
Goes to the
Movies

영화 클립을 보라!

이 책의 이 두 번째 부분에서 우리는 여러 영화에 나오는 자료들을 엮어 수학 개론에 집어넣는다. 해당 영화 클립을 꼭 미리 볼 필요는 없다. 하지만 그렇게 한다면 이해하는 데 도움이 될 것이다. 다행히 그런 클립들은 대부분 온라인에서 찾아볼 수 있다. 우리 웹 사이트에도 링크 목록을 올려 두었다.

13장

수학은 아름다워,
아니야 차라리 죽고 말지

세상에는 두 부류의 사람이 있다. 수학이 아름답다고 생각하는 사람. 그리고 수학이 아름답다고 생각하는 사람들은 미쳤다고 생각하는 사람. 가끔 전자와 후자가 만나기도 하는데, 그들은 수학에 대해 이야기하게 될 공산이 크다. 그런 대화는 보통 짧게 끝난다. 예컨대 〈토마토 공장에서 생긴 일 *Teresa's Tattoo*〉(1994)에서는 수학 박사 테레사가 교직원 파티에 참석하는데, 릭이 그녀에게 추파를 던진다.

0:11

릭   저기, 브루노가 그러는데 물리학과라고요?

테레사   수학이요.

릭   수학과…….

테레사	또 봐요.
릭	네.

▪▪

하지만 때로는 그런 수학 애호가가 자신의 열정을 나누고자 하기도 한다. 그 성공의 정도는 경우에 따라 극적으로 달라질 수 있다. 여기에서 우리는 여러 영화에 예시되어 있는 세 가지 접근법에 대해 생각해 본다.

△ 직접적인 접근법

진정한 수학 애호가는 문외한들이 수용적인 태도를 취하는 상황을 늘 꿈꾼다. 그래서 직접적인 접근법을 써 보고 싶은 충동을 끊임없이 느끼는데, 그 방법으로 효과를 거두는 경우는 거의 없는 듯하다. 공상 속의 만남은 아마도 〈작은 사랑의 기적*Better Off Dead*〉(1985)의 재미있는 수업 장면과 비슷한 상황일 것이다. 여기에서 우리는 상상의 나래를 활짝 펴고 커버 선생님에게 감탄할 수 있다(그림 13.1).

▪▪

0:22

커버 선생님 이와 관련하여 세 기수적 사다리꼴 포메이션은 여러 점 HIGK, PEGQ, LMNO를 연결함으로써 이 다이어그램에서 가향성을 띠게 되어 이런 기하학적 형상들이 만들어지는데, 이들은 성질은 없지만 위치는 있지.

학생들 아!

커버 선생님 …… 기술된 5중 삼각형 CAB와 같지. 그러므로 그것은 앞서 언급

그림 13.1. 커버 선생님이 자신을 무척 좋아하는 학생들을 가르치고 있다.

한 NIGH를 구성하는 다섯 삼각형과도 같은데, 이들 각각은 이런 기하학적 개념에서 삼각형 CAB와 같지[웃음]! 그러므로 같은 방식으로 기하학적 메타포는 반복 벡터 합을 끌어낼 수 있어. 이것이 너희들 숙제였지. 너희들이 어떤 답을 얻었는지 보고 싶구나. 꺼내 보렴…… 소피아.

학생들   아! 아! 저요!

커버 선생님   그리고…… 버스터.

학생들   저요! 저요! 제발요!

커버 선생님   그리고 베스. 그리고…….

학생들   아, 제발, 제발요! [수업 마치는 종이 울린다.] 아!

커버 선생님   자, 자, 자. 다들 내일 보자꾸나. 내일 수업 예습으로 39페이지에서 110페이지까지 잊지 말고 꼭 외워 오도록.

학생 일동   알겠습니다!

학생 1   멋진걸!

학생 2   커버 선생님은 정말이지 기하학에 생기를 불어넣으신다니까!

그림 13.2. 운 좋은 피에르와 운 좋은 학생들.

그림 13.3. 통일장 이론에 입문하는 어린이들.

하지만 공상의 세계에서도 수용적인 관객을 지나치게 밀어붙이는 경우가 있다. 〈피에르의 외출*Lucky Pierre*〉(1974)에 나오는 피에르 리샤르의 열광적인 수업도 분명히 그런 경우다(그림 13.2).

그리고 〈미트 데이브*Meet Dave*〉(2008)에서 에디 머피가 여덟 살짜리 아이들에게 통일장 이론을 가르치려고 애쓰는 상황은 너무 황당하여 할 말이 별로 없다(그림 13.3).

물론 현실은 〈로즈 앤드 그레고리〉에서 라킨 교수가 경험하는 상황과 비슷할 공산이 더 크다. 11장을 보라. 그와 비슷하게 〈아이스 스톰*The Ice Storm*〉(1997)에서는 마이키가 샌디와 숙제에 대해 이야기하는데, 그다지 상황을 잘 풀어 나가지 못한다.

0:24

샌디   야, 마이키!

마이키   응?

샌디   기하학 좀 가르쳐 줄래?

마이키   그럼, 이 영문학만 아니라면 뭐든지.

샌디   어째서 너는 수학은 그렇게 잘하면서 영문학은 못하니?

마이키   나는 수학을 잘하는 게 아니야. 기하학만 잘하는 거지. 그러니까 이를 테면 '2 제곱'이라고들 하잖아? 너는 그게 2 곱하기 2는 4라는 뜻이라고 생각하지? 하지만 그건 사실 정사각형을 의미해. 그건 사실 공간이야, 수가 아니라 공간이라고. 그것도 완벽한 공간이지. 하지만 머릿속에만 있는 공간이야. 물질계에서는 완벽한 정사각형을 그릴 수 없으니까. 하지만 마음속에는 완벽한 공간을 떠올려 볼 수 있지. 알겠어?

샌디   응. 그런데 그냥 내 숙제만 좀 도와주면 되는데.

△ 시적인 접근법

위에 나타나 있듯이 직접적인 접근법으로는 십중팔구 문외한에게서 아무런 호응을 얻지 못한다. 하지만 좀 더 미묘하게 수학의 아름다움을 넌지시 내비치면 아주 좋은 효과를 거둘 수 있다. 다음은 우리가 시적인 접근법이라고 부르는 것을 보여 주는 다섯 장면이다.

첫 번째 장면에서는 〈굿 윌 헌팅〉의 필즈상 수상자 제럴드 램보 교수가 한 여학생을 설득하려고 애쓰고 있다.

0:29

램보　어려운 정리는…… 교향곡과 같을 수도 있지. 매우 관능적이란다.

학생　와.

아마도 저 '와'는 진심 어린 표현이 아니었을 것이다. 〈21그램*21 Grams*〉(2003)에서 수학자 폴 리버스(숀 펜)는 크리스티나(나오미 와츠)에게서 좀 더 좋은 반응을 얻는다.

1:11

폴　　　모든 생명 활동, 우주의 모든 측면에는 어떤 수가 숨어 있죠. 프랙털, 물질…… 거기 어떤 수가 우리에게 뭔가를 알려 주려고 소리치고 있어요. 내 얘기가 지루한가요?

크리스티나　아뇨, 아니에요.

폴　　　미안해요. 나는 수란 우리보다 큰 미스터리를 이해하는 열쇠라고 그들한테 말해 주려는 거예요. 이를테면 남남인 두 사람이 어떻게 만나게 되는가 하는 것 말이죠. 어떤 베네수엘라 작가의 시 한 편은 이렇게 시작됩니다. "지구는 우리를 더 가까워지게 하려고 돌았다. 그 자체로도 돌았고 우리 안에서도 돌았다. 그리하여 마침내 우리를 이 꿈속에서 만나게 한 것이다."

크리스티나　아름다워요.

폴　두 사람이 만나려면 수많은 일이 일어나야 하죠…… 어쨌든 그게…… 그게 바로 수학이에요.

●●●

시적인 접근법은 폴에게 정말 큰 도움이 된다. 그는 그녀의 마음을 얻는다.

〈에니그마*Enigma*〉(2001)에서 톰 제리코(2차 세계 대전 때 영국 블레츨리 파크의 정예 암호 해독자 중 한 명이었던 앨런 튜링▶을 모델로 한 인물)는 뛰어난 수학자다. 그는 여자 친구 클레어에게 수학에 대해서 시적인 표현으로 이야기한다.

●●●

0:21

클레어　왜 수학자가 됐어요? 계산을 좋아해요?

톰　나는 수를 좋아해요. 수를 갖고 보면 진실과 아름다움이 같은 것이기 때문이에요. 방정식이 아름답게 보이기 시작하면 어느 정도 진전이 있다는 걸 알 수 있죠. 그 수들이 어떤 실상의 비밀에 더 가까운 곳으로 나를 데려가고 있다는 걸 알 수 있죠.

●●●

▶　영국의 수학자이자 암호학자 앨런 튜링(1912~1954)은 1935년 22세에 한계 중심 정리를 증명한 학사 논문에 근거해 케임브리지 대학의 연구원으로 발탁되었으며, 1937년에 괴델의 불완전성 정리를 이용해 힐베르트가 1928년에 제시한 결정 문제의 해결이 불가능하다는 논문을 발표했다. 2차 세계 대전 중에는 영국의 비밀 암호 해독 기지인 블레츨리 파크에서 독일군이 사용한 에니그마 암호를 해독하는 데 큰 공을 세웠다.

사실 알고 보니 클레어는 톰의 비밀을 입수하려는 외국 스파이였다. 그래도 그녀는 그 말을 잘 음미한 듯하다.

다음은 〈센스 오브 스노우*Smilla's Sense of Snow*〉(1997)에 나오는 장면이다. 주인공인 그린란드의 (눈과 얼음에 대한 독특한 감각을 소유한) 과학자 스밀라는 안드레아스와 포도주를 한잔하며 이렇게 말한다.

0:48

스밀라　저를 정말 행복하게 하는 건 수학, 눈, 얼음, 수뿐이에요. 저한테 수 체계는 인생과 같아요. 맨 처음에는 자연수가 있죠. 그 양의 정수는 어린아이의 수와 같아요. 하지만 인간의 의식이 자라면서 아이는 갈망이란 걸 알게 되죠.

갈망이 수학에서 무엇으로 나타나는지 아세요? 음수예요. 뭔가 놓치고 있다는 느낌을 형식화한 거죠. 그다음에 아이는 공간들 사이, 돌멩이들 사이, 사람들 사이, 숫자들 사이에 들어가는 게 있다는 걸 깨닫는데, 그게 곧 분수가 되죠. 하지만 이건 일종의 광기예요. 거기서도 멈추지 않거든요. 결코 멈추는 법이 없거든요. 우리가 이해해 볼 엄두조차 못 낼 수들도 있어요. 수학은 사방이 훤히 트인 광대한 지형이에요. 지평선을 향해 나아가도, 그곳은 멀어지기만 하죠. 그린란드처럼요.

스밀라는 멋진 말을 한다. 그리고 그 말로 안드레아스에게서 바라던 효과를 거두는 듯하다. 물론 안드레아스는 이미 그녀에게 홀딱 반해 있었다. 하지만 스밀라의 수학적 사색도 조금 인정해 주자.

끝으로 〈단순한 형식*A Pure Formality*〉(1994)에서는 살인 혐의를 받는 소설가 오노프(제라르 드파르디유)가 경감(로만 폴란스키)의 탐문을 받는다. 오노프는 수학의 이상에 대해 회상한다.

1:15

경감 그 남자를 본 적 있습니까, 페브루에리 선생?

오노프 제가 아는 사람 같군요.

경감 누구죠?

오노프 고등학교 때 수학 선생님이었어요.

경감 그것 말고는요?

오노프 제가 수, 대칭, 기하학적 추론을 무척 좋아하게 된 건 그 선생님 덕분입니다. 트리바르키 선생님. 그는 수학 정리들을 마치 우화처럼 얘기해 줬어요. 그의 말은 우리 귀를 거치지 않고 곧장 우리 마음에 와 닿았습니다. 저는 정말 감동을 받았어요. "두 평행선은 절대 만날 수 없다. 하지만 어떤 점이 존재한다고 상상하는 일은 가능하다. 우주 공간 아주 먼 곳에, 무한히 아주 먼 곳에 있어서 두 평행선이 실은 거기서 만난다고 우리가 믿고 인정할 만한 점이 존재한다고 상상하는 일은 가능하다. 그 점을 이상점이라고 부르자."

오노프의 팬인 경감은 그의 말에 매우 감동을 받는다. 하지만 나중에 그를 살인 혐의로 기소하지 않을 만큼은 아니었다. 오노프는 어쩌면 살인범일 수도 있겠지만, '사영기하학projective geometry'▼을 뒷받침하는 미묘한 개념을 아름답게 표현해 낸다. 우리는 그가 (수학적) 선행을 할 시간도 나길 바란다.

▼ 사영기하학은 3차원의 물체를 2차원의 평면에 투영했을 때나, 혹은 구 표면에 있는 어떤 대상을 2차원의 평면에 투영했을 때처럼, 상황이나 환경을 바꾸었을 때도 변하지 않고 그대로 남아 있는 성질을 탐구한다. 이탈리아 르네상스 시대의 화가들은 사영기하학에서는 평행선이 한 점에서 만난다는 사실을 깨닫고 이를 자신들의 작업에 활용했다.

수학은 아름다워, 아니야 차라리 죽고 말지   263

◇ 노래하고 춤추는 접근법

시가 너무 난해하다고 생각하는 사람들에게 대안은 대담하게 노래와 춤을 시작하는 것이다. 수학의 가치를 납득시키는 데 자주 쓰이는 방법은 아닐지 몰라도 일단 이 방법을 쓰면 잊지 못할 결과가 나타날 수 있다.

〈아 유 위드 잇?*Are You With It?*〉(1948)에서 도널드 오코너가 연기하는 보험 계리인 밀턴 해스킨스는 소수점을 잘못 찍는 바람에 불명예스럽게 사직한 후 한 순회공연 배우와 만나 함께 시간을 보낸다. 술을 한잔한 후에 밀턴은 춤이란 '하나의 응용 수학 문제일 뿐'이라고 설명한다. 그리고 $3 \times 2 = 6$과 $6 \times 2 = 12$에 이어 '12의 네제곱의 제곱근'을 행동으로 보여준다. 밀턴은 그다음에 아주 멋진 탭 댄스 루틴을 시작한다. (그는 잠깐 휘청한 실수를 적절하게 '미적분calculus'이라고 부른다.)

〈메리 앤드류*Merry Andrew*〉(1958)에서 대니 케이가 연기하는 선생님은 학생들을 열광시키려고 애쓴다. 피타고라스 정리에 대한 노래로 학생들을 이끄는 그의 방식은 효과가 있는 듯하다(그림 13.4). 14장을 보라.

〈메리 앤드류〉를 최고로 꼽기는 힘들지만, 체코 영화 〈30명의 아가씨와 피타고라스*30 Virgins and Pythagoras*〉(1977)는 그럴 수 있을지도 모른다. 이 놀라운 영화에서는 체코의 우상 카렐 고트Karel Gott▼가 노래하는 수학 선생님으로 나오는데, 그의 수업은 단연 독특하다. 〈메리 앤드류〉에서 그랬듯이, 노래할 대상으로 피타고라스 정리만 한 정리가 없는 모양이다(그림 13.5).

▼ 카렐 고트(1934~)는 체코의 최고 유명 가수이자 대스타다.

그림 13.4. 쾌활한 대니 케이가 피타고라스 정리 노래에서 어린 제자들을 이끌고 있다.

그림 13.5. 카렐 고트가 매우 아름다운 선율로 피타고라스 정리를 가르치고 있다.

◇ 시도 때도 없이

어떤 접근법을 쓰든 수학 애호가들은 대부분 적절한 때를 신중하게 선택한다. 하지만 꼭 그래야만 하는 것은 아니다. 〈스탠드인*Stand-In*〉(1937)에서 수학자 애터버리 도드(레슬리 하워드)는 회계 업무에 관여하면서 수학을 능수능란하게 찬양한다.

2:55

애터버리 [자신이 말하는 것을 필기자에게 받아쓰게 하면서] 모교에서 연설하도록 초청해 주신 것을 영광으로 생각합니다. 하지만 예전에 청중들에게 수학이란 학문이 숫자와 기하학적 도형에 불과하지 않다는 점을 납득시키려 어려움에 부딪힌 적이 있습니다.

사무원 1 세 시입니다.

애터버리 1분만 지났다면 늦었을 걸세…… 수학은 살아가는 데 음식물보다 중요한 학문입니다…… [또 다른 사무원에게] 이 보고서는 어젯밤에 나왔어야지…… 이 학문 없이는 음악도 시도 미술도 있을 수 없습니다.

사무원 2 [도드에게 잔고 계산 결과를 보여 주며] 이게 잔고입니다.

애터버리 [곧바로] 덧셈이 틀렸군. 총액은 1296321이 되어야 해…… 새의 비행.

사무원 3 계산기가…….

애터버리 계산기 수리하게…… 연어의 도약, 춤의 리듬, 모두 수학과 관련되어 있습니다.

14장

영화 속의
피타고라스와 페르마

'피타고라스 정리'와 '페르마의 마지막 정리'는 수학의 2대 슈퍼스타다. 이 장에서 우리는 여러 영화들이 그런 대정리들에 관해 우리에게 무엇을 가르쳐 줄 수 있고 또 무엇을 가르쳐 줄 수 없는지 살펴볼 것이다.

피타고라스 정리

〈오즈의 마법사*The Wizard of Oz*〉(1939)에서 허수아비는 뇌를 얻기 위해 마법사를 만나러 떠난다. 마법사는 허수아비에게 생각학 박사 학위를 수여함으로써 그의 소원을 어느 정도 들어준다. 그러자 허수아비는 새로 얻은 지능을 시험하려고 수학을 조금 시도해 본다.■

1:26

허수아비   이등변 삼각형의 아무 두 변의 제곱근의 합은 나머지 변의 제곱근과 같다…… 아, 신 나! 기뻐! 뇌가 생겼어!

허수아비는 분명 감탄하고 있지만, 피타고라스 정리를 제대로 아는 사람들은 아무도 감탄하지 않을 것이다.■■ 허수아비가 무엇을 틀렸는지 명확히 말해 보자. 첫째, '제곱근'이 아니라 '제곱'이다. 둘째, '아무 두 변'이 아니라 '짧은 두 변'이다. 셋째, '이등변 삼각형'이 아니라 '직각 삼각형'이다.■■■

허수아비가 틀린 부분을 고치면 다음과 같이 된다.

> **피타고라스 정리(허수아비 오류 수정 버전)**
> 직각 삼각형의 빗변의 제곱은 그보다 짧은 두 변의 제곱의 합과 같다.

물론 사람들은 흔히 피타고라스 정리를 'a 제곱 더하기 b 제곱은 c 제

■ L. 프랭크 바움의 원작 동화에서는 허수아비가 현명하게도 (왕겨로 만들어진) 새 뇌를 시험해 보지 않는다.
■■ 그와 비슷하게, 사실 바움의 동화에서 마법사는, 바움 본인도 확실히 그러하지만, 누군가에게 지능을 부여한다는 개념 자체를 별로 대수롭지 않게 생각한다. 허수아비가 지능을 얻는 장에는 '위대한 사기꾼의 마술'이라는 제목이 붙어 있다.
■■■ 〈심슨 가족〉의 에피소드 '스프링필드$pringfield, or How I Learned to Stop Worrying and Love Legalized Gambling'(1993)에서 호머는 헨리 키신저가 낄 법한 모양의 안경을 발견한다. 그 안경을 끼고 자기가 똑똑해졌다고 생각한 호머는 곧바로 허수아비의 피타고라스 정리 대사를 암송한다. 그리고 놀랍게도 누군가의 반응을 얻는다.

    근처에 있던 사람: 직각 삼각형이야, 이 바보야!
    호머: 뜨악!

곱'으로 외운다. 기호로는 다음과 같다.

$$a^2 + b^2 = c^2$$

하지만 그 관계식 어딘가에 삼각형 하나가 분명히 숨어 있다. 그리고 사실 그 '제곱square'은 정말로 정사각형square(의 면적)에 해당한다. 그런 정사각형은 인상적인 영화 〈30명의 아가씨와 피타고라스〉의 삽입곡 〈고마워요, 피타고라스 선생님*Thanks, Mr. Pythagoras*〉에 아주 많이 들어가 있다.

〈메리 앤드류〉에서 대니 케이는 어느 기숙 학교에 새로 부임한 선생님 역을 맡았다. 그곳의 어린 학생들은 주입식 교육을 받아 왔다. 학생들에게 흥미를 불러일으키려고 애쓰던 그는 〈빗변의 제곱*The Square of the Hypotenuse*〉이라는 노래와 춤으로 대성공을 거둔다.■ 구하기 힘든 영화이긴 하지만, 이 장면은 꼭 한 번 볼 만하다.

과학 법칙은 변할 수 있고
소수점은 옮겨질 수 있지만,
다음은 변함없고
아직 반증되지 않았지.
직각 삼각형의
빗변의 제곱은
이웃한 두 변의
제곱의 합과 같다……

■ 그 노래의 가사는 조니 머서가 썼다. 그는 〈문 리버*Moon River*〉와 〈지퍼스 크리퍼스*Jeepers Creepers*〉의 작사가로 더 유명하다.

그림 14.1. ······이웃한 두 변의 제곱의 합과 같다.

앤드루는 춤을 마무리하면서 자신과 아이들과 깃발 한 줄로 매우 인상적인 커다란 직각 삼각형을 만든다(그림 14.1).

앤드루는 유쾌하게 지내느라 바빠서 아이들에게 피타고라스 정리의 '증명'까지는 알려 주지 못한다. 〈더 페이스The Man Without a Face〉(1993)에서 일그러진 외모의 훨씬 덜 유쾌한 멜 깁슨도 기하학을 가르치는데, 어떤 유클리드 정리를 증명해 보이기도 한다. 하지만 멜 깁슨의 증명은 부정확하다. 18장을 보라. 멜 깁슨이 제자에게 피타고라스 정리를 말해 보라고 하긴 하지만 그 증명까지는 요구하지 않은 것은 차라리 다행인 듯싶다.

△ 페르마의 마지막 정리

피타고라스 정리에 따르면 직각 삼각형은 모양이 어떻든 간에 다음 관계식을 만족시키는 세 양수 a, b, c를 수반하기 마련이다.

$$a^2 + b^2 = c^2$$

'피타고라스의 수'란 그 관계식을 만족시키는 세 자연수를 말한다. 가장 간단한 피타고라스 수는 사람들이 대부분 학창 시절에 접해 본 기억이 있을 텐데 다음과 같다.

$$3^2 + 4^2 = 5^2$$

이것 말고도 있을까? 있다, 그것도 아주 많이.[■] 그리고 아마도 피타고라스 수의 그런 존재 때문에 수학자들은 다른 거듭제곱에 대해서도 궁금하게 되었을 것이다. 다음과 같은 관계식을 만족시키는 세 자연수들도 있을까?

$$x^3 + y^3 = z^3, x^4 + y^4 = z^4, x^5 + y^5 = z^5, \cdots$$

■ 피타고라스 수의 배수도 피타고라스의 수다. 예컨대 위의 세 수에 2를 곱해도, 즉 위 관계식의 양변에 2^2를 곱해도 $6^2 + 8^2 = 10^2$이 성립한다. 다음은 그렇게 서로 밀접히 관련되어 있지 않은 피타고라스 수들을 무한히 많이 얻을 수 있는 한 가지 간단한 요령이다.
　　자연수 n을 하나 고르고 항등식 $(2n+1) + n^2 = (n+1)^2$을 생각해 본다. 이들은 홀수 $2n+1$이 완전 제곱수이기만 하면 피타고라스의 수가 될 것이다. 그런 조건은 쉽게 맞출 수 있다. 홀수인 완전 제곱수를 아무것이나 하나 고른 다음, 그에 맞게 n을 선택하면 된다. 예컨대 홀수인 완전 제곱수 $9 = 3^2$은 $n = 4$를 선택한 결과인데, 이때 항등식은 $3^2 + 4^2 = 5^2$으로 적을 수 있다. 마찬가지로 홀수인 완전 제곱수 $25 = 5^2(n = 12$를 선택한 결과)으로는 5, 12, 13$(5^2 + 12^2 = 13^2)$이라는 피타고라스 수를 얻을 수 있다. 사실 어떤 피타고라스 수든지 이와 비슷한 항등식으로 얻을 수 있다.

〈스타트렉*Star Trek*〉 '로열The Royale'(1989) 에피소드의 도입부에서 피카드 함장은 그 문제에 대한 이야기를 간추려 들려준다.

피카드   페르마의 마지막 정리. 들어 봤나?

라이커   들어 보긴 한 것 같은데요. 수학 시간에 우주선 타는 공상을 하도 많이 해서요.

피카드   피에르 드 페르마가 죽었을 때, 그가 책 여백에 적어 둔 이 방정식이 발견됐지. $x^n + y^n = z^n$. 단 $n > 2$. 페르마는 이 방정식의 정수해는 없다고 했어. 하지만 덧붙여 이런 말도 적어 두었지. "이를 경이로운 방법으로 증명했다."

라이커   맞아요, 조금씩 생각이 나네요. 거기 증명은 안 적혀 있었죠.

피카드   음, 그리고 800년 동안 사람들은 그 문제를 풀려고 노력해 왔지.

라이커   함장님도 그중 한 명이군요.

피카드   이 문제는 아주 흥미로워. 그리고 시야도 넓혀 주지. 오만한 우리는 스스로 아주 진보했다고 자부하지만, 컴퓨터도 없이 혼자서 틈틈이 연구하던 한 프랑스 수학자가 묶어 놓은 간단한 매듭 하나도 못 풀고 있지.

나중에 피카드는 승무원들의 혼란스러운 모험을 이렇게 요약해서 말한다.

피카드   페르마의 정리처럼 이건 우리가 영영 못 풀지도 모르는 수수께끼야.

피카드 함장은 그 이야기를 대체로 정확히 알고 있다. 우선 다음을 보자.

> **페르마의 마지막 정리**
> n이 2보다 큰 자연수이면, $x^n + y^n = z^n$은 자연수 해 x, y, z가 없다.

1637년에 '틈틈이 연구하던' (그러나 엄청난 재능을 타고난) 수학자 피에르 드 페르마Pierre de Fermat▼는 한 수학책에 다음과 같은 주석을 정말로 써 두었다. "나는 이 정리를 실로 경이로운 방법으로 증명하였으나 여기 여백이 부족해서 그것을 적어 두지는 못한다." 그리고 오랫동안 아무도 이 정리를 증명하지도 반증하지도 못했다는 것 또한 사실이다. 하지만 357년 후에, 그러니까 〈스타트렉〉의 그 에피소드가 방영되고 나서 5년이 지난 후에 프린스턴 대학의 수학자 앤드루 와일스Andrew Wiles▼▼가 마침내 증명법을 내놓았다.

피카드의 위 대사와 관련해서 시나리오 작가에게 잘못이 있다고 보기는 힘들다. 1989년에는 페르마의 마지막 정리 문제가 곧 해결되리라고 크게 기대하던 수학자가 와일스 말고는 거의 없었다. 몇 세기 후에도 수학자들이 여전히 그 정리와 씨름하고 있을 것만 같았던 것이다.

어쨌든 〈스타트렉〉 제작진은 눈치가 빠르다. 〈스타트렉: 딥 스페이스 나인Star Trek: Deep Space Nine〉의 '측면Facets'(1995)을 보면, 댁스가 그 문제를 언급한다.

▼ 프랑스의 수학자 피에르 드 페르마(1601~1665)는 정수론으로 유명하며 특히 그의 이름을 딴 '마지막 정리Fermat' Last Theorem'는 오랫동안 수학자들의 난제로 남아 있었다.
▼▼ 영국의 수학자 앤드루 와일스(1953~)는 1994년 페르마의 마지막 정리를 증명한 것으로 유명하다.

댁스　　　　페르마의 마지막 정리를 네 방법으로 마저 증명해 보려고 하는
데 말이야……

오브라이언/토빈　　그래?

댁스　　　　300여 년 전 와일스의 증명 이후로 가장 독창적인 방법 같
아……

오브라이언/토빈　　[우쭐하며] 고마워…….

댁스가 와일스의 증명이 틀렸음을 암시하고 있는 것인지, 아니면 그냥
자기가 새로운 방법으로 증명을 시도하고 있다는 것인지는 분명하지 않다.
전자의 경우라면, 어쨌든 피카드의 말이 옳았는지도 모른다.

둘 중 어느 경우든 간에 페르마의 마지막 정리를 증명하는 일은 지독
하게 어렵다. 〈일곱 가지 유혹*Bedazzled*〉(2000)에서 엘리자베스 헐리는 악마
로 나오는데, 한 생애에서 그녀는 한 학급의 남학생들을 그릇된 길로 이끈
다(그림 14.2).

1:01

악마　자, 얘들아. 오늘 밤에 해야 할 숙제. [그녀가 칠판 쪽으로 걸어간다.] 대수학. x의
n승 더하기 y의 n승은 z의 n승. 그런데 이걸 써먹을 일이 있겠니? [그녀가 그 문제를 지
워 버리자 학생들이 일제히 웃는다.]

그림 14.2. 지독하게 어려운 숙제.

칠판에 적힌 '풀이 과정을 써라SHOW YOUR WORK'는 페르마에 대한 아주 재미있는 험담처럼 보인다. 마치 페르마를, 답안지에 증명 과정은 빼트리고 결과만 적은 태만한 학생으로 취급하는 듯하다.

〈심슨 가족The Simpsons〉의 '호머[3]Homer[3]'(1995)에서는 호머의 3차원 세계에 다음 식이 떠다니는 것을 볼 수 있다.

$$1782^{12} + 1841^{12} = 1922^{12}$$

이 식이 맞는다면 페르마의 마지막 정리가 틀렸음을 입증하는 반증이 될 것이다. 계산기로 확인해 보면 정말 맞는 것처럼 보일 수도 있다. 〈심슨 가족〉 제작진은 이 식에 공을 많이 들였다. 하지만 좀 더 자세히 살펴보면 이 식이 결코 맞을 리 없다는 점이 명백해진다. 좌변은 분명히 홀수인데, 우변은 분명히 짝수이기 때문이다. 실제로 좌변과 우변을 제대로 계산해 보면 다음과 같은 값이 나온다.

$$2,541,210,258,614,589,176,288,669,958,142,428,526,657$$

그리고

$$2,541,210,259,314,801,410,819,278,649,643,651,567,616$$

두 거대한 수는 엄청난 차이가 나긴 하지만, 첫 아홉 자리 숫자는 일치한다.

나중에 나온 '에버그린 테라스의 마법사The Wizard of Evergreen Terrace'(1998) 에피소드에서 심슨 가족은 페르마의 마지막 정리에 또다시 딴죽을 건다.

$$3987^{12} + 4365^{12} = 4472^{12}$$

이번에는 양변이 모두 짝수이므로 먼젓번의 홀짝 요령은 통하지 않는다. 하지만 그래도 이 식은 틀렸으니 와일스는 안심해도 된다. 좌변은 3으로 나누어떨어지지만(3987과 4365가 3으로 나누어떨어지므로), 우변은 그렇지 않다(4472가 그렇지 않으므로).

◁ 페르마의 마지막 탱고

〈페르마의 마지막 탱고Fermat's Last Tango〉(2001)는 아마도 최초의 수학 뮤지컬일 것이다.■ 부부 작가인 조슈아 로젠블럼과 조앤 시드니 레스너의 합작품인 이 뮤지컬은 2000년에 요크시어터사가 오프브로드웨이 작품으로 선

보였다. (공연 실황 DVD를 보스턴의 클레이 수학연구소에서 구할 수 있다.)

　〈페르마의 마지막 탱고〉를 제대로 다루려면 대본을 전부 옮겨 놓아야 할 것이다. 이 작품은 다른 영화들을 모두 합친 것보다 수학자가 많이 등장하고 수학에 대한 언급도 많으며 그 수준도 높다. 게다가 대단히 재미있기까지 하다. 우리는 부득이하게 줄거리를 요약하고 최고의 대사 중 일부를 설명하는 선에서 그칠 것이다.

　이야기는 대니얼 킨(앤드루 와일스)이 자기가 '그' 정리를 증명했다고 발표하면서 시작된다. 대니얼은 곧바로 유명해지며 모든 사람들이 만나고 싶어 하는 인물이 된다. 심지어 피에르 드 페르마도 대니얼의 집에 들러서 다음과 같이 주장한다.

　…… 시간 여행을 하는 경이로운 방법을 발견하였으나, 이 다락방이 너무 좁아서……

　사실 페르마는 '수학 내세AfterMath'에서 온 것이었다. 수학 내세는 유명한 옛날 수학자들이 영광을 누리고 있는 곳이다. 킨은 수학 내세에 입성할 자격을 막 얻은 참인데, 표면상으로 페르마는 킨을 초대해서 피타고라스, 유클리드, 뉴턴, 가우스와 만나게 해 주려고 온 것이었다. 이 사인방은 처음 등장할 때 다음을 합창한다.

■　어쩌면 최초가 아닐 수도 있다. IMDb의 목록에는 〈수학 0, 사랑 10*Matemática Zero, Amor Dez*〉(1958)이라는 브라질 뮤지컬이 있다. 우리는 이 영화를 구해 보기는커녕 이 작품에 대해 그야말로 아무것도 알아내지 못했다.

그림 14.3. 페르마와 함께 노래하는 피타고라스, 뉴턴, 가우스, 유클리드.

0:24

수학의 뮤즈

대칭에 이르도록 노래해 주오.

우리는 온갖 방정식을 숭배하지.

단순, 이차

대수학, 기하학, 집합론과 정수론

모두 똑같이 흠모하네.

우리 연옥 피타고라스 비밀 결사에서.

하지만 알고 보니 자존심 강한 사람들이 많은 관계로 수학 내세는 항상 조화롭지만은 않다. 그리고 이 수학자들은 그들 나름대로 위대하긴 하지만 수학이 더 단순하던 시대의 사람들인지라, 킨의 증명법은 그들에게 너무 현대적이고 복잡하다. 게다가 페르마는 자기 말고 다른 누군가가 '자신의' 정리를 증명해 냈다는 사실을 전혀 달가워하지 않는다. 그런 갈등이 모두 폭발하는 것은 페르마가 킨의 증명에서 '큼직한 구멍'을 발견했다고 고소해하며 발표할 때다.■

0:33

킨	구멍?
유클리드와 뉴턴	구멍?
킨	내 증명에 구멍이 있다고요?
페르마	이런 말을 하고 싶진 않았어.

속상한 일이겠지만 자제력을 보여 주게.

자네 증명에는 큼직한 구멍이 있다네!

피타고라스	유클리드, 뉴턴, 가우스
분명히 해 두겠는데,	우, 우
이 결함을 자네가 바로잡으면	슈 - 비 - 두 - 두 - 와,
우리는 입회 제안의 유효 기간을 기꺼이 연장해 주겠네.	우, 우,
하지만 그때까지	샤바다 - 부,
자네는 입회 금지야.	아, 우, 올레.
왜냐하면 자네 증명에는 큼직한 구멍이 있으니까!	

■ 앤드루 와일스의 증명에는 실제로 구멍이 있었다. 그 결함은 와일스가 수학자 리처드 테일러 Richard Taylor와 협력하여 바로잡았다.

낙담한 킨은 다락방으로 돌아가서 증명을 수정하려고 애쓴다. 하지만 페르마가 주위에서 어슬렁거리면서 킨을 비웃으며 혼란스럽게 한다.

0:42

페르마

내 불후의 명성을 잃을 생각은 없네.
별 볼 일 없는 교수와 나눌 생각도 없고!
지성이 설익은 자가
내 상대가 될 리 없지.

이제 우리는 페르마의 본심을 알게 되었다! 수학 내세의 다른 주민들도 이를 알게 되었다. 페르마에게 짜증이 많이 난 그들은 '그의 얼굴에서 능글맞은 웃음을 싹 지워 버리고' 싶어 한다. 그들은 수학 지식을 업데이트해서 킨이 결함을 바로잡는 일을 도와주기로 한다. 결국 실패하긴 하지만 그들은 실패를 시인하면서, 킨이 지금까지 이룩한 것만 해도 놀라운 성과임을 인정해 준다. 결국 킨의 수학 내세 입회를 허가한다.

다행히 킨에게는 든든한 후원자인 아내 애나도 있다. 애나에게는 그리 다행이 아닌 것이 그녀는 자기가 '수학 과부'라고 생각하고 있기 때문이다 (수학자의 아내와 남편들이 실제로 다 그렇듯이). 그러나 킨이 막 포기하려 할 때, 애나는 수학의 수 자도 모르지만 다음과 같은 말을 한다.

0:79

애나   '실패 안에 성공의 씨앗이 들어 있다'고들 하잖아요.

이 말을 듣고 킨은 전에 포기했던 접근법을 다시 생각해 보게 된다. 새로운 관점에서 보니 예전의 그 접근법이 곧 그가 갈망해 온 답이 된다. 그리고 그들은 그 후로 오래오래 행복하게 살았다.

하지만 페르마와 그의 정리는 어떻게 됐을까? 페르마도 증명을 하긴 했을까? 페르마도 킨이 그에게 고개를 숙이며 다음과 같이 선언하자 만족한다.

0:83

킨   페르마의 증명은 아주 간단했어.

페르마는 그게 간단하다고 주장했지.

페르마의 말은 사실일 거야.

하지만 수 세기 동안

아무도 그걸 생각해 내지 못했으니,

페르마는 역사상

가장 뛰어난 수학자라고

말해도 될 거야.

〈페르마의 마지막 탱고〉는 꼭 볼 만한 작품이다. 역사적으로 정확하고, 수학을 얼렁뚱땅 넘기지 않으며, 대단히 재미있다. 수학자의 관점에서 상세히 쓴 리뷰를 보고 싶으면 로버트 오서먼의 글을 보라.[40] 그리고 클레이 수학연구소에서 관리하는 그 뮤지컬의 웹 사이트도 참고하라.

이 뮤지컬의 원제목은 '프루프Proof'였다. 이를 바꾼 것은 한 수학 교수와 그의 딸에 대한 데이비드 어번의 동명 연극이 히트를 친 후였다. 다음은 레스너가 한 말이다.[41]

"1996년 12월에 〈페르마의 마지막 탱고〉 작업에 착수했을 때 우리는 이게 결국 수학 및 과학에 대한 무대 작품들의 유례없는 유행의 일부로 여겨질 줄은 전혀 몰랐습니다. 우리는 지난 시즌에 여러 작품들 중에서도 〈코펜하겐 Copenhagen〉과 〈프루프〉가 성공을 거둔 것을 보고 엄청나게 흥분했죠.■ 우리와 짐 모건[요크시어터의 미술 감독]은 수학을 배경으로 한 뮤지컬은 지금이 아니면 영영 못 하리란 걸 직감했습니다.

이것은 30년간 지속된 집념, 실제 탐구에 대한 이야기입니다. 이 탐구의 결실은 현대 수학에 둘도 없이 특별한 공헌을 하게 되었죠. 이건 〈록키Rocky〉이자 〈돈키호테Don Quixote〉이며 〈판타스틱스The Fantasticks〉라고도 할 수 있습니다. 한 남자가 증명법을 알아내고, 증명법을 잃어버리고, 증명법을 다시 알아내는 이야기인 거죠. 우리는 그 소재가 꺼림칙하게 여겨질 수도 있다는 점을 알고 있었습니다. 그래서 작품을 이해하기 쉽게, 그리고 무엇보다 재미있게 유지하는 데 주력했죠.

남편은 '인기' 오페라를 쓰는 것에 대해 오랫동안 생각해 왔는데, 알고 보니 우리 작품이 처음부터 끝까지 노래로만 진행되고 클래식의 영향을 어느 정도 받았는데 그러한 점이 선율적이며 율동적인 요소들로 대체되었더군요. 작

■ 〈프루프〉는 2005년 기네스 팰트로와 앤서니 홉킨스가 주연한 훌륭한 영화로 개봉되었다. 〈코펜하겐〉은 2002년에 영화로 나왔다.

업이 반쯤 진행되자 〈페르마의 마지막 탱고〉는 오페라가 아니라 뮤지컬이라는 점이 분명해졌습니다. 탱고 외에도 알 수 있는 종류의 춤이 몇 가지 나옵니다. 래그타임ragtime,▼ 그랜드 왈츠, 심지어 수학 내세에서 사는 네 위인[피타고라스, 유클리드, 뉴턴, 가우스]을 위한 경쾌한 춤도 있죠. 나는 그들을 '노래하고 춤추는 죽은 수학자들'이라고 부르길 좋아합니다. 멜 마빈 감독은 그들을 〈몬티 파이튼의 비행 서커스Monty Python's Flying Circus〉의 등장 인물에 비유하더군요. 너무나 진지하고 자기들 일에만 푹 빠져 있다 보니 생뚱맞게 재미있다는 점에서요."

▼ 1880년대부터 1910년대에 걸쳐 미국의 술집이나 무도회장에서 흑인 피아니스트들이 연주한 스타일로 재즈의 한 원류라 할 수 있다.

15장

4차원 세계에서 살아남기

〈심슨 가족〉 에피소드 '호머³'에서 호머는 마지의 언니들을 피해 숨으려던 중에 3차원 세계의 입구를 발견한다. 그는 처형들과 대면하느니 운에 맡기고 이 신비의 세계로 들어가는데, 결국 그곳에 갇혀 버린다.

●●●

리사　　　　아빠는 어디에 있어요?

프링크 교수　음, 쌍곡 위상기하학 고급 학위가 있는 가장 우둔한 사람으로서 확신하건대, 흠흠, 호머 심슨은 [방의 불이 꺼진다] 3차원 세계로 갔을 겁니다!

리사　　　　[다시 불을 켜며] 죄송해요.

프링크　　　이게 평범한 정사각형이죠.

각주를 찾고 있으신가? 여기에는 각주가 없다. '호머³'은 정말 그 에피소드 제목이다.

그림 15.1. 프링크 교수가 프링카헤드론에 대해 설명하고 있다.

경찰서장 위검   워, 워, 천천히요, 학자 양반.

프링크   그런데 그 정사각형을 우리 2차원 세계 너머로 확장한다고 해 봅시다. 이 가상의 z축을 따라서요.

일동   헉!

프링크   그러면 '정육면체'라는 3차원 물체가 되죠. 발견한 사람의 이름을 따서 '프링카헤드론'이라고도 부릅니다. 흠흠.

호머   도와줘요! 안 도와주고 계속 설명만 할 거요?

프링크   아, 맞아요. 물론 이 안에 불운한 사람이 갇혀 있는 거죠.

물론 2차원 호머는 3차원 세계의 문제들을 만날 준비가 전혀 되어 있지 않다.■ 우리 3차원 독자들도 갑자기 4차원 세계에 빠지면 대부분 아주 많이 헤매게 될 것이다. 이를 염두에 두고, 늘 존재하는 그 위험에 대한 큰 걱정을 덜어 주기 위해 우리는 여기서 4차원 세계 생존 가이드를 제공한다.

■   이 3차원 세계 장면들은 모두 아이맥스 영화 〈판타스틱 애니월드*Cyberworld*〉(2000)에서 완전한 3D로 감상할 수 있다.

◇ 시간이야, 공간이야, 둘 다야 뭐야?

〈화성에서 온 악녀*Devil Girl From Mars*〉(1954)에서 악녀 냐는 최종 무기에 대해 다음과 같이 설명한다.

0:28

냐　　　　　물질이 급속도로 만들어지면서, 분자 구조 때문에 다음 차원의 형태로 변해 저절로 파괴되게 했죠.

헤네시 교수　　그러니까 4차원 세계가 정말 존재하는 거로군!

　　교수는 냐의 말을 철석같이 믿은 듯하지만, 우리는 그 이유를 잘 모르겠다. 사실 아인슈타인 이후로 줄곧 '4차원'은 대단히 인기 있는 논제였지만, 깊이 있는 이해를 수반하는 경우는 좀처럼 없었다. 아인슈타인의 상대성 이론의 일부로서 3차원 공간은 시간과 함께 엮여 4차원 시공간 세계를 형성하는데, 이는 훌륭하면서도 신비로운 개념이다. 하지만 우리가 논하고자 하는 개념은 결코 아니다.

　　수학자들에게 4차원은 (보통) 그와 다른 개념이다. 그리고 아인슈타인의 시공간 연구보다 50여 년 앞서서 다뤄 온 수학적 현실이었다. 그것을 설명하기 위해 우리는 먼저 일상적인 3차원 공간(3차원 유클리드 공간)에서 한 점의 위치는 세 좌표 (x, y, z)로 결정된다는 점부터 언급하겠다. 그와 비슷하게 4차원 공간에서 한 점의 위치는 네 좌표 (x, y, z, w)로 결정된다. 그리고 더 높은 차원의 경우도 간단하다. 예컨대 7차원 공간에서 한 점의 위치는 그냥 일곱 좌표 (x, y, z, w, p, q, r)로 결정된다.

그런 온갖 차원들이 무엇을 '의미'하는가 하는 것은 맥락에 달려 있으며 논의의 여지가 있는 문제다. 하지만 고차원의 '수학'은 꽤 쉽다. 그런 수학 세계들은 우리 3차원 세계와 근본적으로 다르지 않으며, 아주 비슷하고 우리에게 친숙한 방법으로 다루고 분석할 수 있다. 우리 목표는 영화 속 수학을 발판으로 삼아 바로 그 방법을 설명하는 데 있다.

그렇다면 그런 것들이 시간이 넷째 차원이라는 이야기와 무슨 관계가 있을까? 그다지 관계가 없다. 상대성 이론에도 점의 위치가 네 좌표 (x, y, z, t)로 결정되는 4차원이 있다. 그러나 우리 4차원 세계에서는 모든 차원이 서로 비슷하지만, 시공간에서는 절대 그렇지 않다. 시간 차원은 공간 차원과 근본적으로 다르다. 예를 들어 공간에서 앞뒤로 왔다 갔다 하기는 쉽지만, 시간을 거슬러 과거로 돌아가려면 타임머신을 구입해야 한다. 다음에서 우리는 넷째 공간 차원에 초점을 맞추고, 시간을 넷째 차원으로 보는 특수하고 더 까다로운 개념에는 가까이 가지 않을 것이다.■

■ 시간 여행 등과 관련된 영화는 물론 넘쳐 나지만, 이야기가 아주 명백히 수학적인 경우는 좀처럼 없다. 한 멋진 영화는 시간과 시간의 비가역성에 대해 알려 줄 뿐만 아니라 제법 독창적인 기하학적 사색도 담고 있는데, 적절하게 〈더 포스 디멘션*The 4th Dimension*〉(2006)이라는 제목이 붙어 있다. 〈퓨처라마〉 중에도 아주 멋진 '고 필립 J. 프라이The Late Philip J. Fry'(2010)라는 에피소드가 있다. 거기서는 판즈워스 교수, 프라이, 벤더가 뜻하지 않게 1만 년 후의 미래로 가게 된다. 그런데 교수의 타임머신이 과거로 돌아갈 수는 없는 관계로 그들은 그곳에서 발이 묶인다. 그래서 차라리 더 미래로 가 보는데, 시간이 고리 모양으로 돌고 돈다는 점을 깨닫고서 무사히 현재로 돌아오게 된다(시간 고리를 두 차례나 돈 후에야).

⬥ 유추로 초입방체 이해하기

영화 〈큐브 2*Cube 2: Hypercube*〉(2002)는 〈큐브〉의 후속편이다(6장을 보라). 〈큐브〉에서처럼 운 좋은 몇몇 사람들이 매우 적합하지 않은 세계에서 깨어난다. 그 세계는 입방체 방들로 구성되어 있는데, 그런 방들은 벽, 천장, 바닥의 문으로 서로 연결되어 있다(그림 15.2).

사람들이 방에서 방으로 이동함에 따라 아주 이상한 일들이 일어난다. 방들이 고리처럼 돌고 도는 구조를 이루고 있고, 전에 이웃했던 방이 지금은 더 이상 옆방이 아니고, 방마다 시간(역시!)이 다르게 흐르며, 방마다 중력이 다른 방향으로 작용한다. 그 와중에 그 운 좋은 사람들은 치명적인 덫이 있는지 잘 살펴봐야 한다.

주요 등장 인물은 다음과 같다. 심리학자 케이트 필모어, 사립 탐정 사이먼 그래디, 컴퓨터 게임 프로그래머 맥스 라이슬러, 엔지니어 제리 화이트홀, 엄청나게 성가신 노망난 수학자 페일리 여사.

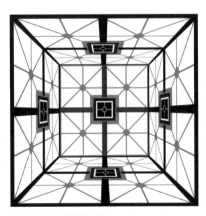

그림 15.2. 〈큐브 2〉에 나오는 입방체 방들 중 하나.

페일리 여사   저건 테서랙트tesseract야.

제리   젠장, 노망이 시작됐군.

페일리 여사   아름답지 않아?

케이트   뭐가 아름답지 않느냐는 거죠, 할머니?

[페일리 여사가 바닥의 다이어그램을 가리킨다.]

제리   세상에! 직각으로 내려다보면…… 아까 이게 뭐라고 하셨죠, 할머니?

페일리 여사   테서랙트라는 거란다.

제리   테서랙트?…… 테서랙트. 이건 테서랙트야!…… 테서랙트. 초입방체라고도 부르지…… 4차원 입방체hypercube야. 모든 원리가 저기 있어. 무슨 말이냐 하면, 왜 계속 같은 방들이 되풀이해서 나오고, 방들이 서로 포개져 있잖아. 순간 이동이 일어나고. 그런 게 다 저걸로 설명이 돼.

자, 여길 좀 보겠어? [제리가 프링크식 설명을 시작한다.] 1차원을 길이라고 하고, 단순한 직선으로 나타내 보자. 그러면 2차원은 길이와 너비인데, 단순한 정사각형으로 나타낼 수 있지. 이걸 한 차원 더 확장하면 정육면체가 나와. 여기는 3차원이 있지. 길이, 너비, 높이. [그림 15.3]

제리   그다음이 정말 기막힌 거야. 이 정육면체를 한 차원 더 확장하면…….

케이트   테서랙트가 나오는군.

맥스   시간을 넷째 차원이라고 하는 줄 알았는데요. [아니야, 아니야, 아니야!]

제리   맞아, 그렇게 보기도 하지. 하지만 넷째 공간 차원이 있다면 어떻게 될까?

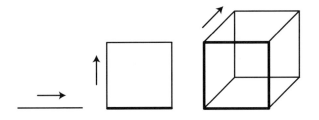

그림 15.3. 입방체 발전시키기.

제리의 프링크식 강의는 4차원 입방체, 즉 수학자들이 '테서랙트' 혹은 '초입방체'라고 부르는 것을 그리는 법에 대한 매우 정확한 설명이다. 제리는 사람들이 친숙한 3차원의 해당 요소들에서 4차원을 유추하도록 유도한다. 그런 유추는 4차원 물체를 고안하고 이해하는 데 매우 효과적인 수단이다.

그뿐만 아니라 그 과정을 계속하면 5차원 입방체, 6차원 입방체 등등도 그릴 수 있다. 그리고 선분과 정사각형이 입방체 발전 과정의 첫 두 물체라는 점에서 수학자들은 선분을 '1차원 입방체,' 정사각형을 '2차원 입방체'라고 부르기도 한다. 사실 때로는 심지어 '0차원 입방체'에 대해 언급하기도 하는데, 이는 한 점을 말한다.

초입방체 그리기

제리의 차원 간 유추를 이용해 고차원 입방체를 시각화하는 법을 알아보자. 그림 15.3의 첫 번째와 두 번째 다이어그램은 진짜 1차원 입방체와 2차원 입방체다. 하지만 세 번째 다이어그램은 진짜 3차원 입방체가 아니다(여

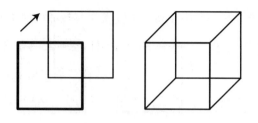

그림 15.4. 정사각형을 이중으로 겹쳐서 정육면체로 발전시키기.

러분이 이 책의 홀로그램 특별판을 구입했다면 또 모를까). 그것은 그런 입방체의 '그림'이다. 그 그림을 그릴 때 우리는 먼저 정사각형 하나를 그리고 복제한 다음, 그것을 수평 및 수직 방향으로 조금씩 옮긴다. 그리고 두 정사각형의 대응하는 꼭짓점들을 연결한다(그림 15.4).

점으로 선분을 만들고 선분으로 정사각형을 만들 때도 같은 겹치기 기법이 쓰이는데, 이는 우리가 같은 기법으로 초입방체도 그릴 수 있음을 암시한다. 우선 정육면체 그림을 복제하고 옮긴다. 그리고 두 정육면체의 대응하는 꼭짓점들을 모서리로 연결한다. 그 결과 초입방체 그림이 나타난다. 그림 15.5를 보라. 이런 방식으로 계속하면 우리는 어떤 차원의 입방체든지 평면 그림으로 나타낼 수 있다.

〈큐브 2〉의 오프닝 타이틀에서는 'HYPERCUBE'라는 단어가 점차 고차원 도형으로 발전한다. 그림 15.6을 보라. 마침 그 단어가 발전하는 방식은 위의 입방체 발전 기법에 기초한다. DVD 부록 '〈큐브 2〉 제작기'를 보면 타이틀 시퀀스를 만든 과정에 대한 이야기가 나온다.

제리는 자신과 나머지 사람들이 4차원 입방체 안에 갇혀 있다고 추측한다. 그가 좀 더 나아가 초입방체의 기본 속성들을 어느 정도 추론해 냈더라면, 그들이 겪을 여러 가지 곤란을 면하게 해 줄 수 있었을 것이다.

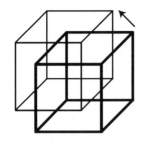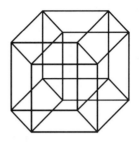

그림 15.5. 정육면체를 이중으로 겹쳐서 초입방체 발전시키기.

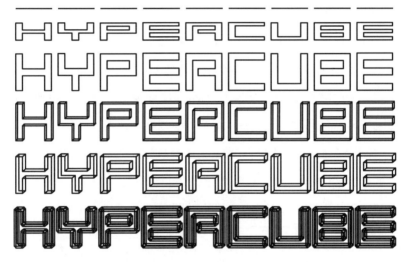

그림 15.6. 영화 제목이 고차원 도형으로 발전하는 모습.

방이 몇 개야?

1차원 입방체는 2개의 0차원 입방체로 경계 지어져 있다. 전문 용어를 사용하지 않고 말하자면, 하나의 선분에는 2개의 끝점이 있다. 그다음으로 2차원 입방체는 4개의 1차원 입방체로 경계 지어져 있다(즉 정사각형에는 4개의

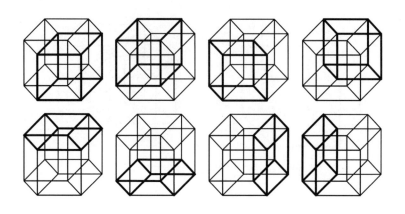

그림 15.7. 초입방체는 8개의 정육면체로 경계 지어져 있다.

변이 있다). 그다음으로 3차원 입방체는 6개의 2차원 입방체로 경계 지어져
있다(즉 정육면체에는 6개의 정사각형 면이 있다). 여기에 패턴이 있다면, 4차원 입
방체는 8개의 정육면체로 경계 지어져 있을 것이다. 그것은 사실이다. 우리
는 그림 15.7에 8개의 정육면체 방을 굵은 선으로 표시해 두었다.

그렇다면 제리 일행이 갇혀 있는 초입방체 세계는 8개의 방으로만 구
성되어 있다고 볼 수도 있다. 이 8개의 정육면체 방들은 4차원에서 서로 면
을 맞대고 결합하여 4차원 입방체의 '표면'을 형성한다.

이것은 중요하면서도 미묘한 부분이다! '입방체'라고 할 때 우리는 주
사위처럼 속이 꽉 찬 입방체라는 뜻으로 말하기도 한다. 하지만 '입방체'는
상자처럼 속이 빈 입방체를 가리킬 수도 있다. 속이 꽉 찬 입방체는 정말 3
차원 물체이지만, 속이 빈 입방체는 3차원 공간 속의 2차원 표면이다.

제리는 초입방체라고 할 때 사실 속이 꽉 찬 초입방체가 아니라 속이
빈 초입방체라는 뜻으로 말하는 것이다. 그 속 빈 초입방체는 속이 꽉 찬
진짜 4차원 초입방체의 '표면'이긴 하지만 사실상 3차원 물체다. 이런 이야

기가 의아하게 여겨질 수도 있겠지만, 마음을 가라앉히고 유추가 암시하는 바를 믿어 보시라.

우리 초입방체 그림에는 꼭짓점과 모서리도 나타나 있다. 이 그림으로 초입방체에 꼭짓점이 16개가 있음을 확인할 수 있다. 물론 겹치기 기법과 관련하여 이를 쉽게 추측해 낼 수도 있었다. 더 낮은 차원의 입방체에는 꼭짓점이 1, 2, 4, 8개 있기 때문이다.

0:29

등장 인물들이 천장에서 어떤 숫자를 발견한다.

제리	방이 6만 659개야, 젠장.
케이트	이곳은 엄청나게 큰가 봐.
페일리 여사	암, 그렇고말고…… 초입방체에는 방이 6,000만 개 있을 수 있지.
제리	할머니 말씀이 맞을지도 몰라.

제리는 정말 뭘 모르고 있다.

빠져나갈 길이 없다!

0:18

제리　여기엔 분명히 어떤 논리가 있을 거야. 이 방들은 계속 되풀이해서 나오는 것 같잖아. 한 방향으로 가다 보면 그냥 같은 방으로 돌아오게 돼.

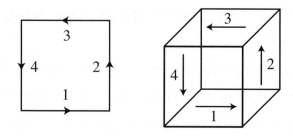

그림 15.8. 한쪽 방향으로 가면서 4개의 방을 거치면 출발점으로 돌아오게 된다.

이번에도 유추를 이용하면 왜 그 입방체 방들이 고리처럼 이어져 있는지 이해할 수 있다. 우선은 가령 포로들이 속이 빈 2차원 입방체의 가장자리에 갇힌 1차원적 존재라고 상상해 보자. 즉 그 포로들은 정사각형의 둘레에 갇혀 있는 것이다.

정사각형의 둘레는 고리처럼 이어져 있다. 그러므로 한 방향으로 가면 그 1차원적 존재들은 4개의 '방'을 거쳐 출발점으로 돌아올 것이다. 2차원적 존재가 정육면체의 표면에 갇혀 있는 경우도 전혀 다를 바 없다. 한 방향으로 걸어가다 보면 그 존재들은 3개의 다른 정사각형을 지난 후에 출발지인 정사각형으로 돌아올 것이다(그림 15.8).

1차원 및 2차원 입방체가 그렇게 고리 모양으로 이어져 있다는 점으로 유추해 보면 초입방체에도 그런 특징이 있을 법하다. 실제로도 그렇다. 한쪽 방향으로 가다 보면 제리 일행은 총 네 개의 방을 가로지른 후에 출발점으로 돌아오게 될 것이다. 그런 왕복 여정이 그림 15.9에 굵은 선과 짙은 색으로 표시되어 있다.

끝으로, 속이 빈 입방체에는 외부 세계로 빠져나갈 수 있는 출구가 없다는 점에 유의하라. 한 방을 떠나면 항상 다른 방으로 가게 될 뿐이다. 그

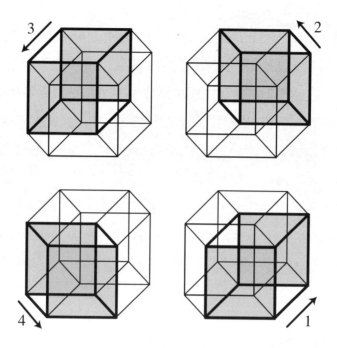

그림 15.9. 고리 모양으로 이어진 네 개의 정육면체. 강조 표시가 된 정사각형들을 따라 연결되어 있다.

러니까 제리 일행은 정말 곤경에 빠져 있다.

슐레겔 다이어그램

그림 15.10은 성가신 (그래도 박식한) 페일리 여사가 알아본 초입방체 다이어그램을 보여 준다. 이것은 확실히 아주 다른 초입방체 그림인데, 먼젓번과 다른 차원 간 유추의 결과물이다.

3차원 입방체의 철사 구조 모형을 스크린에 사영한다고 치자. 그 결과로 나타나는 그림자에서는 정육면체의 모든 꼭짓점과 모서리가 보일 것이

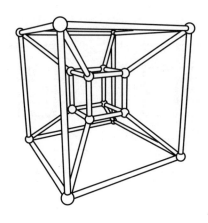

그림 15.10. 페일리 여사의 초입방체.

다. 하지만 면들 가운데 일부는 다소 왜곡되어 더 이상 정사각형으로 보이지 않을 것이다.

그림 15.11은 특히 반듯한 정육면체 그림자를 보여 주는데, 그것은 정육면체의 '슐레겔 사영Schlegel projetion'으로 알려져 있다. 면 하나가 빠져 있는 것처럼 보이지만, 바깥쪽 정사각형이 그 빠진 면에 해당한다.

우리가 4차원 전구를 가지고 있진 않겠지만, 수학적으로는 초입방체 철사 구조의 비슷한 그림자를 '3차원 스크린'에 드리우는 일이 전혀 어렵지 않다. 그 그림자는 3차원 철사 구조, 즉 초입방체의 슐레겔 사영일 것이다. 그림 15.10은 그 슐레겔 사영의 2차원 그림인데, 바로 그것이 페일리 여사가 발견한 다이어그램이다. 자세히 살펴보면, 슐레겔 다이어그램Schlegel diagram에는 7개의 왜곡된 방이 나타나 있다. 여덟 번째 방도 거기 어떻게

▼ 슐레겔 다이어그램은 3차원에 압축시킨 4차원 도형의 모습이다. 1886년에 이를 소개한 독일의 수학자 빅터 슐레겔Victor Schlegel(1843~1905)의 이름을 따왔다.

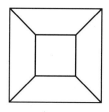

그림 15.11. 정육면체의 슐레겔 사영.

든 나타나 있어야 하는데, 실제로 나타나 있다. 그것은 바깥쪽 정육면체에 해당한다.

이 초입방체 그림자는 나중에 영화 속에서 멋지게 다시 나온다. 그것은 변화무쌍한 레이저 스피어razor sphere라는 물체가 취하는 한 형태인데, 그 물체는 일종의 덫으로 불쌍한 제리를 갈기갈기 찢어 버린다.

위의 초입방체 수학은 등장 인물들이 경험하는 이상한 현상을 어느 정도 설명해 준다. 하지만 이 영화에서 수학적인 측면들은 아주 조금만 발전되고, 사람들이 흔히 4차원과 관련짓는 어수선한 잡동사니들이 이야기 속으로 섞여 든다. 이를테면 방마다 시간이 다른 속도로 흐르는 듯하다. 초입방체 방의 나머지 현상의 근거로 설정한 사이비 과학 중 상당 부분에 대한 이야기가 DVD 부록 '〈큐브 2〉 제작기'에 나온다.

〈큐브 2〉에 마지막으로 나오는 아주 멋진 수학적 장면이 있다. 영화 끝부분에서 모든 방들이 하나의 방으로 겹쳐지는데, 그 방에서는 서로 마주보는 반대편들이 동일시된다. 그래서 이 방을 떠나 한 문을 통과하면 반대편 벽의 문을 통해 같은 방으로 다시 들어오게 된다(그림 15.12).■ 그 새로운 이상한 장소도 유명한 3차원 세계인데, '3차원 원환면3-torus'으로 알려져

그림 15.12. 〈큐브 2〉의 마지막 두 생존자가 접힌 초입방체(3차원 원환면) 안에 있다.

있다.

〈수퍼노바*Supernova*〉(2000)에는 입방체가 점차 고차원으로 발전하는 모습을 보여 주는 아주 멋진 애니메이션이 나온다. 점 하나가 직선으로 확장되고, 직선이 정사각형으로 확장되고, 정사각형이 정육면체로 확장되고, 정육면체가 초입방체의 슐레겔 사영으로 확장된다(그림 15.13). 하지만 그다음에는…… 음……. 그 애니메이션은 더 높은 차원의 그림을 약간 엉터리로 보여 주지만, 그래도 무척 멋지다.

■ 그와 비슷하게 멋진 루핑이 다음 작품들에서도 일어난다. 〈묘지 소동*Graveyard Disturbance*〉(1987), 〈플레전트빌*Pleasantville*〉(1998), 〈어벤저스*The Avengers*〉(1998), 〈매트릭스 3*Matrix Revolutions*〉(2003), 〈퓨처라마〉 '벤더의 게임Bender's Game'(2008).

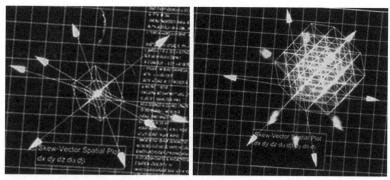

그림 15.13. 고차원 입방체 그림 작도.

△ 차원 이동 구동 장치

〈수퍼노바〉에는 '차원 이동 구동 장치dimension drive'라는 것도 나온다. 그 장치는 우주선이 엄청난 거리를 순식간에 이동할 수 있게 해 준다. 그것이 말이 될까? 된다! 음, 적어도 수학적으로는.

가령 여러분이 2차원적 존재로 구 모양의 세계에 갇혀 있는데 북극에서 남극으로 이동하려 한다고 해 보자. 여러분은 오로지 2차원 세계 안에서만, 즉 구의 표면을 따라서만 이동할 수 있다. 하지만 여러분이 '차원 이동 구동 장치'(특허 출원 중)를 구입했다면, 주변의 3차원 공간을 통과해 상당히 더 짧은 직선 경로로 갈 수도 있을 것이다.[■]

이와 비슷하게, 우리가 사는 3차원 세계가 더 높은 차원의 세계 안에 있다고 상상해 보자. 그렇다면 우리가 고차원 공간을 통과해 이동할 경우

■ 〈더 포스 디멘션〉에서는 조숙한 남학생 잭이 그런 주장을 선생님에게 설명한다. 그는 꽤 잘 설명하지만, 선생님은 전혀 감탄하지 않는 듯하다.

우리 세계 안에서 몇 광년 떨어져 있는 두 점이 실은 겨우 몇 센티미터만 떨어져 있을 수도 있다. 그렇다면 차원 이동 구동 장치를 이용할 경우 초광속 여행이 가능할 것이다.

이와 유사한 방식의 초고속 이동이 〈이벤트 호라이즌Event Horizon〉 (1997)에도 나온다.■ 위어 박사(샘 닐)는 이를 구조대원들에게 다음과 같이 설명한다.

14:30

위어 박사   이벤트 호라이즌호는 초광속 비행이 가능한 우주선을 만들기 위한 정부 비밀 프로젝트의 결실이었어.

스미스   음, 저기요. 그건 불가능하잖아요.

스타크   상대성 법칙 때문에 초광속 여행은 불가능하죠.

위어 박사   상대성, 물론이지. 우리는 상대성 법칙을 거스를 수는 없지. 하지만 그걸 우회할 수는 있어. 그 우주선은 정말 빛보다 빨리 가진 않아. 하지만 차원 간 통로를 만들어서 우주의 한 점에서 몇 광년이나 떨어진 다른 점으로 순식간에 건너뛸 수 있지.

스타크   어떻게요?

위어 박사   음, 그게 설명하기가 좀…… 다 수학적인 거라서 말이야.

밀러   한번 들어나 볼게요.

위어 박사   좋아. 음, 쉬운 말로 하자면, 우선 고정 자기장을 이용해 중력 빔을 초점에 모으지. 그러면 결과적으로 바일 텐서 역학Weil tensor dynamics▼에 따라 시공

■ 〈데자뷰Déjà Vu〉(2006)에도 비슷한 설명이 나온다.
▼ 일반 상대론에서 시공간의 곡률을 설명하는 하나의 수단인 바일 텐서를 이용하면 시공간의 곡률 때문에 생기는 물체 모양의 뒤틀림을 설명할 수 있다.

그림 15.14. 종이를 접으면 어떤 두 점이든 일치시킬 수 있다.

간이 구부러지는데, 그러다 시공간 곡률이 무한히 커지면 특이점이 생겨. 자, 그 특이점……

밀러　쉬운 말로 하신다면서요.

쿠퍼　쉬운 말이고 뭐고, 나 원, 우리말이긴 해요?

위어 박사　가령 이 종이가…… 시공간이라고 해 보자. 여기 점 A에서 저기 점 B로 가려고 한다고 쳐. [박사는 그 종이에 구멍을 내어 두 점을 표시한다.] 그러면 두 점 사이의 최단 거리는 어떻게 될까?

저스틴　직선이요.

위어 박사　아니야. 두 점 사이의 최단 거리는 0이야. 바로 그게 차원 간 통로가 하는 일이지. 차원 간 통로는 공간을 접어서 점 A와 점 B가 같은 시간 및 공간에 공존하게 해. [박사는 종이를 접어서 종이의 두 구멍이 겹쳐지게 한다(그림 15.14).] 우주선이 차원 간 통로를 지나고 나면 공간은 정상 상태로 돌아오지. [박사는 연필을 두 구멍에 통과시키고 종이를 펼친다.]

차원 이동 구동 장치를 이용하면 우주선이 우주의 한 점에서 사라져서 다른 점에 다시 나타나게 할 수 있을 것이다. 번거로운 장시간 이동을 피하는 데 분명 유용한 방법이다. 사실 고차원이라는 개념을 이용하면 수많은 기적들, 이를테면 물체를 사라지게 하거나 막힌 고리 사슬에서 고리를 빼내는 일을 쉽게 설명할 수 있다(적어도 영화 속 세계에서는). 예컨대 〈큐브 2〉에서 레이저 스피어도 바로 그런 식으로 출현한다. 제리에게는 일어나지 않는 편이 나았을 기적이지만 말이다.

△ 교점

〈슈리커Shrieker〉(1998)에는 어떤 괴물들이 나오는데, 그것들은 더 높은 차원의 생명체와 우리 3차원 세계의 교점으로 밝혀진다. 주인공은 고차원에 관심이 많은 수학과 대학생 클라크다.

0:38

잭　　　뭐 공부하고 있어?

클라크　이거? 음, 다차원 지형학이라는 거야.

잭　　　제발 그만…….

　잭은 이미 이해하지 못하고 있거나 지루해 하고 있다. 아니면 둘 다거나. (어쩌면 클라크가 자기가 공부하고 있는 것을 '위상기하학topology'이라고 하지 않고 '지형학topography'이라고 해서 잭을 혼란스럽게 했는지도 모른다.) 안타까운 노릇이다. 클라크는 4차원 물체와 우리 3차원 세계의 교점에 대해 기꺼이 설명해 주려

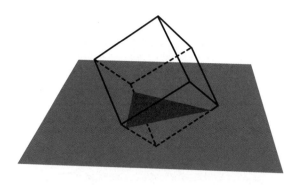

그림 15.15. 정육면체가 꼭짓점부터 평면을 통과하고 있다.

던 참이었기 때문이다. 잭이 그것에 대해 알아 두었다면, 나중에 괴물의 공격을 받았을 때 훨씬 더 잘 대처할 수 있었을 것이다.

가령 여러분의 친구가 2차원적 존재로 평면에서 살고 있다고 해 보자. 그리고 여러분은 친구에게 정육면체가 무엇인지 알려 주려고 한다고 치자. 여러분은 정육면체를 그 평면에 통과시키면서 한 번에 한 단면씩 보여 줄 수 있을 것이다. 그림 15.15를 보라.

정육면체를 꼭짓점부터 아래쪽으로 내린다고 해 보자. 그 꼭짓점이 처음에 평면에 닿으면 점 하나가 보일 것이다. 그리고 그다음에는 정삼각형이 점점 커질 것이다. 삼각형이 어느 정도 커지면 꼭짓점들이 잘려 나가다가, 평면이 완벽한 정육각형을 품고 있는 상태에 이를 것이다. 그다음에는 모든 일이 역순으로 되풀이되어 결국은 정육면체가 사라질 것이다(그림 15.16).

이제 초입방체가 꼭짓점부터 우리 3차원 세계를 통과한다고 상상해 보자. 맨 처음에 점 하나가 보이고, 이어서 점점 커지는 사면체가 보일 것이다. 사면체가 어느 정도 커지면 꼭짓점들이 잘려 나가다가, 팔면체가 보이는 상태에 이를 것이다. 그다음에는 모든 일이 역순으로 되풀이되어 결국

그림 15.16. 평면을 통과하는 정육면체의 교점들.

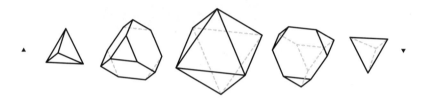

그림 15.17. 꼭짓점부터 우리 세계를 통과하는 초입방체의 교점들.

은 초입방체가 사라질 것이다(그림 15.17).

다시 〈슈리커〉로 돌아가자. 클라크는 어떤 신비로운 기호들에 대한 자신의 해석을 설명한다.

0:39

클라크　있잖아, 네가 적어 놓은 것들을 훑어봤는데 말이야, 너 완전히 잘못 생각하고 있는 것 같아.

로버트　음, 적어도 진전은 있었는데. 어째서 내가 잘못 생각한다는 거지?

클라크　너는 이 기호들을 마치 수학 용어처럼 다루고 있지만, 이건 그런 게 아니야.

로버트　그럼 뭐야?

클라크   단면이야. 봐, 짝수 기호들은 3차원 형태의 2차원 단면이야. 홀수 기호들은 단면의 각도…….

로버트   내 생각은 이래. 더 높은 차원의 세계가 존재하고, 뭔가가 거기서 살고 있어. 그 고차원 세계와 우리 세계 사이에는 취약한 지점이 더러 생기는데, 그 생물들은 그곳을 통과할 수 있는 거지. 그리고 때로는 그런 통과가 자연히 일어나는 것 같아. 자주는 아니겠지만 전에도 그런 적이 좀 있었을 거야.

클라크   번개처럼?

로버트   응.

이 작품은 공포 영화다. 어쨌든 클라크와 로버트는 이제 자기들이 어떤 종류의 괴물을 상대하고 있는지 감을 잡았다. 나중에 클라크는 데이비드(공포 영화 총알받이)에게 한 괴물이 자기들을 어떻게 덮쳤는지 설명해 준다.

0:53

클라크   그건 3차원 단면이야. 그러니까 한 지점에서 다음 지점으로 바로바로 이동할 수 있는 거지. 벽을 통과할 수도 있고.

데이비드   대단한데!

클라크의 설명은 정말 말이 된다. 이 개념을 좀 더 단순한 맥락에서 살펴보기 위해 가령 촉수가 있는 2차원 괴물이 1차원 세계를 통과한다고 상상해 보자. 그림 15.18에 나타나 있듯이 괴물의 촉수는 1차원 세계의 다른

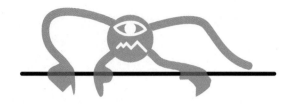

그림 15.18. 2차원 괴물은 1차원 세계의 여러 곳에 동시에 있을 수 있다.

지점들을 동시에 통과할 수 있다. 아마 클라크의 4차원 괴물도 같은 짓을 하고 있을 것이다.■

에드윈 애벗의 고전적인 소설 《이상한 나라의 사각형*Flatland*》(1884)을 읽어 본 사람들은 단면으로 고차원을 시각화하는 접근법을 즉시 알아볼 것이다.[42] 애벗의 이야기에서는 3차원 구가 2차원 세계를 통과해 방문한다. 그러는 동안에 2차원 세계에서는 정사각형이 구의 여러 단면을 목격한다. 처음에는 난데없이 웬 점 하나가 나타난다. 그 점은 이어서 원이 되는데, 이 원은 처음에는 커지다가 얼마 후에는 도로 줄어들어 점이 된다.

우리는 애벗의 소설에 기초한 영화를 네 편 알고 있는데, 그중 가장 좋아하는 작품은 애니메이션 〈플랫랜드: 더 무비*Flatland: The Movie*〉(2007)다. 또 다른 매력적인 작품으로 수학자이자 감독인 미켈레 에메르가 만든 점토 애니메이션 〈플랫랜디아*Flatlandia*〉(1982)도 있다.[43]

■ 영화 〈4차원의 사나이*4D Man*〉(1959)에서 4차원의 사나이도 비슷한 짓을 하는 듯하지만 그에 대한 설명은 전혀 나오지 않는다. 그보다 분명하게 〈빅뱅 이론*Big Bang Theory*〉의 '바지 얼터너티브The Pants Alternative'(2010)에서 셸던은 4차원 세계에서라면 바지를 머리 위로 벗을 수 있다고 정확히 설명한다. 유감스럽게도 그는 그런 다음에 일반적인 3차원 세계에서 그걸 시도한다.

△ 초구

〈사랑의 상대성*Insignificance*〉(1985)에서 마릴린 먼로는 알베르트 아인슈타인을 찾아가서 상대성 이론을 논한다. 남편인 야구 선수 조 디마지오는 둥근 것들을 좋아하는데, 그 논의에 불쑥 끼어든다. 그는 최악의 상황이 아닐까 의심하는데…….

●●●

56:18

마릴린   우주는 어떤 모양을 하고 있죠?

아인슈타인   그건 중요하지 않아. 그것 말고도 논의할 만한 게 좀 있잖아.

디마지오   빌어먹을, 그 젠장맞을 우주가 어떤 모양인지 우리 마누라한테 말해 주쇼! 집에 좀 데려가게. 어서 말해 주쇼!

마릴린   말씀해 주세요.

디마지오   말해 주쇼!

아인슈타인   음, 우주가 어떤 모양인지 설명하기란 어려워. 그걸 굳이 설명한다면 추상적인 기호로 얘기하게 되겠지만, 그걸 상상하는 방법은 알려 줄 수 있지. 점 하나를 상상해 봐. 아주 작아서 크기가 0인 점을 말이지. 그 점을 1차원 직선으로 늘려. 그리고 그 직선을 빙 돌리면 2차원 원이 생기지. 그다음에 그 원을 뒤집으며 휙 돌리면 3차원 구가 생기지. 그 구를 갖다가 4차원으로 바꾸면 우주의 모양이 나오는데……[그림 15.19].

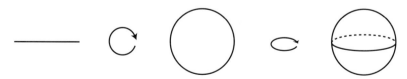

그림 15.19. 저차원 구로 고차원 구 만들기.

아인슈타인 알았다. 어떻게 해야 자네가 그걸 상상할 수 있을지 이제 딱 알았어. 속이 아주 꽉 찬 물체가 있다고 쳐, 속이 아주 꽉 찬 물체. 속이 겉으로 나오도록 그걸 언제까지고 계속 뒤집으면, 바로 그게 우주의 모양이야.

마릴린 와!

디마지오 말 같잖은 소리 마쇼! 내 생각을 말씀드리지. 내가 생각하기에 그건 자연의 다른 모든 것들처럼 둥글게 생겼을 거요. 꽃도 그렇고 달도 그렇고 해도 그렇지. 다 기본적으로 동그라미지. 그렇잖소? 세계도 그렇고. 당신들 천재 두 분께서는 세계를 어떤 모양으로 생각하시는지 모르겠지만, 나와 콜럼버스는 어찌어찌하다 보니 그게 둥글다고 생각하게 됐지. 미국에도 참말로 다행한 일이요. 콜럼버스 아니었으면 우리는 다 인디언일 테니까. 어떻게 생각하쇼?

진짜 알베르트 아인슈타인은 우주가 속이 빈 초구hypersphere, 즉 속이 빈 구에 대응하는 고차원 구라고 믿었다. 영화 속 아인슈타인은 '속이 꽉 찬' 4차원 초구(그것의 표면은 속이 빈 3차원 초구다)를 시각화하는 방법을 이야기해 준다.

영화인들이 이 부분을 제대로 만들진 않았지만, 얼추 맞게 했다는 점에서 우리는 10점 만점에 7점을 주겠다. 그리고 이를 모두 마릴린 먼로에게서 영감을 받아 만들었다는 점에서 가산점도 주겠다.■

아인슈타인이 마릴린에게 두 번째로 시도하는 설명은 그다지 의미가 없다. 하지만 디마지오와 아인슈타인이 선호하는 모양이 차원만 다를 뿐 사실상 같은 것이라는 점은 주목할 만하다.

■ 아인슈타인의 설명대로 하되 선분의 두 끝점으로 시작하기만 하면 속이 빈 초구가 정말 생긴다.

〈사랑의 상대성〉에는 위의 우주 모양 장면보다 훨씬 더 인상적인 장면도 나온다. 실로 경이로운 그 장면에서는 마릴린 먼로가 손전등과 장난감 기차를 이용해 특수 상대성 이론을 아인슈타인에게 설명해 준다. 그렇게 해서 다시 아인슈타인의 4차원 시공간 세계에 대한 얘기로 돌아가는데, 그것은 다른 수학적인 이야기에서……

16장

무한대 너머로!

〈토이 스토리*Toy Story*〉(1995)에서 버즈 라이트이어는 저렇게 외친다. 버즈가 친구 우디를 구하기 위해서라면 우주 끝까지라도 기꺼이 가겠다는 마음을 표현하는 말이다. 그는 아마도 수학적 무한이라는 영역에서는 이만큼 열성적이지 않으리라.

대부분의 영화들은 이런 식이다. 무한이라는 개념은 감정을 매우 자극하는, 우리의 육체적·정신적 왜소함에 대한 강력한 메타포다. 〈토이 스토리〉에서 무한을 언급한 것처럼 거의 모든 영화들이 무한을 우리의 미소함 혹은 우리의 노력과 걱정의 막대함에 대한 불명확한 상징으로서 언급할 만도 하다. 이렇듯 '무한'을 언급하는 목적이 불가해한 규모를 암시하는 데 있으므로 그런 영화들이 제대로 된 지식을 거의 제공하지 않는다는 것은 놀랄 일도 실망할 일도 아니다.

예를 들어 〈브레인 데드*Brain Dead*〉(1990)에서는 유니스라는 악덕 회사가

그림 16.1. 회사 로고로 쓰인 무한대 기호.

수학자 홀시 박사의 뇌에서 비밀을 얻어 내려 한다. 유니스의 로고는 아주 흔한 무한대 기호(그림 16.1)이지만, 여기서 이 기호는 단지 기호에 불과하다.

불명확한 대상을 이런 식으로 불가사의하게 언급하는 것은 재미있으면서 예술적으로도 효과적일 수 있다. 하지만 수학자들은 이해하기 힘든 대상에 맞서며 그것을 정복하려 하는 특이한 버릇이 있다.[44] 무한에 대해서도 마찬가지다. 수학자들은 무한을 수학 밀림 속의 무시무시한 괴물에서 현대 수학의 가장 효과적인 수단으로 탈바꿈시켜 놓았다.

몇몇 영화에서는 수학적인 무한 개념을 다루는데, 보통은 경박하게, 때로는 유쾌하게, 아주 가끔만 제대로 이해하고 재치 있게 다룬다. 여기서 우리 목적은 그런 시도들을 총괄적으로 살펴보는 데 있다. 그러면서 그때 그때 적절하게 웃음과 박수를 보낼 것이다. 영화의 잘잘못을 설명하는 과정에서 우리는 수학자들이 무한에 대해 어떻게 생각하며 그 괴물을 어떻게 길들였는지도 알려 주고자 한다.

◇ 신비주의적 사색

먼저 한 가지 분명히 해 두자. 수학자들은 무한을 명쾌하게 '정의'하는 듯
하긴 하지만(실제로도 여러 가지 방식으로 그러긴 하지만), 그렇다고 해서 이 개념을
완전히 쉽게 생각하는 것은 아니다. 이러한 점은 〈사라고사 매뉴스크립트
The Saragossa Manuscript〉(1965)에서 돈 페드로 벨라스케스가 명확하게 표현
한다.

●●

1:41

돈 페드로　　　　기하학의 원리에 기초하는 어떤 걸 말씀드리죠. 무한히 큰 수
를 정의하고 싶으면, 저는 옆으로 누운 8을 적고 그걸 1로 나눕니다. 그리고 무한
소를 표현하고 싶으면, 1을 적고 그걸 옆으로 누운 8로 나눕니다.

　　하지만 그런 기호들을 아무리 봐도 제가 표현하고 싶은 대상, 즉 무한…… 거
대함에 대해 아무것도 알아낼 수 없습니다. 우주에서 무한소는 원자의 가장 작은
부분의 무한한 근원에 해당합니다. 그러니까 저는 무한을 정의하고 있지만 그걸
이해하지 못하고 있는 거죠. 음, 그걸 이해하지 못하면서 정의할 수 있다면 저는 시
에 접근하고 있는 셈인데, 어쩌면 시가 우리 생각보다 이 세상의 실상에 더 가까운
지도 모릅니다.

●●

　　기하학을 언급하는 부분은 좀 이상하지만, 돈 페드로는 두 가지를 바
로 짚었다. 첫째, 단순히 무한대 기호를 적기만 해서 설명되는 것은 아무것
도 없다. 예를 들어 〈뱅크*The Bank*〉(2001)는 수학이 많이 나오는 영화이긴 하
지만, 영화의 말미에 은행의 종말을 나타내는 데 ∞ 기호를 사용한 것(그림

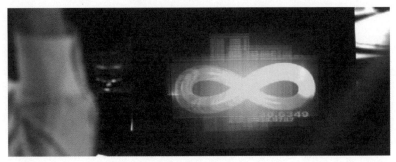

그림 16.2. 〈뱅크〉에서 파멸을 암시하는 무한대 기호.

16.2)은 여러 수학적 요소들 사이에 숨어 있는 메타포에 불과하다. 둘째, 수학자들은 무한을 완전히 이해하지 못함에도 불구하고 이를 정의하고 사용할 수 있는데, 그 과정은 효과적이면서도 시적이다.

◁ 무한대로 향했으나 길을 잃다

돈 페드로는 안전하게 시의 영역에 머무르지만, 영화에서 무한을 좀 더 구체적으로 다루려는 경우에는 대개 상황이 더 혼란스러워진다. 물론 〈브레인 데드〉와 〈뱅크〉에서 무한대 기호가 등장하는 부분에는 별 문제가 없다. 그 기호는 매력적인 그림일 뿐 더 깊은 의미는 없다. 하지만 〈에이리언 헌터*Alien Hunter*〉(2003)에 나오는 다음 대화에 대해서는 그렇게 말할 수 없다. 유감스럽게도 줄리언(제임스 스페이더)이 주인공이다.

케이트   그럴 가능성이 얼마나 낮은지 알잖아.

줄리언   얼마나 낮은데? 확률이 얼마야?

셸리   안 될 확률이 99.999… 야. 9가 무한히 계속되지.

줄리언   그래도 100은 아니네.

△ 무한대에 근접하다

〈에이리언 헌터〉의 위 장면에는 사이비 수학이 어느 정도 들어 있지만, 무한을 제대로 다루려는 의도는 전혀 없다. 무한을 제대로 다루려면, '무한'이 정확히 무엇을 의미하는지 신중하게 생각해 봐야 한다.

〈금지된 세계*Forbidden Planet*〉(1956)에는 수학적 무한에 대한 가장 단순한 접근법, 즉 '무한 과정'이라는 개념이 나온다. 어느 시점에 모비우스 박사는 오스트로 중령과 애덤스 사령관에게 크렐인이라는 외계인들이 만들수 있었던 에너지의 양에 대해 설명해 준다(그림 16.3).

모비우스   여기 주위를 빙 둘러싸고 있는 측정기들을 좀 봐 주시겠습니까? 그 눈금을 보면 측정기들의 발전량을 등비수열로 설정해 둔 것 같습니다. 각 부분에 바로 앞의 것보다 정확히 10배로 더 높은 전류 세기가 암페어 단위로 나타나 있죠. 10 곱하기 10 곱하기 10 곱하기 10 등등으로 줄줄이 측정기를 따라 계속됩니다.

그림 16.3. 〈금지된 세계〉의 모비우스 박사.

하지만 직접적인 배선은 발견하지 못했어요. 그런데 이 기계를 작동시키면 눈금이 극히 미미하게 올라갑니다. 저기 왼쪽 아래 구석에 보이죠. 그리고 여기 육성기도 작동시키면 눈금이 조금 더 올라갑니다.

오스트로 하지만 무시해도 될 정도의 양이잖아요. 분명히 여기 전체의 잠재력은 그야말로 천문학적일 텐데!

모비우스 그야말로 그렇죠. 10을 거의 말 그대로 무한히 거듭제곱하게 되니까요.

여기서 우리는 무한한 증가라는 개념을 접하게 된다. 측정기마다 10배로 커지는 그 수들은 다음과 같은 수열이 된다.

$$10^1, 10^2, 10^3, \cdots$$

물론 크렐인들의 행성은 분명 '유한'할 테니, 측정기 수치의 수열은 결국 끝날 것이고, '거의 말 그대로' 무한대에 이르게 된다는 모비우스 박사의 발언은 사실상 말이 안 된다. 하지만 그 수치들은 수열이 영원히 계속된다고 우리가 '상상'할 수 있다는 '잠재적 무한' 개념, 즉 무한한 증가라는 개념을 알려 준다.■ 그런 개념은 자연수의 증가에 필적하는데, 우리가 자연수가 무한히 많이 있다고 말하는 의미와 '정확히' 일치한다.■■

◇ 무한소를 향해: 낭만적인 제논의 역설

과정으로서의 그런 무한 개념은 무한소에 대해서도 정확히 같은 방식으로 생각할 수 있다. 이에 대한 낭만적인 관점을 보기 위해 우리는 〈아이큐〉로 눈을 돌린다. 이 영화에서는 캐서린(맥 라이언)이 제논의 역설 중 하나를 에드(팀 로빈스)에게 설명해 준다(그림 16.4).

▪▪

0:49

캐서린　　당신은 거기서 여기까지 올 수 없어요. 항상 남은 거리의 절반을 와야 하니까요[그림 16.4]. 제가 당신한테 가는 것도 마찬가지예요. 저는 남은 거리의 절반을 가야 하죠. 하지만 보시다시피 그 나머지 거리의 절반이 아직 남아 있죠…… 그래서 저는 그 절반을 가요…… 하지만 아직도 그 나머지의 절반이 남아 있죠. 그래서 또 그 절반을 가고…… 또 그 절반, 또 그 절반, 또 그 절반. 하지만

■　수학적으로 우리는 측정기 수치들이 1, 2, 3, …의 수열로 증가해도 그것을 마찬가지로 잠재적 무한으로 인정할 것이다. 물론 그렇게 비교적 더딘 증가는 무한하다는 심리적 느낌을 훨씬 덜 불러일으킨다.
■■　무한히 많은 소수에 관한 비슷한 논의가 〈로즈 앤드 그레고리〉에도 나온다. 11장을 보라.

그림 16.4. 또 그 절반······.

무한히 많은 절반들이 남아 있으니까, 저는 영영 거기까지 못 가요.

그때 에드는 캐서린이 그럼에도 불구하고 자신에게 이미 와 있음을 알아차린다. 그리고 둘은 엄연히 함께 춤을 춘다.

◇ 무한대로: 아직도 멀었어?

하지만 '실제로' 거기 도달하는 일은 어떤가? 앞서 살펴본 장면들에 나오는 개념은 어떤 수 하나의 크기가 무한하다는 것이 아니라 과정에 대한 것, 즉 무한히 커질(혹은 작아질) 가능성에 대한 것이다. 하지만 실제로 거기 도달하려면?

이것은 '실제적 무한'이라는 개념, 즉 그 과정 전체를 어떻게든 담아내는 개념이다. 캐서린의 경우에는 매력적인 에드에게 원하는 만큼 가까이다가가는 데서 그치지 않고 에드와 정확히 같은 곳에 함께 있는 상태에 해당할 것이다. 모비우스 박사의 경우에는 어떻게든 ∞를 수로서, 그 자체로 존재 가능한 규모로서 다뤄야 할 것이다.

수학자들은 실제로 ∞를 수로 다루며 그것으로 (조심스럽게!) 산술을 수행하기도 하지만, 수학계 밖에서는 그 개념이 널리 제대로 알려져 있지 않다.■ 그럼에도 불구하고 〈엑설런트 어드벤처 2*Bill & Ted's Bogus Journey*〉(1991)에서는 수로서의 ∞ 개념을 짤막하고 익살맞게 그러나 정확하게 언급한다. 빌과 테드는 어쩌다 보니 지옥으로 가서 오츠 대령과 맞닥뜨리는데, 대령은 그들에게 팔굽혀펴기를 시킨다.

0:39

오츠   엎드려뻗쳐, 팔굽혀펴기…… 무한개 실시!

빌   테드, 난 죽었다 깨도 팔굽혀펴기를 무한개는 못해.

테드   여자들처럼 하게 해 주면 또 모를까.

◇ 정말 큰 그물로 고기 잡기

자연수의 무한성에 관한 대안적 해석 중 하나는 그냥 자연수를 모두 모아

■ 간단한 예로, ∞ + ∞ = ∞와 ∞ + 0 = ∞가 되어야 하는 것은 명백하다. 문제는 ∞ − ∞와 같은 양을 정의하려 할 때 발생하는데, 그런 이유로 우리는 그런 양을 그냥 정의하지 않는다. 그런 선별적 접근법은 드물지 않게 쓰인다. 이를테면 0이 진짜 수이긴 하지만, 우리는 보통 $\frac{0}{0}$을 정의하려고 시도하진 않는다.

서 그것들을 함께 한 무리로, 즉 수학자들이 말하는 '집합'으로 간주하는 것이다. 이것은 아마 ∞를 수로 보는 개념보다 사람들에게 더 친숙한 개념이겠지만, 무한 집합의 수학은 곧 역설적인 양상을 띤다. 그런 점은 물리학자 리처드 파인만의 전기 영화 〈인피니티*Infinity*〉(1996)에서 아주 멋지게 소개된다. 한 장면에서 파인만은 무한대 개념을 이용해 헨리라는 아이의 상상력을 사로잡는다.

1:47

파인만   헨리야. 모든 수보다 두 배로 많은 수들이 있다는 거 알고 있니?

헨리   에이, 말도 안 돼요!

파인만   정말이야. 보여 줄게. 수를 하나 말해 봐.

헨리   100만.

파인만   200만.

헨리   27.

파인만   54. 이제 네가 해 봐. 6.

헨리   12!

파인만   600만.

헨리   1,200만!

파인만   좀 이해가 가?

파인만은 자연수 간의 특정 '대응,' 즉 각 자연수를 그 2배수와 관련짓는 대응에 대해 이야기하고 있다.

거기서 우리는 무엇을 알 수 있을까? 가장 간단하게는 파인만이 이어

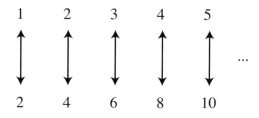

그림 16.5. 모든 자연수만큼 많은 짝수가 있다.

서 이야기하듯 그런 대응은 언제나 어떤 수보다 그 2배수가 클 것이므로 가장 큰 수란 존재하지 않는다는 점을 보여 준다.▪ 하지만 파인만이 처음에 한 말을 보면, 우리는 훨씬 더 흥미로운 점도 알아낼 수 있을 듯하다. 즉 모든 수보다 두 배로 많은 수들이 있다는 것이다. 우리는 이를 어떻게 이해할 수 있을까?

파인만의 대응은 '정확히 모든 자연수만큼 많은 짝수가 있다'는 점을 명백하게 한다. 그림 16.5의 짝들을 보면, 둘째 행의 구성 요소 개수가 첫째 행의 구성 요소 개수와 똑같음을 알 수 있다. 이것만 해도 이미 이상하지만,▪▪ 우리는 좀 더 나아갈 수 있다.

우리는 정확히 모든 자연수만큼 많은 '홀수'가 있다는 점도 마찬가지로 쉽게 알아낼 수 있다(1 ↔ 1, 2 ↔ 3, 3 ↔ 5 등등의 짝짓기로). 그렇다면 자연수

▪   애니메이션 〈팬텀 툴부스*The Phantom Tollbooth*〉(1970)에서도 무한대를 비슷한 방식으로 생각한다. 마일로가 디지토폴리스를 방문할 때, 그곳을 지배하는 수학 마법사는 1을 거듭 더해서 마일로에게 수의 무한성을 납득시킨다. 그러기 전에 이 수학 마법사는 일종의 제논의 역설을 노래하면서 마일로에게 골칫거리는 사라질 때까지 계속 2로 나눠 보라고 일러 준다!
▪▪   다시 말해 우리는 한 무한 집합이 그것의 부분 집합과 크기가 같을 수 있음을 입증한 것이다. 사실 이것은 무한 집합의 기묘함에 대한 훨씬 더 일반적인 개론이다. 파인만이 말한 '모든 수보다 두 배로 많은 수들이 있다'는 점은 보통 그런 개론에 덧붙어 나온다.

집합은 짝수 집합과 홀수 집합을 합친 것과 정확히 일치하므로, 파인만이 장담했듯이 모든 수보다 두 배로 많은 수들이 있다는 결론이 나온다.

이것이 말이 될까? 놀랍겠지만 말이 된다. 우리는 무한 집합의 수학이 불가피하게 역설적인 분위기를 띠며 좀 다른 방식으로 돌아간다는 점을 그냥 받아들여야 한다. 우리는 〈로즈 앤드 그레고리〉에서 이미 그런 점을 접한 적이 있다. 수학자 그레고리 라킨이 학생과 맞서며 다음과 같이 말할 때다.

1:45

그레고리　무한 집합에서 무한개의 원소를 제거해도 여전히 무한개의 원소가 남아 있을 수 있다는 점을 모르겠니?

그레고리는 소수에 대해 말하고 있지만, 우리의 맥락에서 보자면 일례는 무한히 많은 짝수를 제거해도 무한히 많은 홀수가 남는다는 이야기가 될 것이다.■ 유감스럽게도 〈인피니티〉에서 파인만은 훨씬 단순하고 논란의 여지가 적은 소견을 말함으로써 꽁무니를 빼고, 영영 처음의 어려운 문제로 돌아가지 않는다.

무한한 대응의 흥미로운 수학은 한 세기 전에 수학자 다비드 힐베르트▼

■　그런 집합의 크기를 생각해 보면 $\infty - \infty = \infty$라는 수치 관계식을 추측해 볼 수 있는데, 그 식은 '자연스러운' $\infty - \infty = 0$과 대조된다. 이는 앞서 언급한 ∞ 산술의 근본적인 위험을 보여 준다. ∞ 빼기 ∞는 여러 가지 다른 의미를 띨 수 있다. 그렇듯 $\infty - \infty$의 의미가 하나만 있지 않기 때문에, 우리에게는 그것을 정의하지 않고 놔 두는 것보다 나은 선택지가 없다.

▼　독일의 수학자 다비드 힐베르트(1862~1943)는 현대 수학의 아버지로 불린다. 1900년 프랑스 파리에서 열린 세계 수학자 대회에서 20세기에 풀어야 할 가장 중요한 23가지 문제를 제시했다.

가 재치 있게 설명한 바 있다. 힐베르트는 방도 무한히 많고 투숙객도 무한히 많은 호텔을 상상했다. 그리고 새 투숙객들이 호텔에 도착했을 때 기존 투숙객들을 이리저리 옮겨 새 투숙객을 숙박시키는 상황을 상상함으로써 다양한 수학적 대응에 대해 숙고했다. 무한대에 대한 힐베르트의 장난기 섞인 접근법은 근사한 교육 영화 〈호텔 힐베르트*Hotel Hilbert*〉(1996)에서 멋지게 구현되었다.

◇ 무한대가 제 몫을 하다

무한대는 아름다운 개념일 뿐 아니라, 현대 수학에서 실제로 쓰이는 수단이기도 하다. 그런 점을 어느 정도 보여 주는 영화들도 있는데, 우리는 먼저 우스꽝스러운 예부터 살펴볼 것이다. 〈라스베이거스 위크엔드*Las Vegas Weekend*〉(1986)에서 '수학 귀재' 퍼시 둘리틀은 새로운 도박 파트너들에게 자신의 이론을 다음과 같이 설명해 준다.

▮▮

0:21

퍼시　있잖아요, 제가 하는 일은 새로운 수학 체계와 관련되어 있어요. 무한대에 대한 수학이죠. 그 무한대라는 영역에서는 시간과 공간이 정지해요. 사실 거기서 그 둘은 정지해 있다기보다는 하나로 합쳐져서 시공간이 됩니다. …… 그래서 저는 저기 무작위적 공간인 무한대에서 무슨 일이 일어나는지 계산하죠. 좀 우습지만, 그 일은 도박에 대해, 다음에 어떤 카드가 나올지에 대해 예측하는 일과 아주 비슷해요. 어쨌든 무작위적 사건이라는 같은 현상이니까요.

▮▮

이것은 컴퓨터광 퍼시의 박사 과정 지도 교수가 적절히 요약하듯 '도저히 이해할 수 없는 말'이지만, 도박에 대한 코미디 영화에 잘 어울리는 대사이긴 하다. 수학에 대해 아주 성공적이진 않더라도 더 진지한 접근법을 취한 영화로 〈뫼비우스*Moebius*〉(1996)라는 작품이 있다. 지하철 열차가 어찌된 일인지 철도망에서 흔적도 없이 사라진다. 대니얼 프랫은 그 사건의 조사를 의뢰받은 수학자다.

▪▪

0:49

대니얼   확실하진 않지만, 전체 지하철망이 하도 높은 수준에서 통합되어 버려서, 그걸 어떻게 계산해야 할지도 모르겠습니다. 지하철망이 무한해진 것 같아요. 제 생각이 맞는다면, 지하철망이 뫼비우스의 띠처럼 작용하고 있다고 결론지을 수 있습니다.

▪▪

〈뫼비우스〉에는 지하철망의 새로운 무한성에 대한 위와 같은 언급이 많이 나온다. 그러나 이 영화의 공상적 세계를 받아들이더라도, 또 뫼비우스의 띠 같은 구조 때문에 지하철망의 연결이 엉망이 되었을지도 모른다는 생각이 터무니없음에도 불구하고 재미있긴 하지만, 무한대에 대한 이야기는 전혀 말이 안 된다.

뫼비우스의 띠는 한 면만 있다는 점이 매력적인데, 이러한 특이한 속성은 뫼비우스의 띠를 ∞ 모양으로 그림에 따라 강조되는 경우가 많다. 〈브레인 데드〉의 유니스사 로고에서도 그랬고(그림 16.1), 〈뫼비우스〉의 타이틀에서도 그러하다(그림 16.6).▪ 하지만 뫼비우스의 띠에 특별히 '무한한' 속

그림 16.6. 〈뫼비우스〉의 타이틀에 들어가 있는 ∞ 모양의 뫼비우스 띠.

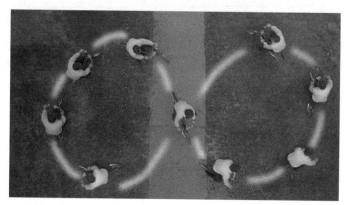

그림 16.7. 〈뷰티풀 마인드〉에서 존 내시가 ∞ 모양을 그리며 자전거를 타고 있다.

성은 없다. 물론 뫼비우스의 띠 위에서는 돌고 돌면서 영원히 이동할 수 있지만, 원이나 원기둥에 대해서도 똑같은 이야기를 할 수 있다.**

심지어 수학을 명시적으로 다룬 영화들도 대체로 무한대의 구체적인 개념과 적용에는 시간을 거의 할애하지 않는다. 예컨대 〈뷰티풀 마인드〉에

■　그렇게 뫼비우스의 띠를 무한대와 관련짓도록 부추기는 원인 가운데 하나는 종이로 뫼비우스의 띠를 만들면 자연히 ∞ 기호 모양을 띠게 된다는 데 있다. 그런 점은 매력적이긴 하지만 수학적으로 딱히 중요하지 않다.
■ ■　그런 점을 명백히 혼동해서 이야기하는 예를 보고 싶으면 〈플레전트빌〉 DVD에 실린 작가와 감독 해설을 들어보라.

그림 16.8. 〈뱅크〉에 나오는 무한대.

서는 수준 높은 수학을 명쾌하고 어느 정도 재치 있게 다루는데, 그중 상
당 부분에 무한대 개념이 내포되어 있다. 하지만 무한대가 명시적으로 나
오는 부분은 존 내시의 창문 낙서에 포함된 불명확한 무한급수와, 내시의
자전거 경로가 형성하는 무한대 기호 모양(그림 16.7)뿐이다.

　〈뱅크〉에는 그보다 조금 더 나온다(그림 16.8). 수학자 짐 도일은 주식
시장을 지배하기 위해 동역학계dynamical system를 이용하면서, 자기가 무엇
을 해내야 하는지 밝힌다.

0:10

짐　　이 수학으로 우리는 거의 모든 것을 예측할 수 있죠. 우리가 이걸 예측할
수 있으면[짐이 ∞를 적는다], 주식 시장을 예측하기는 쉬워질 겁니다.

〈에이리언 지구 위기*Battle of the Worlds*〉(1961)에 나오는 벤슨 교수의 경우
도 그와 비슷하다. 그는 달과 비슷한 천체 '아웃사이더'가 지구로 곧장 오
고 있다는 것을 자기가 어떻게 알아챘는지 설명한다.

0:10

벤슨 교수　　　자네와 나머지 사람들은 뭐든지 보고 들은 후에야 알지. 나는 당
신네 모두보다 유리한 점이 딱 하나 있어. 미적분이지. …… 아, 그러니까 당신네
들은 동이 트기 직전까지는 그걸 몰랐군. 당신들 중에 두 외행성의 위치가 바뀐
걸 알아챈 사람이 한 명이라도 있었나? …… 무한소! 바로 그것만이 아웃사이더
가 올 것이라고 예고해 주었지.

◁ 매력적인 패턴, 매력적인 파이

벤슨 교수는 미적분의 힘을 통해 무한 개념의 힘을 단언한다. 하지만 위의
장면들에 대해 말하자면, 그는 그런 힘을 주장하면서 세부 사항을 전혀 설
명해 주지 않고 있다. 이는 전혀 놀랄 일이 아니다. 수준 높은 수학의 아름
다움과 매력은 전달하기가 결코 쉽지 않으며, 영화 관람객들은 대부분 그
런 소재를 받아들일 준비가 되어 있지 않기 때문이다. 그러므로 수학적인
욕심이 많은 영화 감독이라고 해도 비교적 사람들에게 친숙하고 이해하기
쉬우며 눈길을 끄는 소재를 이용하는 편이 나을 것이다.

　　우리가 4장에서 살펴본 〈파이〉는 바로 그런 영화 중 하나다. 그 영화
에서는 수학적인 개념들, 특히 무한대 개념을 깊고 진지하게 다룬다. 이러

그림 16.9. $\frac{73}{22} = 3.31818\cdots$

한 점은 맨 첫 장면에서부터 분명히 드러난다. 그 장면에서는 수학자 맥스 코언이 $\frac{73}{22}$을 계산해 그 소수 전개를 리드미컬하게 암송하면서 계단통을 내려가고 화면에서 사라진다. 맥스의 목소리가 점점 작아지는 가운데 그가 내려가는 영상은 $\frac{73}{22}$의 무한 소수 전개를 생생하게 묘사해 준다.

물론 $\frac{73}{22}$의 그런 표현이 무한하긴 하지만, 그 분수 자체는 무한한 존재 가 아니다. 그러나 이 영화의 중심에 있는 무리수 π에 대해서는 그렇게 말 할 수 없다. 오프닝 타이틀은 π가 그 소수 전개의 앞부분 위에 겹쳐지는 모 습을 보여 준다.▪

이는 무한 과정의 표현과 점에 대한 흥미로운 문제를 제기한다. 우리는 $\frac{73}{22} = 3.31818\cdots$ 이라고 적을 때 그 점들이 정확히 무엇을 의미하는지 알고 있다. '18'이 영원히 계속 되풀이된다는 것이다. 하지만 $\pi = 3.141592\cdots$이 라고 적을 때는 '어떻게 적는 것이 맞는지' 외에 이 점들이 무엇을 의미하 는지, 그다음에 어떤 수가 오는지가 전혀 분명하지 않다. 영화의 중심에 자 리하는 것은 바로 그런 수수께끼, 즉 π의 무한 소수 전개에 나타나 있는 무

▪　애석하게도 그 소수 전개는 거의 전부가 부정확하다. 자세한 이야기는 4장을 보라. 〈붉은 행성 화성〉도 보라. 이 영화에서는 π의 근본적인 무한성을 이용해 '화성인'과의 교신을 시도한다.

그림 16.10. $\pi = 3.14159265\cdots$

패턴성이다. 맥스는 그렇게 무작위적인 듯한 소수 전개에서 패턴을 찾아내려고 애쓴다.

물론 π를 좀 더 자연스럽게 보는 방법도 있다. 한 장면에서 우리는 맥스가 노교수 솔에 대해 하는 생각을 듣게 된다. 맥스는 π의 기하학적 단순성과 그 소수 전개의 복잡성, 신비성을 대비시킨다.

0:12

맥스　원은 단순하게 보이지만, 3.14⋯ 무한하게 끝없이 이어지는 숫자들은 미치도록 복잡하게 보인다.

맥스는 마음속으로 그런 말을 하면서 π의 소수 전개와 더불어, 유명한

그림 16.11. 원은 일련의 정다각형들의 극한으로 볼 수 있다.

원 면적·둘레 공식을 적는다(그림 16.10). 우리가 굳이 π에 신경을 쓰는 것은 바로 그렇게 자연스러운 기하학적 개념 때문이다. 거기에는 맥스를 미치게 할 가능성이 훨씬 적은 단순성과 아름다움이 깃들어 있다. 정말로 π의 무한성이 완전히 사라져 버린 듯하다.

　하지만 안목이 있는 사람들은 기하학적 단순성이라는 망토 아래에서 밖으로 살짝 삐져나온 무한성을 여전히 알아챌 수 있을 것이다. 문제는 이것이다. 원의 면적(혹은 둘레)을 어떻게 '정의'할 것인가? 우리가 직사각형의 넓이로 단언하는 '가로 곱하기 세로'처럼 단순한 것은 절대 통하지 않을 듯싶다. 하지만 결국 면적이란 사실상 점점 더 복잡해지는 조건에서 사용되는 '가로 곱하기 세로'가 될 수밖에 없다. 그렇게 생각하다 보면, 원이란 그 자체로 완결된 무한대라는, 즉 변이 무한히 많은 다각형이라는 생각에 이를 수밖에 없다(그림 16.11).

　고로 π에서 무한성이 다시 나타난다. 소수 전개보다 훨씬 더 아름답고 자연스러운 형태로 나타나긴 하지만.▪

▪　수식에 대해 생각하더라도 π의 소수 전개보다 훨씬 더 명쾌한 표현법들이 있다. 예를 들면 다음은 π를 무한곱으로 나타낸 것이다(17세기 수학자 존 월리스John Wallis가 발견했다).

$$\pi = 2 \cdot \frac{2}{1} \cdot \frac{2}{3} \cdot \frac{4}{3} \cdot \frac{4}{5} \cdot \frac{6}{5} \cdot \frac{6}{7} \cdots$$

◇ 황금비의 무한성

〈파이〉에서 무한대가 마지막으로 한 번 더 멋지게 등장하는 것은 맥스가 '황금 사각형'을 그리며 설명할 때다. 맥스가 보여 주듯이 황금 사각형은 거기서 정사각형을 제거해도 같은 비율의 직사각형이 남는 직사각형이다. 그런 작도와 관련해서 눈에 띄게 '무한한' 점은 없지만, 맥스는 그런 '정사각형 제거하기' 과정을 몇 번이고 되풀이해서 무한히 많은 일련의 축소 황금 사각형들을 만들 수 있다고 말한다(그림 16.12).

하지만 그런 가능성은 황금 사각형에만 국한된 것이 결코 아니다. 이를테면 〈수학 마법 나라의 도널드〉에는 무한히 많은 아름다운 일련의 축소 정오각형 및 펜타그램들이 나온다(그림 16.13).

두 경우 모두 그냥 그 아름다운 다이어그램들을 보며 감탄하는 선에서 그칠 수도 있다. 하지만 우리는 좀 더 나아가 진짜 무한한 논거들을 이용해, 황금 사각형이 진짜 무한한 존재라는 결론을 이끌어 낼 수 있다.

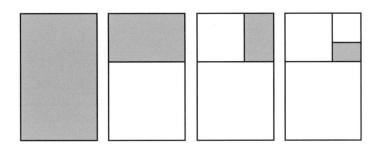

그림 16.12. 황금 사각형을 점점 더 작게 작도하기.

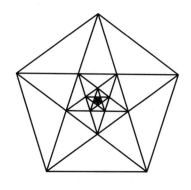

그림 16.13. 일련의 축소 오각형 및 펜타그램들.

△ 황금비의 무한성에 대한 논거

'황금비' φ는 황금 사각형의 세로 나누기 가로로 정의된다. 그것은 정말 황금처럼 독특한 비율이지만 그게 다가 아니다. 황금비는 무리수다. 다시 말해, φ가 비율로 정의되어 있긴 하지만 우리는 $\varphi = \dfrac{A}{B}$ 와 같이 분수로, 즉 두 자연수 A와 B의 비율로 적을 수 없다.

어떻게 해야 이를 확인할 수 있을까? φ가 분수라고 가정해 보자. 그렇다면 변의 길이 A와 B가 자연수인 황금 사각형이 존재할 것이다(그림 16.14).

하지만 그렇다면 그다음의 황금 사각형도 변의 길이가 자연수일 것이다(B와 A−B). 그리고 그다음도, 그다음도, 그다음도 마찬가지일 것이다. 그러므로 점점 더 작아지는 일련의 자연수들이 무수히 많이 존재하게 될 텐데, 그것은 불가능하다!

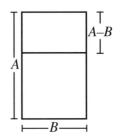

그림 16.14. A, B, A − B가 모두 자연수라고 해 보자. 단 A〉B〉A − B.

△ 시적인 요약

끝으로 다시 〈사라고사 매뉴스크립트〉로 돌아가자. 거기서 알폰세 반 워덴은 돈 페드로가 수학적인 비유법을 썼다고 비난한다. 돈 페드로는 그에 응수하며, 무한과 관련된 수학의 힘에 대해, 나아가 일반적인 수학의 힘에 대해 간결하게 설명한다.

2:29

돈 페드로   무한히 나눌 수 있는 몫과 같은 것이죠.

반 워덴   나는 경비대 대장이요. 철학자가 아니라. 당신의 수학은 죽어 있는 숫자들에 지나지 않소.

돈 페드로   나리, 이 0, 더하기 빼기 1은 뉴턴과 아르키메데스에게 신과 대적할 만한 힘을 주었답니다.

17장

도전! 수학 퀴즈

〈안토니아스 라인〉에 나오는 테레즈는 수학 천재다. 한 장면에서 테레즈는 어린 소녀임에도 조숙한 면모를 보여 준다.

안토니아	언제부터 덧셈을 할 줄 알았니?
테레즈	세 살 때부터요.
안토니아	147 곱하기 48은?
테레즈	7,056이죠 뭐…… 제곱근은 84. 제곱은 49,787,136.
안토니아	[테레즈의 부모에게] 유감스럽지만 따님은 정상이 아닌 것 같아요.
테레즈	저는 신동이에요.

이 장에는 영화의 등장 인물들이 수학 퀴즈 프로그램 등에서 풀어야 했던 문제들을 모아 두었다. 한 편 전체가 퍼즐로 가득한 영화를 살펴보려면 7장도 보라. 테레즈 같은 신동이 아닌 사람들을 위해 우리는 해답과 힌트도 어느 정도 알려 준다.

△ 여러 신동과 한 신견을 위한 문제

먼저 신동에 대한 영화 〈꼬마 천재 테이트*Little Man Tate*〉(1991)에 나오는 문제부터 살펴보자. 수학적인 주연은 꼬마 프레드 테이트와 수학 도사 데이먼이다. 처음의 몇 문항은 둘 다 참가하는 수학 퀴즈 프로그램에 나오는 문제들이다.

문제 1　　48년에는 몇 분이 있는가?
답(데이먼)　　25,228,800분······ 151,368,000초.

데이먼은 1년에 365일이 있다고 가정하고 있는 듯한데, 그것은 약간의 오차가 있는 근삿값이다. 그렇다 해도 초의 수치는 1,513,728,000이 되어야 하지만, 아무도 이를 알아채지 못하는 듯하다.

문제 2　　3,067은 인수가 몇 개 있는가?
답(또 데이먼)　　에이, 왜들 이러세요. 3,067은 인수가 없죠. 소수니까요. 좀 문제 같은 문제를 내 보세요!

문제 3   다음은 어떤 수인지 맞춰 보라. 자릿수들의 곱으로 나누면 몫이 3이고, 18을 더하면 자릿수들의 순서가 거꾸로 바뀌는 수는?

답(프레드)   24.

우리가 찾는 수가 두 자릿수라고 가정하면, 그것을 10X + Y로 적을 수 있다. 여기서 X와 Y는 0~9의 자연수다. 그러면 위에서 얻은 정보에서 X와 Y의 방정식이 두 개 나오는데, 정수해가 X = 2, Y = 4밖에 없음을 쉽게 증명할 수 있다. 세 자리 이상의 수에 대해서도 해를 찾아볼 수 있다. 좀 더 까다롭긴 하지만, 더 이상 해가 없음을 입증할 수 있다.

문제 4   3,796,466의 세제곱근은?

답(프레드)   156.

또 오류가 있다. 프레드의 답이 정답이 되려면, 퀴즈 프로그램 사회자는 3,796,416의 세제곱근을 물었어야 했다.

다음은 이 영화에서 우리가 가장 좋아하는 문제다.

문제 5(선생님)   1, 2, 3, 4, 5, 6, 7, 8, 9, 10 가운데 2로 나눌 수 있는 수는 몇 개일까? [그림 17.1]

답(프레드)   음, 전부 다요.

마지막으로 수학 퀴즈 프로그램에 나온 문제를 하나 더 보자.

문제 6   다음과 같은 특징이 있는 수는 얼마인가? 그 수의 세제곱을 그 수

그림 17.1. 이 수들 가운데 2로 나눌 수 있는 수는 몇 개일까?

의 제곱 곱하기 5와 더하고, 그 결과 값에서 그 수 곱하기 42 더하기 40을 빼면 아무것도 남지 않는다.

답(프레드)   5.

우리가 찾는 수를 X로 나타내면, 위에서 얻은 정보는 방정식 $X^3 + 5X^2 - (42X + 40) = 0$에 해당할 것이다. 이 방정식의 한 해는 프레드가 말한 답이다. 하지만 이것은 3차 방정식이므로 해가 두 개 더 있을 것이다. 우리는 한 가지 해를 알고 있으므로, $(X - 5)$를 인수로 3차식을 쉽게 분해할 수 있다. 그다음에는 2차 방정식 근의 공식을 이용하면, 프레드가 빼먹은 다음 두 해를 얻을 수 있다. $X = -5 + \sqrt{17}$ 과 $X = -5 - \sqrt{17}$. 아마도 프레드는 정수해를 찾는 데만 신경을 썼을 것이다. 하지만 프레드가 바로 앞 문제로 선생님을 놀렸으니, 우리가 여기서 프레드를 상대로 트집을 잡아야만 공평할 것이다.

다음은 〈퀸카로 살아남는 법*Mean Girls*〉(2004)의 주 학교 대항 수학 경시대회에 나오는 문제들이다.

문제 7　두 수 가운데 큰 수의 2배는 작은 수의 5배보다 3이 더 많고, 큰 수의 4배와 작은 수의 3배의 합은 71이다. 두 수는……?

답　　14와 5.

두 수를 X와 Y라고 하면, 연립 방정식을 쉽게 세워서 풀 수 있을 것이다.

문제 8　자릿수들을 모두 합산하면 12가 되는 세 자리 홀수를 구하라. 각 자릿수들은 모두 다르고, 앞 두 자릿수들의 차와 뒤 두 자릿수들의 차가 같…….

답　　741.

경시대회 진행자는 언급하지 않지만, 147, 345, 543도 답이 된다.

문제 9　다음 식의 극한값을 구하라.

$$\lim_{x \to 0} \frac{\ln(1-x) - \sin x}{1 - \cos^2 x}.$$

답　　극한값이 존재하지 않아요!

이것은 캐디(린제이 로한)의 학교가 우승을 차지하려면 그녀가 꼭 풀어야 하는 문제다. 캐디는 정답을 맞힌다. 하지만 남자 생각 좀 그만하자는 자기 자신에 대한 충고를 제외하면, 그 문제를 어떻게 풀었는지에 대해서는 아무엇도 알려 주지 않는다.

다음은 〈유스티스, 문제를 풀다*Eustice Solves a Problem*〉(2004)에 나오는 멋진 퍼즐 두 문제다.

문제 10   한 걸음에 한 계단 혹은 세 계단씩 오를 경우, 열 계단을 걸어 올라가는 방법은 몇 가지가 있을까?

답   28.

이 문제는 피보나치 수열과 밀접하게 관련되어 있다. 한 번에 한 계단 아니면 세 계단을 올라 N 계단을 걸어 올라가는 방법의 수를 S_N이라고 하면, 우리가 찾는 답은 S_{10}이다. 천천히 생각해 보면, 한 계단이나 두 계단을 걸어 올라가는 방법은 분명히 한 가지밖에 없으므로, $S_1 = 1$, $S_2 = 1$이다. 세 계단을 생각해 보면, 매번 한 계단씩 올라가거나 한 번에 세 계단을 성큼 올라갈 수 있으므로 $S_3 = 2$이다.

네 계단 이상의 N 계단에 대해 생각해 보면, N 계단을 어떤 방법으로 걸어 올라가든 일단은 (N − 1) 계단에 도달하거나 (N − 3) 계단에 도달하게 될 것이다. 거기서 핵심적인 관계식 $S_N = S_{N-1} + S_{N-3}$이 나온다. 그다음에 우리는 열 번째 항까지 수열을 죽 만들어 낼 수 있다. 1, 1, 2, 3, 4, 6, 9, 13, 19, 28. 다음을 주목해 보자. 만약 한 번에 한 계단 혹은 두 계단씩 올라갈 수 있다면, 핵심적인 관계식은 $S_N = S_{N-1} + S_{N-2}$가 될 텐데, 그 식에서는 피보나치 수열이 나올 것이다.

문제 11   한 빵집에 있는 파이 대 케이크의 비율은 2:3이고, 케이크 대 스콘의 비율은 8:1이다. 파이와 케이크 대 스콘의 비율은 어떻게 될까?

답　　　　40:3.

파이, 케이크, 스콘의 개수를 각각 P, C, S라고 하자. 그러면 위에서 얻은 정보는 $\frac{P}{C} = \frac{2}{3}$와 $\frac{C}{S} = \frac{8}{1}$이다. 그러면 $\frac{P}{S} = \frac{16}{3}$이므로 $\frac{P+C}{S} = \frac{8}{1} + \frac{16}{3} = \frac{40}{3}$이 된다.

〈톰과 비브〉는 T. S. 엘리엇과 그의 미친 듯한 아내 비비언에 대한 영화다. 여기에도 기발한 수학 퍼즐 문제가 나온다. 실은 (진짜 미친) 몇몇 사람들이 결정 내리기를, 만약 비비언이 다음 두 번째와 세 번째 퍼즐을 풀지 못하면 그녀를 정신병자로 간주해 정신병원에 집어넣기로 한다.

문제 12　　어느 여자에게 나이를 물어보니, 토요일과 일요일을 계산에 넣지 않으면 서른다섯이라고 했다. 그 여자의 진짜 나이는 몇 살이었을까?

답　　　　49.

그 여자는 전체 날짜의 $\frac{5}{7}$만 계산하고 있으므로, 우리는 그 가짜 나이에 $\frac{7}{5}$을 곱해야 한다.

문제 13　　루퍼트가 친구들을 데리고 오페라를 보러 간다. 루퍼트는 찰스 왼쪽에 붙어 앉고, 대프니는 찰스 오른쪽에 붙어 앉고, 클래리사는 대프니의 왼편 어딘가에 앉는다. 그들이 정확히 어떤 순서로 앉았는지 알아맞힐 수 있겠는가?

답　　　　왼쪽에서 오른쪽으로 그 순서는 클래리사, 루퍼트, 찰스, 대프니다.

문제 14　　10미터 높이의 기름 바른 장대가 있다. 작은 갈색 원숭이 한 마리가 그 장대를 타고 올라가고 싶어 한다. 그 원숭이는 낮에 3미터를 올라가지만 밤이면 2미터를 도로 미끄러져 내려온다. 원숭이가 꼭대기에 도달하려면 며칠이 걸릴까?

답　　　8일.

7일째 되는 날 밤이 지나면 원숭이는 7미터 높이에 있을 것이다. 그러므로 8일째 되는 날 낮에 꼭대기에 도달했다가 그날 밤에 도로 2미터를 미끄러져 내려올 것이다.

무협 영화 〈사조영웅전 3*Brave Archer III*〉(1981)에서는 신비로운 여인 잉에게 문제를 낸다.

문제 15　　어떤 수는 3으로 나누면 2가 남고, 5로 나누면 3이 남고, 7로 나누면 2가 남는다. 이 수는 얼마인가?

답　　　23. 잉은 대답하지 않지만.

23이 답이 된다는 것을 확인한 후에 우리는 그 수에 $3 \times 5 \times 7 = 85$를 더해도 나머지가 바뀌지 않는다는 점을 깨달았다. 그러므로 108도 답이 되고, 나아가 모든 자연수 N에 대해 $23 + 85N$도 답이 된다.

〈빙고*Bingo*〉(1991)는 매우 영리한 개에 대한 이야기다. 한 장면에서 그 개는 주인 처키의 숙제를 도와준다.

문제 16　9의 제곱근은?

답　　　컹! 컹! 컹!

⟁ 보통 사람들을 위한 문제

다음은 〈열정의 람바다〉의 수학 퀴즈 프로그램에 나오는 문제들이다. 승산이 없어 보이는 참가자 몇 명이 그날 끝까지 살아남는다.

문제 17　배경 항성들에 대한 어느 항성의 위치를 6개월 전에 기록하고 어젯밤에도 기록했다. 항성의 위치 변화 각도는 10분의 8초다. 지구에서 그 항성까지의 거리를 어떻게 알아내겠는가?

답　　　"아주 긴 줄자로요. [웃음] 알았어요, 알았어. 하지만 줄자가 없으면, 삼각 시차를 이용해야 할 것 같군요. 자, 우선 태양, 항성, 어젯밤 지구의 위치가 이루는 직각 삼각형을 그려 볼 겁니다. 그러면 관심 각도가 0.4초가 되고, 그 꼭짓점에서 먼 변은 지구에서 태양까지의 거리인 1천문 단위가 됩니다. 그 꼭짓점에서 가까운 변은, 우리가 길이를 모르는데, 태양계에서 그 항성까지의 거리에 해당하죠. 이제 관심 각도가 0.4초인 직각 삼각형에서 가까운 변에 대한 먼 변의 비율을 계산합니다. 음, 뭐 그런 거죠."

제시된 해법은 아주 정확하진 않지만, 사실상 정답에 충분히 가까울 것이다. 항성, 지구, 태양은 일반적으로는 직각 삼각형을 이루지 않을 것이고, 관심 각도도 일반적으로는 0.4초가 아닐 것이다. 게다가 지구의 타원 궤도 때문에 태양은 궤도의 중심점이 아니라 한 초점에 있을 것이다. 하지만 태양과 지구의 거리에 비하면 항성이 워낙 멀리 떨어져 있으므로, 그 삼각형을 직각 삼각형으로 취급하는 것은 항성까지의 거리를 추산하는 간편하고 타당한 방법이 된다.

문제 18　데카르트 좌표계에 대해 설명하시오.

답   직교하는 두 직선으로부터의 거리를 나타내는 숫자 쌍들로 평면 위의 점들 위치를 식별하는 체계.

문제 19   평면에서 한 점의 가로 좌표는 x축에서 그 점까지의 거리다. 그리고 세로 좌표는 y축에서 그 점까지의 거리다. 방정식 $2x + 3y = 12$의 해의 좌표는 무엇인가?

답   "문제를 잘못 말씀하셨어요." "아가씨, 답을 모르겠으면, 마이크를 잡지 마세요." "그게 아니라요, 문제를 거꾸로 얘기하셨잖아요. 가로 좌표는 평면의 그 점과 y축을 지나는 수직선이죠."

여기서 아주 잘하고 있는 사람은 아무도 없다. 둘 다 정의를 틀리게 하고 있다. 한 점의 좌표가 (x, y)라면, 가로 좌표는 x, 즉 그 점에서 y축까지의 거리이고, 세로 좌표는 y다. 어쨌든 그 승산 없는 참가자는 무한히 많은 정답 중 하나만 답으로 얘기한다.

〈미네소타 트윈스*Little Big League*〉(1994)에서는 미네소타 트윈스라는 야구팀이 큰 시합 전에 10대인 매니저(열두 살짜리 소년)가 숙제를 끝내도록 도와주어야 한다. 정말 우스운 장면이다.

문제 20   조는 어떤 집을 3시간 만에 페인트칠할 수 있고, 샘은 같은 집을 5시간 만에 칠할 수 있다. 그 일을 둘이서 같이 하면 몇 시간이 걸릴까? [그림 17.2]

답   "서술형 문제라고 하진 않았잖아." "무슨 색 페인트로?" "간단해. 5 곱하기 3, 그러니까 15지 뭐." "아냐, 아냐, 아냐, 봐, 8시간 걸려, 5 더하기 3이니까." "잘 봐, 한 명, 두 명이 있잖아. 4시간밖에 안 걸려." "난 왜 이걸 모를

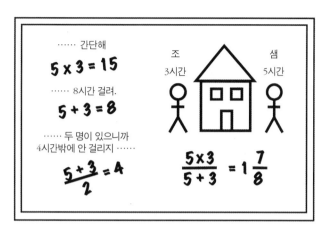

그림 17.2. 무슨 색 페인트로?

까. 우리 삼촌이 페인트칠을 하는데." "그냥 페인트칠이 되어 있는 집을 사면 될 거 아냐." "저기, 어쩌면 답이 없을지도 몰라, 함정이 있는 문제일지도 모르지. 그런 생각은 안 해 봤어?" "모르겠네, 내가 보기엔 8이 맞는 것 같은데." "이봐, 이봐, 이봐, 이봐, 이봐. 분필 좀. 고마워. 간단한 공식 A 곱하기 B 나누기 A 더하기 B를 쓰면, $\frac{3 \times 5}{3 + 5}$ 라는 답이 나오지. 그러니까 1과 8분의 7시간이야." "와, 확실해요?" "오오, 물론이죠, 꼬마 매니저님. 수학적인 세계의 정확성은 오래전부터 빠삭하게 알고 있었죠."

다음은 〈체인지*Wish Upon a Star*〉(1996)에서 주인공 중 한 명이 풀어 보려는 문제다.

문제 21 　어떤 세척액은 세 가지 화학 물질 A, B, C로 만들어져 있다. A와 B는 양이 똑같고, C는 A보다 양이 네 배로 많다. 한 병의 몇 퍼센트가 C일까?

답 $B = A$이고 $C = 4A$이다. 그러므로 $A + B + C = A + A + 4A = 6A$ 이다. 따라서 우리가 찾는 비율은 $\frac{4A}{6A}$인데, A는 상쇄되고, $\frac{4}{6}$는 $\frac{2}{3}$가 된다. 그러 므로 그 비율은 66.6%다.

◬ 도가 지나친 문제

첫 번째 도가 지나친 문제는 엘리자베스 헐리가 악마를 연기한 〈일곱 가지 유혹〉에 숙제로 나온다.

문제 22 $x^n + y^n = z^n$. $n \rangle$ 2인 경우에 대해 풀어라. 풀이 과정을 써라!
답   14장을 참고하라.

〈디아볼릭*Diabolique*〉(1955)에서는 선생님이 다음 기하학 문제로 학생들 의 실력을 시험한다.

문제 23   외접원 반지름에 대한 육각형의 면적은?
답   영화에서는 답이 $6AB \times \frac{1}{2} OH$로 나온다. 여기서 AB는 외접원 반 지름과 같고, OH는 육각형을 구성하는 정삼각형 중 하나의 높이다(그림 17.3). 이것은 어느 정도는 맞지만, 이 문제에 대한 진짜 답이 되진 않는다. 정확한 답 은 $\frac{3\sqrt{3}}{2} AB$이다.

1996년에 같은 제목의 리메이크작 〈디아볼릭〉(1996)이 나왔다. 샤론 스 톤이 수학 교사로 나오는데, 위 장면에 대응하는 수업 장면도 있다. 하지만

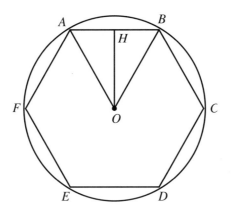

그림 17.3. 〈디아볼릭〉에 나오는 정육각형 면적 계산.

시대를 반영해서인지 거기 나오는 문제는 질이 조금 다르다.

문제 24 x가 3일 때 10 더하기 x는?

이 문제로 고심하는 독자들은 주저하지 말고 우리에게 연락해서 답을 알려 달라고 하시라.

추가 점수를 위한 말도 안 되는 문제

다음은 매우 어려운 문제이지만, 〈선더버즈Thunderbirds〉의 '태양 탐사선Sun Probe'(1965)에 나오는 로봇 브레인먼은 그다지 어려워하지 않는다.

문제 25   브레인먼, 다음 식을 계산해 봐. 87의 삼각 진폭의 제곱근의 스물

아홉제곱 나누기 956의 양적 하이드락시스의 일흔일곱제곱은?

답　　　45,969.

영화 〈폭력 교실〉에서는 살인자가 학생 폴라와 수학 교사에게 서술형 문제를 낸다. 그 답은 그들이 1번 문과 2번 문 중 어디로 나가야 무사할지를 알려 줄 것이다.

문제 26　어느 문일까? 알아맞히지 못하면 죽는다! 기차 한 대가 8시에 시카고에서 출발해 동쪽으로 향한다. 또 다른 기차가 8시에 보스턴을 떠나 서쪽으로 향한다. 두 기차는 몇 시에 충돌할까? X는 1일까 2일까?

답　　　$X = 1$은 아닌 모양이다. 살인자는 수학 교사에게 답이 틀렸다고, 시간대 차이를 고려하지 않았기 때문이라고 소름 끼치게 알려 준다.

끝으로 다음은 애벗과 코스텔로가 주연인 영화 〈벅 프라이빗*Buck Privates*〉(1941)에 나오는 문제다.

문제 27　너는 40살이고 그녀는 10살이야. 너는 그 소녀보다 4배로 나이가 많아. 당장은 그녀와 결혼할 수 없어서, 너는 5년을 기다리지. 이제 그 어린 소녀는 15살, 너는 45살이야. 너는 그 어린 소녀보다 아직 3배로 나이가 많아서, 15년을 더 기다리지. 이제 그 여자는 30살, 너는 60살이야. 너는 아직도 그 여자보다 2배로 나이가 많아. 너는 그 여자와 나이가 같아지려면 얼마나 오래 기다려야 할까?

답　　　"무슨 문제가 그래?" "답이나 해." "말도 안 돼." "뭐가 말도 안 돼?" "내가 그녀를 계속 기다리면, 그녀는 나를 추월할 거야." "무슨 소리야?" "그녀는 결국 나보다 더 늙어 버릴 거라고."

18장

관람료를 환불받고 싶다

수학을 다루는 영화에서 전혀 실수하지 않기란 무척 어렵다. 하지만 어떤
실수는 도저히 용서가 안 되거나, 혹은 용서는 되는데 정말 정말 우습다.
이 장에는 그중 최고의 실수들을 모았다.

△ 컴퓨터 업그레이드하기

〈스타트렉〉의 '군법 회의Court Martial'(1967)에서 커크 함장은 기막힌 아이디
어를 내놓는다.

커크 함장   제군, 이 컴퓨터는 청각 센서가 있다네. 실제로 소리를 들을 수 있

지. 부스터를 설치하면 그 성능을 대략 1의 네제곱 배로 향상시킬 수 있어.

●●

△ 백분율 따지기

〈에이리언 헌터〉에서 수학자 줄리언은 어떤 가능성을 계산한다.

●●

셸리   그래도 그게 단백질에 숨어 있을 수 있어.

케이트   그럴 가능성이 얼마나 낮은지 알잖아.

줄리언   얼마나 낮은데? 확률이 얼마야?

셸리   안 될 확률이 99.999… 야. 9가 무한히 계속되지.

줄리언   그래도 100은 아니네.

●●

TV 드라마 〈플래시 포워드*FlashForward*〉(2009)의 두 번째 에피소드에서 한 FBI 요원은 지구상의 모든 사람들이 오전 11시(태평양 표준시) 정각에 일제히 의식을 잃을 가능성에 대해 곰곰이 생각한다.

●●

요원   한 시간에 60분이 있고, 1분에 60초가 있지. 그러니까 어느 정시에 무슨 일이 일어날 가능성은 3,600분의 1이야.

●●

이 FBI 요원이 사건을 맡고 있다고 생각하니 마음이 참 든든하다.

〈콰이강의 다리*The Bridge on the River Kwai*〉(1957)에서 중요한 작전을 앞둔 워든 소령은 지휘관 시어스(사실은 일반 사병이나 중령이라고 속임)가 낙하산 강하 연습을 해야 할지 판단하고 있다.

워든 한 번 뛰어내리면 부상 입을 가능성이 50%에 불과하지만, 두 번 뛰어내리면 그게 80%이고, 세 번 뛰어내리면 크게 다칠 수밖에 없다고들 합니다. 중론에 따르면 시어스 중령에게 가장 현명한 처사는 일단 그냥 뛰어내리고 다 잘되길 바라는 겁니다.

시어스 낙하산을 메고, 아니면 안 메고?

이들은 한창 전쟁 중이니만큼, 계산을 대충 빨리 하며 넘어갈 만도 하다. 하지만 어느 한 차례 강하에서 부상 입을 가능성이 다른 강하의 영향을 받지 않는다고 가정하면, 그 백분율은 50%, 75%, 87.5%가 되어야 한다. 그리고 누구든 연습의 이득은 그런 백분율이 뒤로 갈수록 낮아지는 데 있기를 바랄 것이다.

〈어라이벌*The Arrival*〉(1996)에서 일라나와 동료 기후학자는 어떤 가스들의 증가에 대해 논의한다.

일라나 지난 5년간 700%가 증가했다니. 어떻게 그럴 수가 있지?

기후학자 내 말이. 일라나, 네가 우리한테 보낸 이 데이터는 도대체 얼마나 정

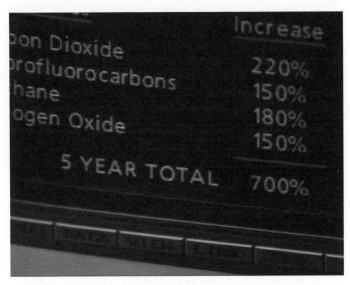

그림 18.1. 〈어라이벌〉에 나오는 놀라운 백분율 합산.

확한 거니?

일라나　　글쎄, 그게 좀 말하기 그런데. 우리는 지상 관측소, 기상 관측 기구, 얼 삼촌의 티눈에서 얻은 데이터를 대충 꿰맞췄어. 네 자료의 수치도 약간 들어가 있고.

기후학자　　음, 네 데이터는 확실히 좀 조잡한 것 같구나.

일라나　　그래도 우리 딴에는 최대한 확인한 거야.

그들의 데이터는 아마도 조잡한 것 같지만, 그들의 백분율 합산 방법 만큼 조잡해지려면 한참 멀었다(그림 18.1).

△ 파이의 저주

π의 소수 전개를 몇 자리 이상 명시하려고 시도한 영화는 거의 모두가 실패할 수밖에 없는 운명인 듯하다. 〈수학 마법 나라의 도널드〉에서 새처럼 생긴 파이 동물은 이렇게 암송한다. "π는 3.14159265389747 등등이다." 이상하게도 마지막 숫자 두 개가 틀렸다. 그것은 3.14159265389793…이 되어야 한다. 〈처녀 자살 소동*The Virgin Suicides*〉(1999)에서는 한 교실에 π 소수 전개 첫 부분의 숫자 마흔일곱 개인 듯한 수가 보이는데, 애석하게도 열한 번째 숫자 다음부터 이미 틀렸다. 영화 〈파이〉의 타이틀 시퀀스에서는 수천 개의 숫자가 화면을 가로질러 올라가는데, 분명히 π의 소수 전개라고 보여 주는 것이겠지만, 처음 숫자 아홉 개만 정확하다. 하지만 대상은 어처구니없게도 세 개의 숫자만 정확한 〈25살의 키스*Never Been Kissed*〉(1999)에 돌아간다(그림 18.2).

또 다른 재미있는 시도는 케이트 부시의 앨범 〈에어리얼*Aerial*〉(2005)의 수록곡 〈파이*Pi*〉에 나타난다. 이 곡은 아름답지만, π 소수 전개의 첫 138

그림 18.2. 〈25살의 키스〉에 나오는 π(얼추).

그림 18.3. 적절하게 쓰인 π와 부적절하게 쓰인 π.

개 숫자를 암송하려는 그녀의 시도는 실패로 돌아간다.

3.

1415926535 8979323846 2643383279 5028841971 6939937510
5820974944 5923078164 0628620899 8628034825 3421170679
8214808651 3282306647 0938446095 5058223.

밑줄을 친 숫자들이 모두 빠져 있다. 하지만 기이한 노래이니만큼, 어쩌면 더 깊은 의미를 우리가 이해하지 못했는지도 모른다.

π는 다른 방식으로도 영화에 저주를 내릴 수 있는 듯하다. 코미디 영화 〈세인트 트리니안스*St. Trinians*〉(2007)의 매우 재미있는 장면은 피치스가 구의 부피*volume*는 '아주 시끄럽다'는 답을 내놓는 것으로 시작한다. 안타

깝게도 그 의도적인 유머는 의도하지 않은 유머 때문에 무색해진다. 정답이 정말 πr^3이라는 데 모두가 동의할 때다. 그것과 똑같은 실수가 전통적인 실수인 $\pi = \frac{22}{7}$와 함께 〈H. G. 웰스의 무한한 세계*The Infinite Worlds of H. G. Wells*〉의 '파이크래프트에 대한 진실The Truth About Pyecraft'(2001)에도 나온다. 그림 18.3을 보라.

◁ 소수 문제

〈콘택트*Contact*〉(1997)에서 여주인공 엘리(조디 포스터)는 소수가 무엇인지를 다음과 같이 설명한다.

엘리   소수. 그 수 자신과 1로만 나누어떨어지는 정수를 말하죠.

거의 정확하다. 엘리는 그 정수가 1보다 크다는 조건도 명확히 말했어야 했다. 어쨌든 1이라는 수를 소수에 포함시키지 않는 것은 중요한 관습이니까. 물론 너무 자질구레한 것을 흠잡는 감이 있긴 하지만, 때로는 이 점을 정확히 하는 것이 중요하다.

예컨대 〈코어*The Core*〉(2003)에서 주인공은 소수를 이용하면 암호 메시지를 해독할 수 있다는 말을 듣는다. 그래서 즉시 1, 2, 3, 5, 7, 11, 13, 17을 타이핑한다. 짜잔, 효과가 있다! 다행히 주인공도 그 메시지를 암호화한 사람도 모두 1을 소수로 착각하고 있는 것이다.

심지어 전문가들도 이를 잘못 생각할 수 있다. 다음은 〈로즈 앤드 그레고리〉에서 수학 교수 그레고리 라킨이 하는 말이다.

그레고리　여기 내 전화번호는 01712577355예요…… 그나저나 다 소수군요.

글쎄, 분명히 소수가 아닌 수도 몇 개 있는데…….

〈찬스*The Music of Chance*〉(1993)에서 괴짜 콤비 플라워와 스톤은 당첨된 복권의 번호를 어떻게 골랐는지 설명한다.

플라워　소수들이었어. 모두 깔끔하고 우아했지. 협조를 거부하며 변하지도 나뉘지도 않는 수. 영원히 그대로 남아 있는 수.

스톤　3, 7, 11, 13, 19, 23, 31…….

플라워　아, 마법의 조합이었지, 천국의 문을 여는 열쇠였어.

우리는 스톤과 플라워가 참 잘됐다고 생각한다. 다만 왜 '소수'의 의미는 마찬가지로 영원히 그대로 남아 있지 않은지 모르겠다. 2, 5, 17, 29는 어떻게 되었단 말인가?■

■　그 영화의 원작인 폴 오스터의 탁월한 소설에서도 그런 식으로 소수를 나열하는데, 거기는 11도 빠져 있다. 어쩌면 오스터와 감독은 그냥 특정 소수들의 발음이 마음에 들었는지도 모른다.

다들 알다시피 양의 정수가 2나 5로 끝나면 소수가 아니다(2나 5 자체가 아닌 한). 하지만 〈큐브〉에서 수학 천재 레븐은 645와 372가 소수가 아님을 알아내는 데 '아주' 오랜 시간이 걸린다. 그런데 그다음에 649 = 11 × 59 이므로 649도 소수가 아니라는 것은 금방 알아낸다. 게다가 같은 영화에서 백치천재 카잔은 인수분해에 아주 능한 것으로 설정되어 있지만, 꽤 여러 번 계산을 틀린다. 자세한 내용은 6장을 보라.

〈스타게이트 아틀란티스Stargate: Atlantis〉의 '핫 존Hot Zone'(2004)에서는 매케이와 젤렌카가 더 어려운 '소수·비소수' 게임을 한다. 그들은 몸 좋은 포드 중위가 게임을 안 하려 하자 그를 놀리는데, 포드는 그들 코를 납작하게 해 줄 좋은 기회를 놓친다. 매케이와 젤렌카는 막 4,021이 소수가 아니라고 틀리게 단언한 참이었다.

끝으로 다시 〈콘택트〉로 돌아가자. 엘리와 동료들은 우주에서 온 신호를 잡아냈다. 처음에는 펄스가 두 번 들린다.

엘리　좀 더. [펄스가 세 번 들린다.]

엘리　좋아. 다시 시작됐어. 잠깐만, 이건 수잖아. 이번은 3이었고, 그 전은 2였지. 음, base ten numbers, 지금부터 세어 봐서 어디까지 나오는지 보자고. [펄스 다섯 번.]

윌리　5. [펄스 일곱 번.]

엘리　7. 소수들이야. 2, 3, 5, 7. 모두 소수야. 이게 자연 현상일 리가 없어!

어쩌면 자연 현상일지도 모른다. 하지만 흠을 잡는 사람으로서 우리는

'base ten number▼'가 무엇인지 전혀 모르겠다는 점을 언급해야겠다.

◁ 말실수

공포 영화 〈슈리커〉에서 여주인공인 수학 전공자 클라크는 자기가 '다차원 지형학multidimensional topography'을 공부하고 있다고 말한다. 하지만 지구 가 갑자기 4차원 세계로 바뀐 상황이 아닌 한, 그녀는 '다차원 위상기하학 multidimensional topology'이라는 뜻으로 그런 말을 했을 것이다.

TV 드라마 〈스레숄드〉의 '유리로 만들어진 나무, 2부'에서 수학 천재 아서 램지는 '동형 집단 요법'을 언급한다. 그냥 '군론group theory'이라고 했 으면 (조금) 더 말이 되었을 것이다.■

◁ 적은 것이 많은 것이다

〈베스트 키드 2*Karate Kid, Part II*〉(1986)에서 가라테 키드는 악당들이 너무 가벼운 추를 이용해 농부들을 속이고 있다는 사실을 알게 된다. 사실 저울 에서 한쪽에 추를 올리고 반대쪽에 농부들의 작물을 올리므로, 악당들은 자기 자신을 속이고 있었던 셈이다.

▼ 굳이 해석하자면 10을 기수로 하는 수, 즉 십진수 정도가 되지만 원래 이런 용어는 없다.
■ 훌륭한 대학 교재를 여러 권 쓴 존 스틸웰은 최근작 《위상군론*Topological Group Theory*》의 표지 시안을 제목이 '위상군 요법*Topological Group Therapy*'이라고 쓰여 있는 상태로 받아본 적 이 있다. 다행히 책이 인쇄소로 넘어가기 전에 그 실수가 발견되었다.

◇ 간단한 산술?

〈007 언리미티드*The World Is Not Enough*〉(1999)에서 어떤 폭탄이 시속 70마일로 날아가고 있는데 표적까지 106마일 남았다. 제임스 본드는 폭탄을 막을 시간이 78분 있다고 즉시 단언한다. 사실은 91분이 있는데 말이다.

〈엔트랩먼트*Entrapment*〉(1999)에서 캐서린 제타존스는 보안 장치 시계가 10초 느리게 가면 좋겠다고 말한다. 그리고 그 시계를 조작해, 한 시간 동안 매분 $\frac{1}{10}$초씩 느려지게 한다.

〈야망의 브로드웨이*Bloodhounds of Broadway*〉(1952)에서 넘버스 포스터는 긴장을 풀기 위해 곱셈을 연습하는 마권업자다. 한 장면에서 그는 $52 \times 95 = 5044$라고 단언한다.

〈버터플라이 드리밍*Butterfly Dreaming*〉(2008)에서 수학 교수 롭은 어떤 나무의 잎 수를 2^{12}로 추산하여 "약 8,000개"라고 말한다.

〈환상특급*The Twilight Zone*〉의 '아그네스가 사랑을 담아From Agnes with Love'(1964)에서 엘우드는 질투심 많고 변덕스러운 컴퓨터 아그네스를 시험한다. 그는 아그네스에게 '9,000,355,126,606의 열일곱제곱근보다 큰 첫 번째 소수'를 계산시킨다. 아그네스는 '정확하게' 5라는 답을 내놓지만, 사실 정답은 7이다. (엘우드가 9조가 아니라 90억 근처의 수에 대해 물었더라면 아그네스의 답이 정말 정확했을 것이다.)

〈닥터 후*Doctor Who*〉의 '마음을 훔친 자The Mind Robber'(1968)에서 마스터는 지금까지 자기가 글을 얼마나 많이 써 왔는지 설명한다.

마스터 　　　25년간 매주 5,000단어를 썼지.

조의 말은 맞다. 마스터는 정말 50만 단어 '넘게' 썼다. 600만 단어가 넘으니까.

〈슈퍼 마리오*Super Mario Bros.*〉(1993)에서는 한 도마뱀 인간이 진화 장치에서 나온다. 곧바로 그는 부정확하게 26,481의 제곱근은 191이라고 단언한다. 그는 36,481로 시작했어야 했다.

〈일 포스토*Il Posto*〉(1961)에서 주인공은 어떤 일자리에 지원한다. 평가 시험의 주된 부분은 다음 문제를 푸는 것이다. "구리줄 520센티미터가 두루마리에 말려 있다. 그중 4분의 3을 잘라 낸다. 그 나머지에서 5분의 4를 잘라 낸다. 두루마리에는 구리줄이 몇 센티미터 남아 있을까?" 주인공은 정해진 한 시간 동안 이 문제를 풀지만, 그가 내놓는 답인 24는 틀렸다. (정답은 26이다.) 그럼에도 그는 그 일자리를 얻는다.

🔺 매우 어려운 2차 방정식

〈아웃사이드 프로비던스*Outside Providence*〉(1999)에서는 선생님이 2차 방정식 $2X^2 + 7X + 3 = 0$을 칠판에다 풀고 나서, 풀이를 거기 적어 둔 채로 덤피에게 같은 문제를 풀어 보라고 하는데, 덤피는 이를 풀지 못한다. 나중에 열심히 공부한 후에 덤피는 똑같은 방정식을 풀어야 하는 상황에 처하는데, 이번에는 성공한다.

△ 대수학 문제

TV 드라마 〈미트 콜리스 아처*Meet Corliss Archer*〉의 '대수학 문제The Algebra Problem'(1954)에서는 모든 사람들이 콜리스의 숙제인 '대수학' 문제를 풀어보려고 애쓴다.

콜리스　　감옥에 죄수가 17명 있고, 법원에 경찰관이 9명 있다. 하지만 그들에게는 운전사까지 6명이 탈 수 있는 경찰차 1대밖에 없고, 경찰관만 그 차를 몰 수 있다. 언제든 법원, 감옥, 경찰차에 죄수가 경찰관보다 많이 있어서는 안 된다. 경찰관들은 그 죄수들을 법원으로 데려와야 한다. 어떻게 하면 왕복 5번 만에 죄수들을 모두 이송할 수 있을까?

　　이 문제는 간단한 몇 가지 이유로 푸는 게 불가능하지만, 아무도 이를 알아채지 못하는 듯하다. 에피소드의 마지막 부분에서는 선생님이 실수한 것으로 드러난다. 그래서 죄수가 15명 있고 왕복이 7회 허용되는 문제로 바뀐다. 하지만 그래도 이 문제는 여전히 풀이가 불가능하다.

△ 어려운 경시대회

〈프릭스 앤드 긱스*Freaks and Geeks*〉의 '룩스 앤드 북스Looks and Books'(2000)에서 린지는 수학 경시대회 출전자들과 다시 합류하여 한 대회에 참가한다. 하지만 사상 최장의 실수가 나온다. 그 대회에서 정답이라는 답은 모두 오답이다. 시계 시침이 48분 동안 0.4라디안 움직인다고 하질 않나, 긴 대각선 길이가 10이고 큰 내각이 100도인 마름모의 면적이 42라고 하질 않나. 또 arcsin $X = 2$ acrcos X이면 $X = 0.9$이고, 정육면체의 내접구 부피가 정육면체 부피의 0.52배란다.

△ 무시무시한 기하학

〈더 페이스〉에서 흉한 외모로 무서워 보이는 저스틴(멜 깁슨)은 제자 노스태드에게 훨씬 더 무시무시한 기하학을 가르친다. 그림 18.4를 보라.

저스틴　　원 ABC를 그린다. 그리고 그 안에 임의의 직선 AB를 그어. 이제 AB를 D에서 이등분하고, 직선 DC를 AB에 직각으로 긋는다. 노스태드, 여기까지 이해 가니?

노스태드　　네, 선생님.

저스틴　　좋아, 임의의 다른 직선 AC. AC를 이등분하면 원의 중심이 나오지.

　　〈카비리아*Cabiria*〉(1914)에서 우리는 아르키메데스가 포물면 거울을 설계하는 모습을 보게 된다. 유감스럽게도 그는 그 설계에 컴퍼스를 사용한다(그림 18.5).

　　〈스타게이트*Stargate*〉(1994)에서 잭슨 박사는 어떤 기묘한 천문학적 무

그림 18.4. 정말 믿기 힘든 직각.

그림 18.5. 아르키메데스와 그의 유명한 컴퍼스?

닉에 대해 웨스트 장군에게 설명해 준다.

잭슨   이 별자리들은 독특한 순서로 배치되어 있어서 일종의 지도 내지 주소를 형성합니다. 한 위치에 이르는 경로를 나타내려면 점 7개가 필요하죠. 그리고 음, 어느 3차원 공간의 한 목적지를 찾아내려면, 정확한 위치를 결정하는 점 6개가 필요합니다.

웨스트   점 7개가 필요하다고 하지 않았소?

잭슨   음, 아뇨, 목적지를 찾으려면 6개가 필요합니다. 하지만 경로를 나타내려면 원점도 필요하죠(그림 18.6).

잭슨은 공간의 점과 점의 좌표를 혼동하고 있는 듯하다. 기준 좌표계가 설정되어 있으면, 3개의 좌표만 있으면 된다. 기준 좌표계를 설정하기 위해, 별자리 4개를 선택해 볼 수 있다. 하나는 원점에, 나머지 셋은 선택한 좌표축을 따라 위치하게 하는 것이다. 그러면 그 좌표계의 점들은 모두 3개의 좌표로 명시할 수 있다. 정보가 총 7가지인 셈이다.

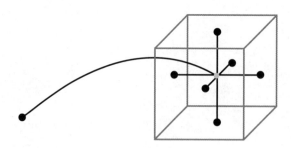

그림 18.6. 회색 점의 정확한 위치를 알아내려면, 정육면체 면들의 중점 6개와 정육면체 밖의 원점 1개가 필요하다고 한다.

끝으로 좌표 기하학과 관련된 짤막한 실수 하나. 〈아나폴리스*Annapolis*〉
(2006)에서 해군 신병들은 미적분을 배우고 지도에 이상한 방위를 표시한다.
"북위 65도 85분."

19장

수학 코미디

바로 앞 장에서는 수학과 관련된 아주 우스운 실수들을 살펴봤다. 여기서 는 '일부러' 우습게 만든 수학 관련 장면들을 열거한다.

△ 기하학

다음 여섯 작품에 대한 더 자세한 내용은 14장에서 보라.

〈오즈의 마법사〉에서 허수아비가 자신에게 두뇌가 생겼음을 스스로 입증해 보려다 피타고라스 정리를 잘못 인용한다. "이등변 삼각형의 아무 두 변의 제곱근의 합은 나머지 변의 제곱근과 같다." 〈심슨 가족〉의 '스프 링필드'에서는 호머 심슨이 허수아비의 피타고라스 정리 진술을 따라 한 다(그림 19.1).

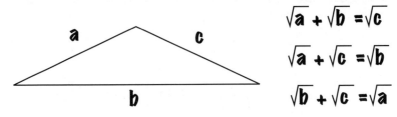

$$\sqrt{a} + \sqrt{b} = \sqrt{c}$$

$$\sqrt{a} + \sqrt{c} = \sqrt{b}$$

$$\sqrt{b} + \sqrt{c} = \sqrt{a}$$

그림 19.1. 허수아비와 심슨이 왜곡한 피타고라스 정리.

〈메리 앤드류〉에서 대니 케이가 피타고라스 정리와 그 밖의 여러 단편적인 기하학을 노래와 춤으로 표현한다.

〈30명의 아가씨와 피타고라스〉에서 수학 교사(카렐 고트)가 〈고마워요, 피타고라스 선생님〉이라는 노래를 록 스타처럼 부른다.

〈페르마의 마지막 탱고〉는 페르마의 마지막 정리를 다룬 아주 멋지고 재미있는 수학 뮤지컬이다.

〈일곱 가지 유혹〉에서 엘리자베스 헐리가 연기하는 악마·교사가 페르마의 마지막 정리를 쓸모없다고 일축해 버린다.

〈배트맨*Batman*〉(1966)에 나오는 다음 장면을 보라.

배트맨	어떤 동물이 나무에서 새를 순식간에 먹어 치울까요?
오하라 서장	하늘이여 저희를 보살피소서.
배트맨을 제외한 일동	고양이!
배트맨	그렇습니다, 여러분, 고양이 없이 이 사건 전체에 연루된 범죄자. 우리 최대의 숙적 캣우먼이죠.
고든 청장	펭귄, 조커, 리들러에다 캣우먼까지. 그 사각형 각의 합은 하

도 무지막지해서 생각하기도 싫군!

〈배틀필드Battlefield Earth〉(2000)는 지루한 영화지만, 재미있고 우스운 수학 관련 장면이 하나 있다. 인간을 노예로 부리는 괴물 같은 외계인들이 주인공 타일러를 학습 기계에 통과시킨다. 이후 타일러는 동료 포로들에게 수학에 대해 설명해 준다.

포로 1   그건 괴물들의 언어야?

타일러   아니, 아니, 이건 수학이야. 전 우주에서 공통으로 쓰이는 언어지. 봐, 이 기호는 삼각형이라는 거야. 이 변들이 모두 같으면, 이 세 각도 같을 수밖에 없지. [그림 19.2]

포로 2   뭐랑 같다는 거야?

타일러   서로 같다고. 이건 유클리드 기하학의 근본적인 토대야.

포로 3   이해하기 꽤 어려운 것 같은데.

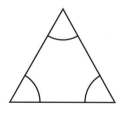

그림 19.2. 세 변의 길이가 같으면 세 각도 같을 수밖에 없다. 매우 어려운 내용이다.

〈작은 사랑의 기적〉에는 아주 우스운 장면이 하나 있다. 수학 교사가 어떤 지루하고 말도 안 되는 기하학에 대해 이야기하는데 학생들에게 슈퍼스타처럼 대접받는다. 13장을 참고하라.

〈뱀파이어 해결사*Buffy the Vampire Slayer*〉의 '엄한 사랑Tough Love'(2001)에 나오는 장면이다.

윌로   우리는 기하학 문제를 실연해 보이고 있었어…… 그러니까 우리 몸으로 삼각형을 하나 만든 거지. 그때 내가 잰더를 둔각이라고 불렀더니 잰더가 정말 언짢아하더군. 그런데 그다음에 돈이 우리는 예각 삼각형이라고 했는데, 글쎄 그러고 나서 얼마나 웃었던지.

〈패밀리 가이*Family Guy*〉의 '와인스타인에게 소원을When You Wish Upon a Weinstein'(2003)에서 크리스가 현실 세계에서 제 몫을 해내려면 수학을 배워야 하는 이유를 보여 주는 공상 속의 장면이 나온다. 크리스는 주유소에서 길에 대한 설명을 듣는다. "자, 이 길을 따라 쭉 가서 오래된 쉼터를 지나가쇼. 그다음에 길이 두 개 나올 텐데, 하나는 평행하고 하나는 수직일 거요. 거기서 또 계속 가쇼. 그 길을 45도로 이등분하는 고속도로에 이를 때까지 가는 거요. X를 구하시오."

◬ 산술

〈인 더 네이비〉의 우리가 가장 좋아하는 수학 관련 장면에서 애벗과 코스텔로가 $7 \times 13 = 28$임을 증명한다. 10장($7 \times 13 = 28$)에서 자세한 내용과 다른 영화에 나오는 여러 버전을 살펴보라.

　〈팀 아메리카: 세계 경찰*Team America: World Police*〉(2004)에는 아주 우스운 농담 유형이 나온다.

컴퓨터　　몇몇 테러리스트 집단들이 세계적인 대규모 공격을 준비하고 있습니다.

스포츠우드　정보부가 알아낸 바에 따르면, 911의 100배가 될 거라고 하네.

게리　　911의 100배. 세상에, 그건…….

스포츠우드　그렇다네, 91,100배지…….

스포츠우드　제군, 만약에 두르카두르카스타니스가 대량 살상 무기를 가지고 있다면, 유감스럽지만 911의 1,000배가 될 걸세.

세라　　세상에, 그러니까…….

스포츠우드　그렇다네, 911,000배지…….

리사　　그러니까 네가 911의 1,000배를 계획하고 있는 개자식이군.

김정일　아냐! 너무 낮잡아 보는군. 사실 나는 곧 성대한 평화 행사를 열 거야. 전 세계의 주요 인사들이 여기 정신이 팔려 있을 때 나는 대량 살상 무기를 폭발시킬 거야. 그걸 세계 도처의 테러리스트들에게 지급해 두었지. 그게 터지면 911의 2,356배가 될걸.

게리　　맙소사, 그건…… 그건 얼마인지도 모르겠군!

김정일　아무도 모르지!

〈스탠드 업〉의 핑거맨 장면에서 주인공 에스칼란테가 반항아 추코에게 손가락을 이용하는 9단 곱셈법을 보여 준다. 자세한 내용은 3장에서 보라.

〈사랑과 죽음Love and Death〉(1975)에서 보리스(우디 앨런)와 훈련 교관이 나오는 장면이다.

교관　　하나, 둘, 하나, 둘, 하나, 둘……．

보리스　그다음은 셋입니다, 생각이 잘 안 나신다면.

나중에 보리스는 소냐와 키스를 어떻게 할지에 대해 이야기한다.

소냐　　키스해 줘요.

보리스　어떤 키스를 원해요?

소냐　　8번으로 해 줘요.

보리스　8번. 그건 4번을 두 번 하는 거죠. 쉬워요.

〈홍콩으로 가는 길The Road to Hong Kong〉(1962)은 밥 호프와 빙 크로스비의 마지막 로드 무비다. 수학과 관련된 이야기를 하는 재미있는 장면이 몇 번 나온다. 이를테면 해리(크로스비)는 체스터(호프)가 기억력을 되찾았는지 확인하려고 그에게 문제를 낸다.

〈클루리스*Clueless*〉(1995)에서 고등학생 셰어(알리시아 실버스톤)가 바닥에 쓰러진 친구 테이를 돌보는 법에 대해 엘턴에게 충고한다.

〈딕 트레이시*Dick Tracy*〉(1990)에서는 마돈나가 수학과 관련된 재미있는 노래를 부른다. "다행스러운 일을 세어 봐요, 하나, 둘, 셋. 점수 매기는 거라면 질색이에요. 어떤 수든 다 좋아요. 많기만 하면. 많기만 하면! 난 수학자가 아니에요. 아는 거라곤 덧셈뿐. 계산은 지루해요. 수를 계속 늘리고, 계산은 회계사가 하게 해요……."

〈미스터 빈*Mr. Bean*〉의 '잘 자요, 미스터 빈Good Night, Mr. Bean'(1990)에서 잠을 청하려고 미스터 빈이 그림 속의 양을 센다. 그러다 인내심이 바닥나 계산기를 사용해 그 양을 27 × 15마리로 세고 나서 곧바로 곯아떨어진다.

〈이블 로이 슬레이드*Evil Roy Slade*〉(1972)에서 베스티가 무법자 슬레이드를 갱생시키려고 노력하고 있다.

베스티　　산수를 좀 해 보죠. 당신한테 사과가 여섯 개 있었는데 이웃 사람이 그중 세 개를 가져갔으면 뭐가 남아 있을까요?

슬레이드　　죽은 이웃 사람과 사과 여섯 개 전부.

〈어둠의 표적*Straw Dogs*〉(1971)의 한 장면에서 수학자(더스틴 호프만)의 아내가 남편을 골려 주려고 칠판의 더하기 기호를 빼기 기호로 바꿔 놓는다. 그 장난은 먹힌다(그림 19.3). 사실은 식의 다른 부분도 제작진이 의도하지 않은 묘한 방식으로 바뀐다. 그림 **19.4**를 보라. 비슷한 장면이 〈링*Ring*〉(1998)에도 나온다.

〈블랙애더 2*Blackadder II*〉의 '머리Head'(1986)에 나오는 장면이다.

블랙애더　　자, 볼드릭, 다시 해 보세. 이건 더하기라는 거라네. 내가 콩을 두 개 가지고 있는데, 거기에 콩 두 개를 더하면, 내가 뭘 가지게 되지?

볼드릭　　콩 조금이요.

블랙애더　　그렇……기도 하고 아니기도 하지. 다시 해 볼까? 내가 콩을 두 개 가

그림 19.3. 〈어둠의 표적〉에서 더하기 기호가 바뀐 것을 발견하는 더스틴 호프만.

$$\frac{dP}{d\mu} - \frac{MG}{R^2} + \frac{4\pi RPG}{C^2}$$ 멀리서 본 칠판. 아내가 장난 거리를 생각해 낸다.

$$\frac{dP}{d\mu} + \frac{MG}{R^2} + \frac{4\pi RPG}{C^2}$$ 같은 칠판 클로즈업.

$$\frac{dP}{d\mu} + \frac{MG}{R^2} - \frac{4\pi RPG}{C^2}$$ 아내가 두 번째 더하기를 빼기로 바꾼 후의 칠판 클로즈업.

$$\frac{dP}{d\mu} - \frac{MG}{R^2} - \frac{4\pi RPG}{C^2}$$ 멀리서 본 칠판. 남편이 뭔가 잘못된 것을 알아챈다.

$$\frac{dP}{d\mu} + \frac{MG}{R^2} - \frac{4\pi RPG}{C^2}$$ 같은 칠판 클로즈업.

그림 19.4. 〈어둠의 표적〉의 미스터리. 위는 칠판에 적혀 있는 한 가지 식이 연이어 거듭 보이는 모습들이다. 아내는 수학자 남편을 골려 주려고 오른쪽의 더하기 기호를 빼기 기호로 바꾼다. 희한하게도 왼쪽의 기호도 계속 바뀐다. 이 영화가 유령 이야기가 아닌 만큼, 그런 변화는 아마도 제작진이 의도한 바가 아닐 것이다.

지고 있는데, 거기에 콩 두 개를 더하면, 뭐가 되지?

볼드릭　　캐서롤 아주 조금이요.

블랙애더　　볼드릭, 인더스 강 유역의 유인원도 이걸 터득했다네. 자, 다시 해 보세. 하나, 둘, 셋, 넷! 그러니까 여기 몇 개가 있지?

볼드릭　　세 개…….

블랙애더　　뭐?

볼드릭　　……랑 이거요.

블랙애더　　세 개랑 이거. 그러니까 이거를 세 개에 더하면, 나는 뭘 가지게 될까?

볼드릭　　아! 콩 조금이요.

〈모차르트와 고래*Mozart and the Whale*〉(2005)는 같은 아스퍼거 증후군을 앓는 도널드와 소렌슨의 달콤한 로맨스를 다룬 아름다운 영화다. 도널드가 수학 천재이다 보니, 수학과 관련된 재미있고 감동적인 장면이 몇 번 나온다. 한 장면에서는 도널드가 소렌슨에게 전화할 방법을 찾으면서, 비슷한 장애가 있는 친구들과 그것에 대해 의논한다.

도널드　　다른 전화기를 찾을 거야. 번호는 알아.

그레이시　　그게 2-8-0-9만큼 좋은 번호야?

도널드　　2-8-0-9는 53의 제곱이고, 5 더하기 3은 8이야. 8의 세제곱근은 2인데, 그건 소렌슨의 드레스 치수지. 전에 소렌슨한테 예쁘고 귀여운 드레스를 사줬어. 작은 꽃무늬가 있는 드레스였는데…….

로저　　6!

도널드　　6은 질감이 풍부한 수는 아니지만, 소렌슨의 신발 치수야.

〈사고친 후에*Knocked Up*〉(2007)에서 벤은 10년 전에 1만 4,000달러를 가지고 있었는데, 지금은 900달러가 남아 있다. "그러니까 그 돈이면 앞으로⋯⋯ 뭐 내가 수학자는 아니지만 말이야, 앞으로 한 2년은 더 가지 않을까." 벤은 16개월 만에 돈이 바닥난다.

〈마리위스*Marius*〉(1931)에서 세자르가 마리위스에게 색다른 칵테일 만드는 법을 다음과 같이 가르쳐 준다. 큐라소 3분의 1 아주 조금, 시트론 3분의 1, 피콘 3분의 1 많이, 마지막으로 물 3분의 1 정말 많이.

〈꼬마 천재 테이트〉에서 프레드 테이트의 선생님이 칠판에 숫자 1, 2, 3, 4, 5, 6, 7, 8, 9, 10을 적는다.

선생님 이 수들 가운데 2로 나눌 수 있는 수는 몇 개인지 누가 말해 볼래? 누구든? 프레드!

프레드 음?

선생님 알고 있을 거야. 이 수들 가운데 2로 나눌 수 있는 수는 몇 개일까?

프레드 음, 전부 다요.

〈스몰 타임 크룩스*Small Time Crooks*〉(2000)에서 레이(우디 앨런)가 이끄는 삼류 도둑들이 앞으로 얻을 수입을 어떻게 나눌지 의논하고 있다.

데니 내 몫은 얼마야?

레이 총 200만 달러일 것 같거든? 보석도 계산에 넣은 거야. 4로 나누면 한 사람당 50만 달러가 되겠군.

레이 　 프렌치는 어떻게 하지?

베니 　 프렌치는 어떻게 하느냐고? 그 여자는 눈가림일 뿐이잖아.

레이 　 그래, 하지만 프렌치 없으면 우린 죽은 목숨이야.

토미 　 그건 아니지, 과자 팔 계집이야 얼마든지 구할 수 있잖아.

베니 　 좋아, 내가 뭐라고 할지 알아? 프렌치한테도 줘. 하지만 똑같이 다 주진 말고.

데니 　 그래, 우리는 각자 4분의 1씩 챙기고, 프렌치는 3분의 1 정도를 받으면 어떨까?

베니 　 너 바보냐? 그러면 프렌치가 우리보다 많이 챙기게?

데니 　 어째서 그런 계산이 나오지?

베니 　 4분의 4와 3분의 1을 어디서 얻을 건데? 더하기도 못해?

데니 　 난 분수는 잘 몰라, 됐니?

〈살인 무도회Clue〉(1985)에서 집사 워즈워스와 스칼릿이 스칼릿의 총에 총알이 남아 있는지에 대해 옥신각신하고 있다.

워즈워스 　 게임은 끝났어, 스칼릿. 그 총엔 남은 총알이 없어.

스칼릿 　 그건 아니지. 그런 구닥다리 속임수엔 안 넘어가.

워즈워스 　 속임수가 아니야. 서재의 보디 씨한테 한 발, 샹들리에 두 발, 거실 문에 두 발, 노래 전보에 한 발.

스칼릿 　 그래도 여섯 발은 아니야.

워즈워스 　 1 더하기 2 더하기 2 더하기 1[1 + 2 + 2 + 1].

스칼릿 　 아니야. 샹들리에를 맞힌 건 한 발뿐이었어. 그러면 1 더하기 2 더하기

1 더하기 1[1 + 2 + 1 + 1]이지.

워즈워스   네 말이 맞는다고 해도, 그건 1 더하기 1 더하기 2 더하기 1[1 + 1 + 2 + 1]이야, 1 더하기 2 더하기 1 더하기 1이 아니라.

스칼릿   그래, 뭐, 1 더하기 2 더하기 1…… 닥쳐! 요점은 이 총에 한 발이 더 남아 있다는 거야. 그걸 누가 맞게 될까?

- -

〈인생은 아름다워*Life is Beautiful*〉(1997)에서 2차 세계 대전 중 이탈리아의 한 마을의 나치 주민들이 돈을 절약하는 법에 대해 이야기하고 있다.

- -

교장   베를린 이야기가 아니라 시골 이야기예요. 3학년이요. 이 얘길 좀 들어보세요. 정말 아주 충격적이에요. 이런 문제가 나와요. 국가가 정신병자 한 명을 부양하는 데 매일 4마르크가 들고, 장애자 한 명을 부양하는 데 $4\frac{1}{2}$마르크가 들고, 간질 환자 한 명을 부양하는 데 $3\frac{1}{2}$마르크가 든다. 평균 비용을 하루 4마르크로 보고 그들이 30만 명 있다고 할 때, 그들을 모두 제거해 버리면 국가는 얼마를 절약하게 될까?

[적절한 이유로] 충격을 받은 사람   도저히 믿을 수가 없군요!

교장   제 반응이 딱 그랬어요. 도저히 믿을 수가 없죠. 초등학교 아이들이 그런 문제를 풀어야 하다니 믿을 수가 없어요. 계산이 너무 어려워요. 비율, 백분율……. 그런 방정식을 풀려면 대수학도 알아야 하잖아요? 우리가 보기에 그건 고등학교에서 다룰 내용 같은데 말이죠.

다른 나치   아니에요, 아니에요, 그냥 곱셈만 하면 되죠. 뭐라고 하셨더라, 장애자 30만 명이요?

교장   네.

다른 나치　　30만 곱하기 4. 그 사람들을 다 죽여 버리면 우리는 하루에 120만 마르크를 아끼게 되는 거죠. 쉬워요.

교장　　맞아요, 브라보, 하지만 당신은 어른이잖아요. 독일에서는 일곱 살 짜리 아이들에게 이 문제를 주고 풀게 해요. 정말 최고로 놀라운 민족이죠.

▪▪▪

△ 대수학과 서술형 문제

〈프리키 프라이데이*Freaky Friday*〉(2003)에서 테스(제이미 리 커티스)와 딸 애나 (린제이 로한)는 서로의 몸이 바뀐다. 애나로 바뀐 테스는 어떤 수학 시험 문 제를 마음속으로 읽고 있다. '위의 어두운 색 영역의 면적의 합을 D로 나 타내면 (a) D 제곱 곱하기 괄호 파이 나누기 4 빼기 D 나누기 2, (b) D 제 곱 곱하기 괄호 파이 세제곱 나누기 D 빼기 2. 그런데 파이가 뭐더라? 3 점 어쩌고 하는 거? 아, 이건 말도 안 돼. 난 지금껏 파이를 사용해 본 적이 한 번도 없는걸. 애나도 파이를 사용할 일이 절대 없을 거야. 그나저나 그걸 왜 파이라고 부르지? 자, 집중해야지…… (c) D 세제곱 빼기 괄호 파이 제 곱 빼기…….'

　　〈트윈 픽스*Twin Peaks*〉의 '1.5'(1990)에서 오드리 혼이 상황을 정확하게 요약한다. "직접 조사를 좀 해 봤죠. 현실에는 대수학이란 게 없으니까요."

　　〈퀄리티 스트리트*Quality Street*〉(1937)에서 피비(캐서린 헵번)와 수전이 작 은 학교를 힘겹게 운영하고 있다.

수전　피비. 청어 한 마리 반이 3하프페니일 때, 11페니면 몇 마리지?

피비　열한 마리.

수전　윌리엄 스미스는 그게 열다섯 마리래. 덩치도 큰 남자애가 말이야. 내가 걔한테 반박해야 할까? 그것에 대해 의견 차이가 좀 있다고 말해도 될까? 확실히는 아무도 모르잖아, 피비야.

피비　열한 마리 맞아! 내가 전에 진짜 청어로 계산해 봤어.■

〈아이 웬트 다운*I Went Down*〉(1997)의 아주 우스운 장면 하나. 납치된 사람이 침대에 묶여 있는데, TV를 볼 수 있도록 손에 리모컨이 들려 있다. 그는 채널을 바꾸다가 마침 교육 방송 채널이 나왔을 때 리모컨을 떨어뜨리고 만다. 그는 꼼짝없이 아주 꺼벙한 수학자들이 대수학의 기본 정리를 증명하는 과정을 시청하게 된다.

〈이디오크러시*Idiocracy*〉(2006)에서 한 평범한 현대인이 미래에 깨어 보니 전 세계에서 가장 똑똑한 사람이 되어 있다. 그는 강제로 지능 검사를 받는다. "당신에게 2갤런들이 양동이 하나와 5갤런들이 양동이 하나가 있으면, 당신이 가지고 있는 양동이는 몇 개입니까?"

〈사랑의 전주곡*Desk Set*〉(1957)에서 리처드(스펜서 트레이시)가 버니(캐서린 헵번)를 시험한다.

■　유감스럽게도 이 영화에는 J. M. 배리의 연극에서 좀 더 진행되는 대사들이 어느 정도 생략되어 있다. 수전은 그다음에 대수학이 무엇인지 묻는다. "세모진 것들을 말하는 건가?" 피비는 이렇게 대답한다. "X 빼기 Y는 X 더하기 Y와 같고 뭐 그런 거야. 그런 게 같다고 말할 때는 항상 '왜 그래야 하지?' 하는 생각이 들지."

리처드   그랜드 센트럴에서 기차가 승객 17명과 승무원 9명을 태우고 출발했습니다. 125번가에서 4명이 내리고 9명이 탔습니다. 화이트 플레인스에서 3명이 내리고 1명이 탔습니다. 차파콰에서 9명이 내리고 4명이 탔습니다. 그다음에는 계속 아무도 안 내리고 아무도 안 타다가 기차가 종착역 바로 전 역에 도착했을 때 5명이 내리고 1명이 탔습니다. 그다음엔 종착역에 도착했죠.

버니   음, 쉽네요. 승객 11명과 승무원 9명이죠.

리처드   어, 그걸 묻는 문제가 아니에요.

버니   죄송해요.

리처드   차파콰에서 몇 명이 내렸을까요?

버니   9명이요.

리처드   정답!

버니   네, 알아요.

〈나의 계곡은 푸르렀다*How Green Was My Valley*〉(1941)에서 휴와 휴의 아버지가 한 서술형 문제를 놓고 골똘히 생각하고 있다. "욕조에 100갤런을 담을 수 있다. A는 1분에 20갤런의 속도로, B는 1분에 10갤런의 속도로 그 욕조를 채운다…… 그런데 C는 1분에 5갤런씩 그 물이 빠지는 구멍이다. 욕조를 채우려면 얼마나 오래 걸릴까?" 휴의 어머니가 그냥 웃는다. "구멍 투성이 욕조에 누가 물을 부어 넣겠어요?"

〈사우스 파크*Southpark*〉의 '어린 투렛Le Petit Tourette'(2007)에서 개리슨 선생님이 음수의 곱셈을 설명하려고 하는데, 투렛 증후군(틱 장애)을 앓는 척하는 카트먼이 수업을 계속 방해한다.

〈딥 라이징*Deep Rising*〉(1998)에 나오는 장면이다.

악당　　　여기가 어디지?

주인공　　바로 거기, 외딴곳.

악당　　　그럼 우리 최종 목적지는?

주인공　　바로 거기, 외딴곳 제곱.

〈퓨처라마〉의 '벤더의 성공Bender's Big Score'(2007)에는 엄청나게 복잡한
시간 여행 플롯이 나온다. 할렘 글로브트로터스는 '와글와글 글로브트로
터스 미적분'(매개변수 변환법과 론스키 행렬식 전개)을 이용해 모순 없는 시간 여행
의 가능성을 증명한다. "와, 저 세제곱근은 진짜 버저 비터였어, 클라이드."

〈미네소타 트윈스〉에서 미네소타 트윈스 야구팀이 10대 매니저의 서
술형 문제 풀이를 도와주어야 하는 아주 재미있는 장면이 나온다. 17장(도
전! 수학 퀴즈)을 참고하라.

〈다이 하드 3〉에서 브루스 윌리스와 새뮤얼 잭슨이 폭탄 폭발을 막기
위해 물통 문제를 어설프게 푼다. 9장을 참고하라.

〈패밀리 가이〉의 '그리핀, 워싱턴에 가다Mr. Griffin Goes to Washington'(2001)
에서 피터가 아이들이 길거리에서 수학을 배우는 상황을 상상한다.

아이 1　　루이가 2시 15분에 집을 나섰는데, 시속 5마일의 속도로 6.2마일
을 가야 해. 루이는 몇 시에 도착할까?

아이 2　　여자 친구 집에 들르느냐에 따라 달라지지.

아이 1　　그런 걸 변수라고 해.

나중에 한 상원 의원이 엘도라도 담배 회사에 무한대 달러의 벌금을 물려야 한다고 제의하자, 다른 상원 의원이 그 회사에 실수實數로 벌금을 물리는 것이 더 효과적일 것이라고 말한다.

△ 수학자들의 활약상

〈시라쿠사 포위전*The Siege of Syracuse*〉(1960)에서 아르키메데스가 포물면 거울을 이용해, 목욕 중인 미녀의 옷에 불을 붙인다. 〈몬티 파이튼의 할리우드 볼 라이브*Monty Python Live at the Hollywood Bowl*〉(1982)에서 아르키메데스가 또 나온다. 이번에는 독일 대 그리스 철학자 축구 경기에 출전한다. 아르키메데스가 유레카를 외치고 찬 공을 받은 같은 팀 선수들이 상대편 골키퍼 라이프니츠를 제치고 골을 넣는다.

〈빅뱅 이론〉의 '파일럿Pilot'(2007)에서 천재 물리학자들인 셸던과 레너드가 이야기하는 장면이다.

셸던　내 정자에 희망을 걸 딱한 여자들이 좀 있어. 그런데 그런 여자가 낳은 애가 곡선 아래 면적을 구할 때 적분을 써야 할지 미분을 써야 할지 모르면 어쩌지?

레너드　그래도 엄마는 걔를 사랑할 거야.

셸던　나라면 안 그럴 텐데.

〈플러버*Flubber*〉(1997)에서 로빈 윌리엄스가 연기하는 필립 브레이너드

교수가 실수로 사생 수업에 들어가 중력에 대한 강의를 시작한다. 누드모델, 죽은 꿩과 관련하여 멋진 임기응변을 보여 준다.

〈에이리언 지구 위기〉에서 벤슨 교수는 뛰어난 수학자일 뿐만 아니라 이 영화의 재미있고 엉뚱한 주연이기도 하다. 또 다른 하이라이트는 화분에 갈겨써 놓은 온갖 수학식이다.

〈원더우먼Wonder Woman〉의 '플루토 파일The Pluto File'(1976)에서 워런 교수가 조화 방정식을 비롯한 편미분 방정식들을 이용해 지진을 일으킨다. 하지만 그 후에는 그 지진을 멈추는 법을 알아내지 못해 애를 태우는데, 원더우먼이 구원자로 나타난다. 원더우먼은 "적분에는 항상 문제가 많죠"라고 말한 후, 교수에게 결정적인 대입법을 보여 준다.

〈댓츠 애디쿼트That's Adequate〉(1989)에는 〈바운티호의 아인슈타인〉이라는 극중 가상 영화가 나온다. 알베르트 아인슈타인이 범선의 젊은 선장인데, 활화산을 배경으로 선원들과 이야기하고 있다.

아인슈타인　우아, 해변의 저 아가씨들 좀 봐. 특히 불이 안 붙은 아가씨들. 있잖아, 여기서 많은 걸 배울 수 있어. 시간, 공간, 물질, 에너지 뭐 그따위 것들의 비밀에 대해 생각해 볼 수 있잖아. 분자들이 가열되어, 기체들이 팽창하고, 원자들이 충돌하며, 물질이 폭발하고 있지. 이거 정말 죽여주는군! 잠깐, 잠깐, 가만 보자. 거기서 뭔가 굉장한 걸 발견해 낼 것 같은데. E……는…… m……a……아니야. [화산에서 용암이 분출한다.] 세상에! 알았어! 시간! 공간! 물질! 에너지! E는 m 빌어먹을 c 제곱이야! 그래! [그때 다른 배가 나타난다.] 아, 이런! 봐, 저건 베를린 물리학회의 해적들이야. 새로운 아이디어가 있는 급진적인 물리학자들을 찾아 바다를 돌아다니는 놈들이지. 저놈들 목을 베라!

[싸우는 장면으로 넘어간다.]

해적 1   망할 놈의 상대성!

해적 2   새 이론 타도!

[아인슈타인은 해적 3과 싸우고 있다.]

아인슈타인   E······는······ m······c······ 제곱이야······ 이 나쁜 놈아!

●●

〈사랑의 상대성〉에는 마릴린 먼로가 알베르트 아인슈타인에게 상대성 이론을 예시하는 아주 길고 굉장히 멋진 장면이 나온다. 그리고 또 다른 한 멋진 장면에서는 아인슈타인이 마릴린에게 우주의 모양을 (3차원 구라며) 설명해 준다. 15장을 참고하라.

SF 드라마 〈유레카*Eureka*〉의 '블링크Blink'(2006)에서 전형적인 얼빠진 치어리더 두 명이 수다를 떨며 교실로 걸어가고 있다. "그러니까 기본적으로 어떤 비선형 동역학계라는 뜻이잖아. 초기 조건에 극히 민감한······" "혼돈이라는 현상을 보여 주는구나. 그건 아니지, 코트니, 그건 교과서에 나오는 정의잖아. 특수한 수적 표현을 취해야지······."

〈매직과 장미*Magik and Rose*〉(1999)는 아주 재미있는 뉴질랜드 영화다. 카오스 이론에 관심이 많고 스퀘어 댄스를 추는 수학 천재가 나온다.

〈내 사랑 레이먼드*Everybody Loves Raymond*〉의 '앨리의 성적Ally's F'(2004)에서 레이와 데버러가 딸 앨리의 수학 선생님과 면담하러 간다. 그 선생님은 매정한 사람이다. "수학이란 건 말이죠, 수들은 일정해요, 명확하죠. 수는······ 논리적이고, 체계적이에요. 열세 살짜리 애들은······ 안 그렇죠······ 걔들 가정생활과 사회생활은 내 문제가 아니에요. 내 문제는 저거예요. 답은 파이고요!" 레이는 그 선생님에 대해 이렇게 요약한다. "X가 얼간이라면, 저 양반은 X 곱하기 4야."

〈피에르의 외출〉에서는 피에르 리샤르가 연기하는 열광적인 선생님이 수학 수업을 하는 재미있는 장면을 즐길 수 있다.

◁ 불가능한 일 하기

〈열정의 람바다〉에서 멋쟁이 수학 교사 블레이드가 '데카르트 좌표계'에 대한 지식과 각도기를 이용해, 불가능에 가까운 스리 쿠션 당구 샷을 성공시킨다. 5장도 보라.

〈토마토 공장에서 생긴 일〉에서 테레사는 응용 수학과의 박사 과정 학생이다. 테레사가 다양한 문외한들에게 자기가 하는 일을 알려 주려고 애쓰는 (그러나 실패하는) 아주 재미있는 장면이 몇 번 나온다.

〈묘지 소동〉은 재미있는 공포 영화다. 10대 다섯 명이 묘지 건물 안에서 길을 잃는데, 그곳은 실현 불가능한 방식으로 돌고 도는 구조를 이루고 있다. 아이들 중 한 명은 에셔▼의 실현 불가능한 그림을 언급하면서 그곳을 이해해 보려 한다.

그와 비슷한 실현 불가능한 기하학적 구조가 몇몇 다른 영화에도 나오는데, 모두 재미있는 방식으로 나타난다. 〈매트릭스 3*Matrix Revolutions*〉(2003)에서는 네오가 팩맨식으로 돌고 도는 구조의 기차역에 갇힌다. 〈플레전트빌*Pleasantville*〉(1998)의 시트콤 세계에서는 지리 교사가 그 마을의 돌고

▼ 모리츠 코르넬리스 에셔Maurits Cornelis Escher(1898~1972)는 네덜란드의 그래픽 아티스트로, 대칭기하학에 관심을 갖고 이를 발전시키는 데 큰 기여를 했다. 그는 수학 교육을 체계적으로 받은 적이 없음에도 불구하고 기하학의 대칭성에 관해 깊이 있게 이해했으며, 나중에는 위상기하학 발전에도 공헌을 했다. 또한 도널드 콕스터Donald Coxter, 로저 펜로즈Roger Penrose 등 당대의 뛰어난 수학자들과 자신의 아이디어를 공유하고 논의하면서 현대 수학에 많은 족적을 남겼다.

도는 구조를 설명해 준다. 그것은 아주 재미있는 장면이지만, DVD 해설을 들어 보면 작가·감독이 자기가 무엇을 하는지 제대로 이해하지 못했다는 점이 명백히 드러난다.

에셔의 그림 〈상대성Relativity〉에 기초한 장면들도 조금 있다. 〈상대성〉은 실현 불가능한 계단의 그림인데, 그곳에서는 중력이 세 방향으로 작용하고 있는 것처럼 보인다. 예컨대 〈심슨 가족〉의 '호머 대왕Homer the Great' (1995)에서는 오프닝 소파 장면이 그 그림을 본떠 만든 것이고, 〈라비린스〉에서는 (고블린 왕을 연기하는) 데이비드 보위가 그런 계단을 걸어 다닌다. 〈어벤저스〉에서는 우마 서먼이 에셔풍의 끝없는 계단을 달려 내려가 팩맨 미로 방으로 들어간다.

〈엑설런트 어드벤처 2〉에서 지옥에 가게 된 빌과 테드가 오츠 대령과 만나 매우 잊기 힘든 경험을 한다. 대령은 빌과 테드에게 팔굽혀펴기를 무한대로 많이 시킨다.

〈환상특급〉의 '뉴턴처럼I of Newton'(1985)에서 한 수학자가 자기가 어떤 수학 문제를 풀 수 있다면 악마에게 영혼이라도 팔겠다고 경솔하게 말해 버린다. 다행히 그는 악마보다 똑똑해서 그 딜레마에서 벗어날 방법을 찾아낸다. 악마가 찾아왔을 때 어떻게 해야 하는가에 대한 적절하고 실질적인 충고.

〈백 투 더 퓨처 3Back to the Future Part III〉(1990)에는 아직 놓이지 않은 다리를 건너 미래로 간다는 멋진 4차원적 아이디어가 나온다. 또 다른 한 장면에서는 박사가 이렇게 말한다. "클라라는 100만 명 중 한 명, 10억 명 중 한 명, 구골플렉스 중 한 명이었어."

〈몬티 파이튼의 성배Monty Python and the Holy Grail〉(1975)에는 아주 우스운 엉터리 논리에 대한 주장이 나온다. 이 주장의 결론은 어떤 여자가 오리와 무게가 같으면 마녀라는 것이다(그 여자는 정말 오리와 무게가 같은 것으로 밝혀진다).

SF 영화 〈플래시 고든*Flash Gordon*〉(1980)에서 자코브 박사, 바린 왕자, 오라 공주가 도망치다가, 잠긴 문을 열어 보려 한다.

오라   암호가 바뀌었어요!

바린   [낭만적으로] 오라, 나도 바뀌었소.

오라   [똑같이 낭만적으로] 저도 바뀌었어요.

자코브   아, 괜찮아요, 내가 알아낼 수 있을 것 같은데요.

바린과 오라가 얘기를 나누며 서로의 눈을 들여다보는 동안 자코브는 당면한 문제에 집중해서 문을 여는 데 성공한다.

자코브   역시, 제이만 수열▼의 소수들 중 하나일 줄 알았지. 난 바뀌지 않았군!

〈빙고〉에서 빙고라는 개가 처키의 숙제를 도와주고 있다.

▼ 허구적인 수열. 실제로 이런 수열은 없다.

처키　9의 제곱근은?

빙고　컹! 컹! 컹!

〈프루프*Proof*〉(2005)에는 수학자들로 구성된 록 그룹이 〈i〉라는 곡을 공연하는 장면이 나온다. 〈i〉는 이들이 그냥 거기 서서 아무것도 연주하지 않는 곡이다.

〈불샷*Bullshot*〉(1983)에서 불샷 크러먼드는 전형적인 영국 신사 영웅이다. 그는 친구 빈키 브랜캐스터와 함께 비둘기 사냥을 하다가, 한 마리를 보지도 않고 명중시킨다.

빈키　크러먼드! 도대체 어떻게 한 거야?

크러먼드　간단해, 빈키. 네 단안경에 비친 상으로 비둘기의 앙각을 빨리 계산한 다음, 거기서 렌즈의 굴절률을 빼서, 보각 축에 내 위치를 잡고 발포했지. 어려울 게 전혀 없었어.

나중에 크러먼드는 디즈 화이트와 춤을 추는데, 화이트의 아버지는 비밀 공식을 알아내려다 납치된 인물이다.

크러먼드　저기, 아버지의 공식을 기억해 낼 수 있겠어요?

디즈　생각해 볼게요. 대문자 N으로 시작됐어요. 그다음에 작은 A가 있었

그림 19.5. 〈아이큐〉에 나오는 '세제곱 나누기 파이' 신호.

고, 그다음에 3이 있었죠. 아, 그다음엔 체크 기호 위에 구불구불한 선이 하나 있었고, 아…… 십자가 무늬 빵 기호가 있었어요.

〈아이큐〉의 〈불샷〉을 연상시키는 한 장면에서 아인슈타인과 친구들이, 천재인 척하는 에드가 어떤 공식을 '기억해 내도록' 몰래 도와준다. [한 명이 손가락을 X자로 교차시킨 다음, 등호를 같은 방식으로 나타낸다.] "X 이퀄……" [다른 사람이 손가락 하나를 곧게 세운 다음, 거기에 다른 손가락을 가로로 교차시킨다. 그리고 양손의 엄지와 검지로 'w' 모양을 만든다.] "1 + w" [또 다른 사람이 얼음 조각ice cube을 집어 올려 파이 위에 들고 있다.] "세제곱 나누기 파이cubed over pi." 그림 19.5를 보라.

〈선더버즈〉의 '태양 탐사선'에서 브레인스가 브레인먼이라는 로봇에게 생사가 걸린 문제를 낸다.

브레인스   브레인먼, 다음 식을 계산해 봐. 87의 삼각 진폭의 제곱근의 스물아홉

제곱 나누기 956의 양적 하이드락시스의 일흔일곱제곱은? 문제를 이해했니?

브레인먼   네.

브레인스   그럼 풀어 봐…….

브레인먼   45,969.

░░░

〈로센크란츠와 길던스턴이 죽다Rosencrantz & Guildenstern Are Dead〉(1990)에서 두 주인공이 동전을 던지는데 앞면이 잇달아 157번이나 나온다. 그러는 내내 둘은 그 의미를 논한다. SF TV 드라마 〈안드로메다Andromeda〉의 아주 운 좋은 등장 인물 트랜스는 '장광설 시도Attempting Screed' 에피소드에서 동전을 던지는데 뒷면이 잇달아 58번 나온다.

〈붉은 행성 화성〉에서 과학자들이 화성으로부터 연락을 받고, '화성인'과 교신할 방법을 모색한다. 돌파구가 나타난 것은 수석 과학자의 아들이 (파이를 한입 먹으며) π의 소수 전개를 이용하자는 아이디어를 낼 때다. 설명하기 힘들지만 이 영화는 꼭 봐야 할 굉장한 작품이다.

◈ 그럴 확률이 얼마나 되겠어?

〈마이 리틀 치카디My Little Chickadee〉(1940)에 나오는 W. C. 필즈의 아주 우스운 짧막한 농담. 포커가 기술보다 운에 좌우되는 게임인가에 대한 한마디. "내가 치는 방식에서는 안 그래."

〈13일의 금요일 10−제이슨 XJason X〉(2001)에서 케이엠이라는 매력적인 여자 인조인간이 팀의 생존 확률을 12%로 계산한다. 하지만 친구 추나론의 키스를 받은 후에는 그 확률을 53%로 다시 계산한다. 그러자 추나론은 100%가 나오도록 해 보자고 말한다.

〈토치에게 애인이 생기다*Torchy Gets Her Man*〉(1938)에서 개혜이건은 경마에서 돈을 거는 수학적 요령이 있다. "마음을 텅 비우고 있다 보면 어떤 수가 딱 떠오르죠. 그러면 그 수를 같은 수와 곱하고 그렇게 해서 나온 수의 1의 자릿수가 내가 돈을 거는 말의 번호가 되는 겁니다." 그는 그 요령을 이용해서 처음엔 7번 말($6 \times 6 = 37$이라는 이유로), 그다음엔 4번 말($4 \times 4 = 14$), 그다음엔 9번 말($9 \times 9 = 99$), 그다음엔 7번 말($7 \times 7 = 47$), 그다음엔 8번 말($8 \times 8 = 68$)을 고른다. 그리고 돈을 딴다.

◁ 수학을 어렵게 만든 것은 신의 실수

〈새엄마는 외계인*My Stepmother Is an Alien*〉(1988)에서 외계인 새엄마(킴 베이싱어)가 질문을 받는다. "휴가에는 뭘 해요?" "수학이요." "재미로 하는 일은 뭐예요?" "그래프 그리기요!"

〈오, 하느님! 2*Oh God! Book II*〉(1980)에서 조지 번스가 연기하는 신이 한 소녀의 수학 문제 풀이를 돕는다. 그는 수학을 매우 잘하는 것으로 드러난다. 신은 수학을 너무 어렵게 만든 것이 실수라고 인정하기도 한다.

〈스쿨 오브 락*The School of Rock*〉(2003)에서 선생인 척하는 잭 블랙이 아주 재미있는 수학 노래로 수업을 이끈다. "그러니 체육은 그쯤 해 두고 수학을 좀 해 보자."

〈볼 오브 파이어*Ball of Fire*〉(1941)는 일단의 고루한 학자들이 바바라 스탠윅에게 매료되는 과정을 다룬 재미있는 영화다. 대화 중에 아이작 뉴턴이 언급되자 그녀는 자신이 또 다른 사과일 뿐이라고 말한다. 그들 중 수학자는 스탠윅의 춤 동작에서 공통 분모를 알아내려고 애쓰는가 하면, 상대성에 기초해 표지판이 학자들의 자동차를 들이받았다고 주장하기도 한다. 나중에 그 학자들은 'two and two is five'와 'two and two are five' 중 어느 것이 문법적으로 옳은가에 대해 토론을 벌인다. 또 그들은 아르키메데스의 거울 아이디어를 이용해 악당들을 좌절시키기도 한다.

〈심슨 가족〉과 〈퓨처라마〉의 다양한 에피소드에서 수학과 관련된 장면을 많이 찾아볼 수 있다. 예상들 하시겠지만, 거의 전부가 아주 기발하고 매우 재미있다. 종합적인 목록을 보고 싶으면 '심슨 가족 수학Simpson Math' 웹 사이트와 '벤더 벤딩 로드리게스의 구부러지지 않는 페이지'라는 웹 사이트의 수학란을 살펴보라.

〈해롤드와 쿠마 2: 관타나모로부터의 탈출Harold & Kumar Escape From Guantanamo Bay〉(2008)에서 쿠마가 '3의 제곱근'이라는 연애시를 쓰던 중에, '망할 놈의 미적분 기말고사' 공부로 끙끙대는 바네사의 방해를 받는다. 쿠마는 이중 적분으로 그녀를 도와준다. 나중에 쿠마는 그 시를 읊는다.

내가 언제나 루트 3처럼 외로운 수일까 봐 걱정입니다.
3이면 더없이 좋습니다. 왜 내 3이 심술궂은 근호 아래
숨어 있어야 할까요? 내가 차라리 9라면 좋을 텐데요.
9라면 그 짓궂은 장난을 암산으로 내쳐 버릴 테니까요.
나는 결코 1.7321로서 태양을 바라보고 싶진 않습니다.
하지만 그것이 내 현실이죠. 이 애달픈 무리성이여.
그런데 자! 지금 보이는 게 뭐죠? 또 다른 3의 제곱근이

사뿐사뿐 춤추며 다가왔네요. 이제 우리는 함께 곱셈으로

우리가 좋아하는 수를 이루고, 정수로서 크게 기뻐합니다.

우리는 필멸의 굴레에서 벗어납니다. 요술 지팡이를 휘둘러

우리 근호를 벗겼습니다. 내 사랑이 다시 시작되었습니다.

3부

수학자의
영화 파일

20장

영화 속 수학과 관련된 인물

이 장은 영화 속 수학과 관련된 인물들을 모아 주석이 달린 몇 가지 목록으로 정리한 것이다. 영화에 나오는 실존 수학자, 여성 수학자, 주목할 만한 수학 교사와 수업 장면, 신동, 살인을 저지르는 수학자, 수학과 관련된 유명 배우를 비롯해 영화 제작에 참여한 수학 자문 위원 등.

관련 영화의 제목과 줄거리를 종합한 목록을 보고 싶으면, 우리가 운영하는 '매스 마스터스Maths Masters' 웹 사이트(www.qedcat.com)를 살펴보라. 이 책이 나온 후에도 웹 사이트에 자료를 계속 추가할 것이다.

∴ 실존 수학자

실존 수학자들은 영화에 나오는 경우가 드물다. 위대한 수학자들 중에도 영화에 한 번도 나온 적이 없는 사람이 수두룩하다.

● 칼 프리드리히 가우스Carl Friedrich Gauss는 수학 뮤지컬 〈페르마의 마지막 탱고〉에서 '수학 내세'에 등장한다.

● 에바리스트 갈루아Evariste Galois는 〈에바리스트 갈루아*Évariste Galois*〉(1965)에서 결투 전날 밤에 수학적인 발견 내용을 적어 둔다. 〈3:19〉(2008)는 갈루아의 말년을 소재로 삼고 있다.

● 쿠르트 괴델Kurt Göodel▼은 로맨틱 코미디 영화 〈아이큐〉에 알베르트 아인슈타인의 친구로 등장한다.

● 존 내시John Nash의 전기 영화로 〈뷰티풀 마인드〉가 있다.

● 존 폰 노이만John von Neumann은 〈폭탄 경쟁〉에 잠깐 등장한다(더 비중 있는 역할이었으나 편집으로 축소된 듯하다). 〈뷰티풀 마인드〉에 나오는 존 내시의 지도 교수인 헬링거도 폰 노이만을 모델로 만든 인물이다.

● 아이작 뉴턴Isaac Newton은 여러 영화에 잠깐씩 등장한다. 〈인류 이야기*The Story of Mankind*〉(1957)에서 나이 들었지만 여전히 익살맞은 하포 막스가 연기하는 뉴턴이 머리에 사과를 맞는다. 애니메이션 〈록키와 불윙클*Rocky and Bullwinkle*〉(1961)의 미스터 피보디 에피소드에도 뉴턴이 비슷한 식으로 나온다. 거기서 뉴턴은 사과(와 바나나)가 아래로 떨어지지 않고 계속 위로 올라가는 바람에 중력 법칙을 증명하는 데 애를 먹는다.

뉴턴은 〈표트르 대제*Peter the Great*〉(1986)에서 표트르 대제와《자연 철학의 수학적 원리*Principia*》를 논한다. 또 〈왕의 도둑*The King's Thief*〉(1955)에 왕실 천문학자, 〈퀘스트*Quest of the Delta Knights*〉(1993)에 연금술사로 나온다. 〈스타트렉〉의 다음 두 에피소드에 홀로그램의 형태로 나온다. 〈스타트렉: 넥스트 제너레이션〉 '급습 1부Descent, Part I'(1993)와 〈스타트렉: 보이저*Star Trek: Voyager*〉 '죽음에 대한 동경Deathwish'(1996).

〈페르마의 마지막 탱고〉에서 뉴턴은 '수학 내세'에서 더 비중 있는 역할을

▼ 쿠르트 괴델(1906~1978)은 불완전성의 정리로 유명한 수학자이자 논리학자이다.

그림 20.1. 〈블레즈 파스칼〉에서 마랭 메르센과 블레즈 파스칼이 르네 데카르트를 만나고 있다.

한다. 〈뉴턴: 두 아이작 이야기*Newton: a Tale of Two Isaacs*〉(1997)도 있는데, 청소년 영화로 제작되었다. 이 영화는 유치하긴 하지만 재미있고, 중력에 대한 수학도 조금 나온다.

● 장 르 롱 달랑베르Jean-Baptiste Le Rond d'Alembert▼는 〈베르사유 이야기*Si Versailles M'Était Conté*〉(1954)에 나오지만 대사는 한마디도 하지 않는다.

● 르네 데카르트Rene Descartes를 주인공으로 한 영화로 로베르토 로셀리니 감독의 〈카르테시우스▼▼*Cartesius*〉(1974)가 있다. 이 작품은 수학보다 철학에 훨씬 더 초점이 맞춰져 있다. 데카르트가 수학자 이사크 베크만이 낸 중력 관련 문제를 풀고 있

▼ 장 르 롱 달랑베르(1717~1783)는 프랑스 계몽주의 시대의 대학자로 수학, 철학, 물리학 등에 업적을 남겼다.
▼▼ 영화 제목인 카르테시우스는 데카르트의 라틴어명이다(레나투스 카르테시우스).

는 장면이 나온다. 데카르트는 로셀리니의 〈블레즈 파스칼*Blaise Pascal*〉(1972)에도 잠깐 등장한다(그림 20.1).

● **고트프리트 라이프니츠**Gottfried Leibniz는 〈몬티 파이튼의 할리우드 볼 라이브〉에 철학자 축구 경기에서 패배하는 골키퍼로 나온다.

● **버트런드 러셀**Bertrand Russell▼은 〈비트겐슈타인*Wittgenstein*〉(1993)에서 이발소에 가고(러셀이 말한 거짓말쟁이의 역설을 익살맞게 다룬 장면), 〈톰과 비브〉에도 단역으로 나온다.

● **마랭 메르센**Marin Mersenne▼▼은 〈블레즈 파스칼〉과 〈카르테시우스〉에 잠깐씩 등장한다.

● **망누스 예스타 미타그레플러**Magnus Gustaf Mittag-Leffler는 수학자 소피야 코발렙스카야의 전기 영화 〈달의 어두운 면의 언덕*A Hill on the Dark Side of the Moon*〉(1983)에 등장한다.

● **존 밀너**John Milnor는 〈뷰티풀 마인드〉에서 존 내시의 친구이자 경쟁자인 핸슨의 모델이다.

● **에이다 바이런**Ada Byron▼▼▼은 〈컨시빙 에이다*Conceiving Ada*〉(1997)에서 찰스 배비지와 함께 해석 기관을 연구한다.

● **칼 바이어슈트라스**Karl Weierstrass▼▼▼▼는 수학자 소피야 코발렙스카야의 전기 영화 〈달의 어두운 면의 언덕〉에 등장한다.

● **벤저민 배네커**Benjamin Banneker는 18세기 미국의 흑인 수학자이다(천문학자와

▼　버트런드 러셀(1872~1970)은 영국의 수학자이자 철학자로, 20세기 지성사에 큰 영향을 미쳤다. 알프레드 노스 화이트헤드Alfred North Whitehead와 함께 쓴 《수학 원리*Principia mathematica*》는 수리 철학 및 기호 논리학에 기여했다.

▼▼　프랑스의 물리학자이자 수학자 마랭 메르센(1588~1648)은 메르센의 소수, 완전수에 관한 연구 등의 업적을 남겼다.

▼▼▼　에이다 바이런(1815~1852)은 영국의 수학자이며, 낭만파 시인 바이런의 딸이다. 수학자 찰스 배비지와 분석 기관에 대한 연구를 했으며 최초의 프로그래머로 알려져 있다.

▼▼▼▼　독일의 수학자 칼 바이어슈트라스(1815~1897)는 해석학의 기초를 확립했고, 미적분학의 기초를 다졌으며 일변수 복소함수, 로그함수의 멱급수에 대한 이론을 정비하는 등의 업적을 남겼다.

엔지니어로 더 많이 활동했다). TV 영화 〈자유인*Freedom Man*〉(1989)에 주인공으로 나온다. 이 영화는 아주 감동적인 내레이션으로 끝난다. "내 일생은 흑인이 무엇을 할 수 있는가에 대한 수학적 증명이었다. 나는 시계 제조공, 농부, 천문학자, 측량사, 책력 저술가, 수학자였다. …… 그리고 나는 이것도 더하고 이것도 더한다. 그리고 나는 그 총합이 이 세상에 뭔가를 증명하길 바란다."

● **찰스 배비지**Charles Babbage는 〈컨시빙 에이다〉에서 에이다 바이런과 협력한다. 배비지의 해석 기관도 이 영화에 나온다.

● **이사크 베크만**Isaac Beeckman은 17세기 네덜란드 수학자로, 〈카르테시우스〉에 나와 중력에 대한 어떤 문제를 제시한다.

● **시라쿠사의 아르키메데스**Archimedes of Syracuse는 영화에 가장 많이 나오는 수학자라 할 수 있다. 그는 최초의 수학 영화인 〈카비리아〉에 나온다. 거기서 그는 흔히 알려진 대로 로마 군함을 불태우려고 기하학 작도를 한다. 믿기 힘들지만 아르키메데스는 고대 영웅을 다룬 판타지 모험 영화인 〈시라쿠사 포위전〉에 주인공으로 나와서 마지막 클라이맥스의 전투에 참여하기도 한다(그가 승리한다!). 이 영화에서 아르키메데스는 로마의 군함만 태우는 것이 아니라, 흥미롭게도 목욕 중인 미녀의 옷도 태운다. 아르키메데스가 단역으로 나오는 경우로는 〈퀘스트〉에서 로마 병사들에게 살해되는 장면과 〈걸리버 여행기*Gulliver's Travels*〉(1996)의 유레카 장면(수건을 걸친 채로) 등이 있다. 〈몬티 파이튼의 할리우드 볼 라이브〉에 훨씬 더 재미있는 역할로 나온다. 거기서 아르키메데스는 그리스 대 독일 철학자 축구 경기에 주전으로 출전하는데, 공을 어떻게 찰지 판단하고 있을 때 유레카 모멘트를 맞는다.

● **앤드루 와일스**Andrew Wiles는 수학 뮤지컬 〈페르마의 마지막 탱고〉에 주인공 중 한 명(대니얼 킨)으로 나온다.

● **유클리드**Euclid는 수학 뮤지컬 〈페르마의 마지막 탱고〉에서 '수학 내세'에 등장한다.

● **니콜라이 주콥스키**Nikolai Zhukovsky는 러시아의 유체역학자로, 그의 삶을 다룬 영화 〈주콥스키*Zhukovsky*〉(1950)가 있다.

● **첸징룬**Chen Jingrun은 골드바흐의 추측을 연구한 유명한 중국 수학자로, 아홉 시간짜리 드라마 〈첸징룬〉의 주인공이다.

● **테드 카진스키**Ted Kaczynski는 하버드 대학 출신의 수학자인데 악명 높은 폭탄 테러범이다. TV 영화 〈유나바머*Unabomber: The True Story*〉(1996)는 그의 범행과 그 추적 과정을 담았다. 그가 수학자라고 분명하게 언급되지는 않는다.

● **레나토 카초폴리**Renato Caccioppoli▼▼는 기하 측도론의 창시자 중 한 명으로, 〈나폴리 수학자의 죽음*Death of a Neapolitan Mathematician*〉(1992)에서 자살하는 인물로 나온다.

● **소피야 코발렙스카야**Sonya Kovalevskaya▼▼▼의 전기 영화로 〈달의 어두운 면의 언덕〉이 있다.

● **알렉산드리아의 테온**Theon of Alexandria▼▼▼▼은 히파티아의 아버지로, 〈아고라 *Agora*〉(2009)에 등장한다.

● **앨런 튜링**Alan Turing은 〈암호 해독*Breaking the Code*〉(1996)에서 아름답게 묘사된다. 〈에니그마〉의 주인공 토머스 제리코도 튜링을 모델로 만든 인물이다.

● **블레즈 파스칼**Blaise Pascal은 로베르토 로셀리니 감독이 만든 〈블레즈 파스칼〉의 주인공이며, 〈카르테시우스〉에도 잠깐 나온다.

● **피에르 드 페르마**Pierre de Fermat는 수학 뮤지컬 〈페르마의 마지막 탱고〉에 부정적인 이미지의 자만심 강한 주인공으로 나온다.

● **피타고라스**Pythagoras는 〈수학 마법 나라의 도널드〉에서 도널드 덕을 만나고,

▼ 러시아의 물리학자 니콜라이 주콥스키(1847~1921)는 2차원적인 날개 이론의 기초를 완성했으며, 프로펠러의 소용돌이 이론과 날개의 유효 단면 결정 등의 연구 성과를 남겼다. 러시아의 항공역학 연구 시설의 발달에도 기여했다.

▼▼ 이탈리아의 수학자 레나토 카초폴리(1904~1959)는 해석학과 편미분방정식, 측도론에 주요한 기여를 하였다.

▼▼▼ 러시아의 여성 수학자 소피야 코발렙스카야(1850~1891)는 해석학과 미분 방정식 및 역학 등에 업적을 남겼다.

▼▼▼▼ 테온(350?~400?)은 그리스의 수학자이자 천문학자로, 수학자 히파티아의 아버지다. 유클리드 기하학의 편집자로 유명하며, 프톨레마이오스의 《알마게스트*Almagest*》에 대한 주석을 썼다.

뮤지컬 〈페르마의 마지막 탱고〉에서 '수학 내세'에 나온다.

● **오마르 하이얌**Omar Khayyam은 유명한 페르시아 수학자이자 시인이다. 몇몇 영화에 나오는데, 시인에 초점을 둔 경우가 많다. 〈신드바드의 아들*Son of Sinbad*〉(1955)에서 빈센트 프라이스가 연기하는 장면은 사실과 달라 보인다. 〈파수꾼: 오마르 카이얌의 전설*The Keeper: The Legend of Omar Khayyam*〉(2005)과 〈오마르 하이얌*Omar Khayyam*〉(1957)에서는 수학적인 내용이 더 많이 언급된다. 〈오마르 하이얌〉에서는 코넬 와일드가 하이얌으로 나온다.

● **화뤄겅**Hua Luogeng은 유명한 중국 수학자로 〈첸징룬〉에 나온다.

● **히파티아**Hypatia는 역사상 최초의 주요 여성 수학자로, 〈아고라〉에서 주요 인물로 나온다.

∴ 여성 수학자

여성 수학자는 실존 인물이든 허구적 인물이든 간에 영화에서 분명히 소수다.

● 〈**그녀가 책을 썼다**_She Wrote the Book_〉(1946)에서 한 수학 여교수가 멱급수의 수렴 반지름에 대해 강의한다. 또 다른 재미있는 장면에서 그녀는 자기가 다리 bridge를 좋아하는 이유에 대해 이야기한 후, 관련 문제에 탄젠트 법칙을 (정확하게!) 적용한다.

● 〈**뉴욕 소나타**〉는 로맨틱 코미디 영화로, 주인공이 유한군론을 전공하는 수학 교수다. 영화의 첫 장면에서 그녀는 뱀 보조정리의 증명법을 전부 보여 주고, 짜증나게 하는 건방진 학생을 상대하는 법도 나온다. 12장을 참고하라.

● 〈**달의 어두운 면의 언덕**〉은 러시아 수학자 소피야 코발렙스카야의 전기 영화다.

● 〈**동굴곰 부족**_Clan of the Cave Bear_〉(1986)에서 대릴 한나는 최초의 수학자(?)로 나온다. 그녀는 크로마뇽인 여자로, 손가락, 막대기의 홈 등을 배가시키며 조합

해 다섯 개씩 수를 헤아리는 법을 배운다.

- 〈라스베이거스 셰이크다운*Las Vegas Shakedown*〉(1955)에서 한 수학 교사가 책을 쓰기 위해 연구차 라스베이거스에 간다. 이 책은 카지노가 늘 돈을 딸 수밖에 없음을 보여 주기 위한 것이다.

- 〈센스 오브 스노우〉에서 주인공 스밀라는 눈과 얼음을 수학적으로 연구한다. 한 장면에서 그녀는 한 아이에게 이렇게 말한다. "점은 나눌 수 없는 것이야. 선은 너비가 없는 길이이고. 이런 게 너한테 재미있을 리 없겠지만."

- 〈슈리커〉의 주인공 중 한 명인 클라크는 '다차원 위상기하학'을 전공하는 수학과 여대생이다.

- 〈스페이스웨이스*Spaceways*〉(1953)에서 로켓선의 승무원인 리사 프랭크 박사는 '일류 수학자'로 '감정을 비롯한 모든 것을 방정식과 정리로 깔끔하게 환원'한다.

- 〈아고라〉는 최초의 주요 여성 수학자로 꼽는 히파티아의 삶을 소재로 삼은 영화다. 사실상 수학은 많이 나오지 않는다.

- 〈아이큐〉에서 멕 라이언이 알베르트 아인슈타인의 조카딸로 나온다. 그녀는 뛰어난 수학자이자 물리학자이기도 하다.

- 〈안토니아스 라인〉은 수학 교수가 되는 신동에 대한 영화다. 그녀가 호몰로지 대수학을 강의하는 모습이 나온다.

- 〈의혹*Presumed Innocent*〉(1990)은 추리물이자 박사 과정 학생들을 위한 교훈적인 영화다. 주인공의 아내는 10년간 수학 학위 논문과 초조하게 씨름해 왔다. 결국 그녀가 살인을 저지른 것으로 밝혀진다. 하지만 그녀는 처벌을 면하고, 박사 과정을 마친 후, 오래오래 행복하게 산다.

- 〈인스펙터 루이스*Inspector Lewis*〉(2006)는 TV 드라마로 첫 에피소드에서는 한 여학생이 자기가 골드바흐의 추측을 증명했고, 교수의 필즈상 수상 연구 결과를 반증했다고 생각한다. 그녀의 증명이 틀리긴 했지만, 교수는 그 증명이 자기 연구 결과에서 심각한 실수를 집어냈음을 깨닫는다. 그는 자신의 비밀을 지키려고 여학생을 살해한다.

● 〈자이언트 클로〉에서 샐리 콜드웰이 '마드모아젤 수학자'로 나오며, 우주에서 온 괴물 새를 물리치는 데 기여한다.

● 〈줄리 존슨*Julie Johnson*〉(2001)에서 주인공 줄리 존슨은 학대받는 가난한 백인 주부인데, 수학에 매우 뛰어난 것으로 드러난다. 한 재미있는 장면에서 그녀는 딸(미샤 바턴)에게 칸토어 집합을 설명해 주려고 한다.

● 〈컨시빙 에이다〉는 에이다 바이런을 소재로 삼았다. 그녀는 찰스 배비지와 협력해 해석 기관을 연구한 유명 수학자다.

● 〈큐브 2〉에서 포로 중 한 명인 페일리 여사는 성가신 노망난 수학자다. 그녀는 어떤 다이어그램을 초입방체(4차원 입방체) 그림으로 알아본다. 15장을 참고하라.

● 〈토마토 공장에서 생긴 일〉에서 테레사는 응용 수학과에서 박사 과정을 밟고 있다. 몇몇 재미있는 장면에서 그녀는 자기가 하는 일을 수학 문외한들에게 이해시키려고 애쓰지만 번번이 실패한다.

● 〈프루프〉에서 기네스 팰트로는 불안 증세에 시달리는 수학자로 나온다. 그녀의 아버지는 유명했던 수학자로 정신분열증과 불안 장애로 힘들게 말년을 보내다 세상을 떠났다. 아버지의 죽음을 받아들이려고 애쓰는 그녀는, 아버지의 그늘에 가려 빛을 보지 못하고 살아 왔다. 영화 마지막 부분에서 그녀가 아버지의 연구 업적보다 뛰어난 주요 연구 성과를 내놓은 것으로 밝혀진다.

∴ 수학 선생님과 흥미로운 수업 장면

수학 선생님이 나오는 영화는 아주 많다. 다음은 특히 주목할 만한 선생님이나 수업 장면이 나오는 영화들이다.

● 〈계속해요 선생님*Carry On Teacher*〉(1959)에서 잘난 체하는 감독관이 수학 수업에 끼어들어 와, 아이들에게 두 자릿수를 불러 보라고 한 후, 그 수의 1의 자릿

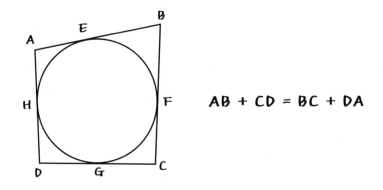

$$AB + CD = BC + DA$$

그림 20.2. 두 대변의 합은 나머지 두 대변의 합과 같다.

수와 10의 자릿수를 바꿔 적으면서 아이들이 어떻게 반응하는지 시험해 본다. 그러다가 한 아이가 그에게 33을 적어 보라고 하는 바람에 허를 찔린다.

● 〈**굿바이 칠드런***Au Revoir Les Enfants*〉(1987)에서 한 선생님이 원의 외접 사각형에서 두 대변의 합은 나머지 두 대변의 합과 같다는 사실에 대해 이야기한다(그림 20.2).

● 〈**꼬마 천재 테이트**〉는 수학 신동 두 명이 나오는 영화다. 한 수업 장면에서는 선생님이 칠판에 숫자 1, 2, 3, 4, 5, 6, 7, 8, 9, 10을 적고 묻는다. "이 수들 가운데 2로 나눌 수 있는 수는 몇 개인지 누가 말해 볼래?" 그러자 신동 중 한 명이 퉁명스럽게 대답한다. "음, 전부 다요."

● 〈**더 페이스**〉에서 교통사고로 얼굴이 흉하게 된 전직 선생님인 멜 깁슨이 한 소년에게 피타고라스 정리에 대해 질문하고, 원의 중심을 찾는 법에 대한 유클리드 정리를 가르친다. 하지만 그러면서 바보 같은 실수를 저지른다!

● 〈**디아볼릭**〉(1955)의 주인공 중 한 명이 선생님이다. 한 학생이 정육각형 면적을 외접원 반지름과 관련해 구하는 모습이 나온다.

● 〈**맥스 군 사랑에 빠지다***Rushmore*〉(1998)는 꿈 시퀀스로 시작한다. 한 수학 낙

제생이 아주 어려운 수학 문제를 풀어 반의 영웅이 되는 상황을 공상한다. 그 장면에서 보이는 문제는 타원의 면적을 구하라는 것인데, 사실 아주 쉽다.

● 〈메리 앤드류〉에서 대니 케이가 연기하는 수학 교사는 노래와 춤으로 피타고라스 정리를 가르친다.

● 〈브루털*Brutal*〉(2007)에서 한 온순한 과학 교사가 꽃과 피보나치 수열을 이용해 살인을 계획한다.

● 〈스쿨 오브 락〉에서 잭 블랙은 학생들에게 록 음악을 가르치는 데 열중하고 있다. 그런데 갑자기 교장이 수업을 참관하자, 그는 아주 재미있는 수학 노래를 즉흥적으로 만들어 부른다.

● 〈스탠드 업〉은 전설적인 수학 교사 하이메 에스칼란테가 이스트 로스앤젤레스의 변변찮은 학교의 학생들에게 의욕을 고취시키는 과정을 다룬 아주 멋진 영화다. 3장을 참고하라.

● 〈식스 핏 언더*Six Feet Under*〉의 '형제애Brotherhood'(2001)에는 수업 장면이 한 번 나오는데, 그 수업은 수학 교사의 머리가 터지는 것으로 끝난다.

● 〈H. G. 웰스의 무한한 세계〉의 파이크래프트 에피소드는 수학 교사로 일하는 점잖은 수학자에 대한 재미있는 판타지다.

● 〈열정의 람바다〉는 더티 댄싱이 가미된 〈스탠드 업〉이라 할 수 있는 영화다. 블레이드는 학생들에게 학습 의욕을 고취시키는 멋쟁이 수학 교사다. 가장 인상적이고 유치한 장면은 블레이드가 '직교 좌표계'와 각도기를 이용해 불가능에 가까운 스리 쿠션 당구 샷을 성공시켜 수학의 유용성을 보여 주는 것이다.

● 〈옥토버 스카이*October Sky*〉(1999)에서는 한 탄광촌에 사는 아이가 로켓 과학자가 되고 싶어 한다. 그는 수학을 잘해야 한다는 것을 깨닫고, 수학 교사에게 도움을 받는다.

● 〈왕자와 거지〉에서 미키 마우스 왕자는 아주 지루한 삼각법 수업을 듣고 앉아 있어야 한다.

● 〈일곱 가지 유혹〉에서 엘리자베스 헐리가 연기하는 악마·교사가 페르마의 마

지막 정리가 쓸모없다고 비난한다.

● 〈**작은 사랑의 기적**〉은 코미디 영화로, 말도 안 되는 기하학을 가르치는 수학 교사를 학생들이 좋아한다.

● 〈**처녀 자살 소동**〉에 벤 다이어그램과 관련된 수업 장면이 나온다. 그 칠판 중 하나에 π의 소수 전개가 엉터리로 적혀 있다. 또 다른 장면에서는 한 칠판에 2차 함수의 도함수 구하기와 관련된 문제들이 적혀 있다.

● 〈**체인지**〉에 익살맞고 냉소적인 수학 교사가 나온다.

● 〈**초콜릿 천국***Willy Wonka & the Chocolate Factory*〉(1971)에 백분율과 관련된 재미있는 장면이 몇 번 나온다. 한 장면에서는 선생님이 웡카 바를 이용해 백분율을 가르친다. 또 다른 장면에는 합계가 105%로 나온다. 한 컴퓨터는 '컴퓨터 확률 법칙'에 기초해 황금 티켓을 찾도록 프로그래밍된다.

● 〈**케빈은 열두 살***The Wonder Years*〉(1988~1993) 시즌 3의 몇몇 에피소드에 나오는 콜린스는 쌀쌀맞아 보이지만 매우 헌신적인 수학 교사로 정말 멋진 캐릭터다.

● 〈**퀸카로 살아남는 법**〉은 칠판에서 수학식을 많이 볼 수 있는 영화다. 주인공은 아주 예쁜 여학생(린제이 로한)인데 수학도 아주 잘한다. 그녀는 선생님이 격려하자 친구들의 충고("그건 사회적 자살이야")를 거스르며 교내 수학 동아리에 들어간다. 결국 수학 경시대회에서 동아리에 우승을 안겨 준다.

● 〈**피에르의 외출**〉에서는 피에르 리샤르가 연기하는 열광적인 선생님이 수학 수업을 하는 재미있는 장면을 즐길 수 있다.

∴ 신동

● 〈**굿 윌 헌팅**〉은 어느 수학 천재에 대한 영화로, 수학이 아주 많이 나온다. 1장을 참고하라.

● 〈**꼬마 천재 테이트**〉는 두 수학 천재가 나오는 영화로, 수학 경시대회, 텐세그

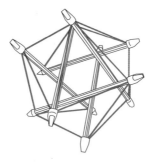

그림 20.3. 〈꼬마 천재 테이트〉에서 프레드 테이트는 직접 텐세그리티 이십면체를 만든다.

리티 이십면체 만들기(그림 20.3) 등등 수학과 관련된 장면이 많이 나온다.

● 〈**내 사랑 비비***Dear Brigitte*〉(1965)에서는 사람들이 어린 소년의 수학적 능력을 경마에 이용하고 싶어 한다. 하지만 소년이 원하는 것은 브리짓 바르도를 만나는 것뿐이다. 소년은 소원을 이룬다.

● 〈**레이징 지니어스***Raising Genius*〉(2004)에 역대 최고로 짜증 나는 수학 관련 인물이 나온다. 엄청나게 투덜대는 핼은 화장실에 틀어박혀 수학(편미분 방정식)을 연구하는 천재다. 그는 한편으로는 울타리 너머에서 연습 중인 치어리더 레이시(다니카 맥켈라)에게 추파를 던지기도 한다. 핼은 화장실에서 나오지 않으려 하며("내 립쉬츠 조건을 떠날 수가 없어"), 레이시가 자꾸 '일곱'에 박자를 놓치는 것에 짜증을 낸다. 하지만 결국은 '레이시 섭동'이 문제의 방정식을 푸는 열쇠임을 깨닫는다.

● 〈**마틸다***Matilda*〉(1996)의 어린 마틸다는 수학 천재일 뿐만 아니라 초자연적 능력도 있다. 아주 재미있는 장면이 몇 번 나온다.

● 〈**머큐리***Mercury Rising*〉(1998)에서는 암호 해독의 천재인 자폐아가 나온다. 다음 영화에도 천재의 범주에 들 정도로 뛰어난 수학적 능력을 갖춘 자폐증 환자가 나온다. 〈레인 맨*Rain Man*〉(1988), 〈큐브〉, 〈모차르트와 고래〉, 〈엑스 파일*The X File*〉 '의문의 방정식Roland'(1994).

● 〈**스타트렉: 넥스트 제너레이션**〉(1987~1994)에 등장하는 〈스타트렉〉에서 가장

짜증 나는 캐릭터인 웨슬리 크러셔는 확실히 신동이라는 표현이 꼭 맞는 인물이다. 예를 들어 '복수 요인The Vengeance Factor'(1989)에서 그는 'k배 반변 리만 텐서장의 국소 유클리드 거리화'와 관련된 숙제를 한다.

● 〈안토니아스 라인〉은 수학자가 되는 신동에 대한 영화다. 신동이 암산을 하는 장면, 수학 교수가 되어서 가환 다이어그램이 칠판이 적혀 있는 가운데 호몰로지 대수학을 강의하는 장면이 나온다.

● 〈영 아인슈타인*Young Einstein*〉(1988)은 코미디 영화로, 아인슈타인이 태즈메이니아의 한 사과 농장에서 자라나 뉴턴의 이론을 재발견한다. 그는 나중에 대도시로 가서, 마리 퀴리와 사랑에 빠지고, (진짜) 아인슈타인에게 명성을 안겨 준 나머지 모든 것을 발견한다.

● 〈유스티스, 문제를 풀다〉는 1958년의 한 어린이 퀴즈 프로그램을 배경으로 한 매우 훌륭한 단편 영화다. 유스티스는 답을 모두 아는 어린 소년이다.

● 〈21세기 두뇌 게임*Real Genius*〉(1985)은 천재에 대한 영화다. 세 차례의 연이은 수학 수업에서 갈수록 더 많은 학생들이 녹음기로 대체되는 상황은 황당하기까지 하다. 마지막 장면에서는 강사마저 녹화물로 대체된다.

● 〈저주받은 도시*Village of the Damned*〉(1960)에서 섬뜩한 느낌을 주는 금발 어린이들이 상대성 이론 방정식을 비롯한 여러 가지 지식을 무척 빨리 배운다.

∴ 수학자와 살인

가령 여러분이 아주 예민한 전형적인 수학자인데 뭔가가 혹은 누군가가 여러분을 매우 화나게 했다고 치자. 좁게는 그 특정인에게, 넓게는 세상 전체에 어떻게 복수해야 할까? 영화에서 힌트를 찾고 있다면 실망하게 될 것이다. 수학자들은 명석함에도 불구하고 살인은 별로 똑똑한 방식으로 하지 않는 듯하다. 우리 목록 중 한 명을 제외한 나머지는 모두 덜미를 잡는다.

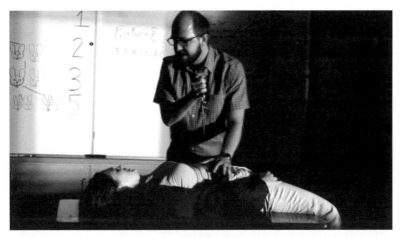

그림 20.4. 〈브루털〉에서 피보나치 수열을 이용하는 살인자가 또 사람을 막 찌르려는 참이다.

- 〈계산기*The Adding Machine*〉(1969)에서는 계산 강박증이 있는 회계사 제로가 살인을 저지른다.
- 〈007 카지노 로얄*Casino Royale*〉(2006)에서 M은 악당 르 시프르Le Chiffre('숫자'라는 뜻의 이름)가 수학 천재임을 알아차린다.
- 〈디아볼릭〉(1996)에서는 한 선생님(샤론 스톤)이 살인을 하게 된다. 그녀는 수업 시간에 간단한 대수학을 가르친다.
- 〈브루털〉에서는 한 온순한 과학 교사가 꽃과 피보나치 수열을 이용해 섬뜩한 살인을 계획한다(그림 20.4). 끔찍한 영화이지만, 수학과 관련된 주요 장면은 제대로 만들었다.
- 〈비앙카*Bianca*〉(1984)에서는 살인하는 수학 교사가 나온다. 그는 마방진에 대해 잘 모르는 교사이기도 하다.
- 〈시티 호미사이드〉의 '온실'에서는 불만을 품은 예전 학생들이 수학자들을 계획적으로 죽인다. 그들의 시체는 수학식으로 뒤덮여 있다. 8장을 참고하라.
- 〈어둠의 표적〉에서는 더스틴 호프만이 연기하는 수학자가 집과 가족을 지키

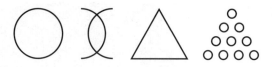

그림 20.5. 〈옥스퍼드 살인 사건〉에서는 수수께끼 같은 패턴이 중요한 단서가 된다.

려다 극단적인 상황으로 내몰린다. 그러기 전에, 그가 이진법으로 100까지 세는 장면도 나오고, 칠판에 근사한 미적분이 적혀 있는 장면도 나온다.

● 〈**오마주**_Homage_〉(1995)에서는 프린스턴 대학에서 일자리를 제의받은 뛰어난 젊은 수학자가 젊은 여배우에게 거부당하자 광폭해진다.

● 〈**옥스퍼드 살인 사건**_The Oxford Murders_〉(2008)은 두 수학자가 수사관 역할을 맡는 재미있는 추리 영화다(그림 20.5).

● 〈**용의자 X의 헌신**_Suspect X_〉(2008)은 물리학자·형사와 수학자·용의자 간의 멋진 두뇌 싸움이 벌어지는 영화다. "하지만 그 사람 전공은 수학이에요, 살인이 아니라." "그래, 하지만 살인은 더 쉬운 문제일 거야." 수학자가 감방에 있는 굉장히 아름다운 장면도 나온다. 거기서 그는 4색 정리가 감방의 천장을 채워 가는 모습을 상상한다.

● 〈**의혹**〉에서는 질투심 많은 아내(학위 논문을 쓰고 있는 수학자이기도 하다)가 살인을 저지르고 처벌을 면한다.

● 〈**인스펙터 루이스**〉의 첫 에피소드에 골드바흐의 추측과 소수가 나온다. 한 수학자가 자기가 필즈상을 받은 정리 증명의 결함을 학생들이 발표하지 못하게 막으려고 그들을 죽인다.

● 〈**자전거 주자의 죽음**_Death of a Cyclist_〉(1955)에서는 자전거를 타고 가던 사람이 수학 교수의 차에 치여 죽는다. 이 영화에는 자전거 타는 사람cyclist뿐만 아니라 사이클로이드도 나온다.

● 〈**집단 소송**_Class Action_〉(1991)에서는 한 보험 계리인이 자동차 회사에서 어떤

차종의 치명적인 결함을 바로잡는 것보다 피해자들의 소송을 처리하는 편이 더 비용이 적게 드는 이유를 보여 준다.

● 〈7퍼센트 용액*The Seven-Per-Cent Solution*〉(1976)에서 셜록 홈스는 다음과 같이 말함으로써, 강적 모리어티가 살인하는 수학자로서 간직한 이미지에 이의를 제기한다. "모리어티 교수가 정말 내 강적이었던 적은 그가 나한테 기본 미적분의 미스터리를 이해시키는 데 3주가 걸렸을 때뿐이었어."

● 〈코끼리*Der Elefant*〉의 '살인 연애 편지Liebesbrief eines Toten'(2004)에서는 한 수학과 학생이 20년 전에 살해되었는데, 그의 친구였던 현재의 교수가 용의자다. 수사관 중 한 명은 수학을 이해하는 듯하다. "오메가 더하기 1.23의 파이 제곱은 역함수 람다 더하기 k 제곱근의 극한과 같으므로, k는 분명히 상수지. 간단해." "아무렴, 학교 다닐 때 친구가 한 명도 없던 사람한테야 그렇겠지."

● 〈콜로서스*Colossus: The Forbin Project*〉(1970)에 나오는 콜로서스는 미국의 운영을 맡고 있는 슈퍼컴퓨터다. 수학을 이용해 러시아의 대등한 컴퓨터와 교신한 후, 세계를 정복하기로 결정하는데, 그러는 과정에서 몇몇 사람을 죽인다.

● 〈페르마의 밀실〉에서는 골드바흐의 추측을 증명해 낸 한 수학자가 다른 수학자들이 같은 결과를 먼저 발표하지 못하게 막으려고 나쁜 계획을 꾸민다. 이 계획의 골자인 치명적인 덫은 점점 크기가 줄어드는 방 안에 수학자 네 명을 가두는 것이다. 7장을 참고하라.

● 〈후루하타 닌자부로〉의 '수학자 살인 사건'에서는 두 수학자가 4차원 다양체의 동역학계에 대한 연구로 오스트레일리아 아버클상이라는 (40세 미만의 수학자에게 주는) 권위 있는 상을 받는다. 그중 한 명이 죽자 콜롬보 같은 형사 후루하타가 미스터리를 푼다. 다른 수학자가 페르마의 마지막 정리 증명의 공을 인정받기 위해 그를 죽인 것이다. 에피소드 내내 후루하타와 살인자는 간단한 님nim 같은 게임을 한다. 마지막에 후루하타는 그 게임에서 이기고 모드 4 계산을 이용했다고 설명하면서 실력을 뽐낸다.

자살

- 〈**나폴리 수학자의 죽음**〉은 이탈리아 수학자 레나토 카초폴리에 대한 이야기이며, 그의 자살로 끝난다. 멋진 미적분이 보이는 장면이 조금 나오고, 수학자들의 세계에 대한 흥미로운 통찰도 엿보인다.

- 〈**명법**_Imperativ_〉(1982)은 자살하는 수학 교수에 대한 암울한 영화다. 그는 확률론을 전공하는데, 그의 제자 중 한 명은 룰렛에서 이기는 시스템을 고안해 낸다. 하지만 교수는 러시안룰렛에 더 관심이 많다.

- 〈**빌리버스**〉는 수학과 관련된 한 사이비 종교 집단에 대한 영화다. 그들의 지도자는 세상의 종말 전에 신자들을 안전한 곳으로 보내 줄 공식을 발견했다. 신자들은 그 공식을 몸에 새긴 채로 지내다 (세상의 종말 전에) 모두 자살한다.

- 〈**평행 이론**〉(2010)에서는 한 미친 수학자가 자신의 삶이 쿠르트 괴델의 삶과 평행하다고 믿는다(나중에 밝혀지는 바에 따르면 정말 그런 듯하다). 그는 벽에 기이한 확률론 수학식을 적고, "우연의 일치는 수학적으로 불가능해" 하고 외치고, 결국 (괴델처럼) 굶어 죽는다.

좋은 기회를 놓치다

- 《**비숍 살인 사건**_The Bishop Murder Case_》은 형사 파일로 밴스가 주인공인 S. S. 밴 다인의 추리 소설이다. 피해자와 용의자들이 모두 수학자다. 애석하게도 1930년작 영화 버전에서는 모든 등장 인물이 체스 두는 사람으로 바뀌었다. 수학은 전혀 나오지 않는다.

▶ 님 게임은 수학적 전략 게임이다. 몇 개의 줄에 숫자나 자연수 개의 돌을 두고 순서대로 돌아가며 한 줄에서 정해진 수의 숫자를 제거한다. 가져오는 숫자에는 상한이 있으며 무조건 하나는 가져와야 한다. 마지막 돌을 가져오는 사람이 이긴다.

∴ 수학과 관련된 유명 배우

● **제프 골드브럼**은 〈쥬라기 공원*Jurassic Park*〉(1993)과 〈쥬라기 공원 2: 잃어버린 세계*Jurassic Park II(The Lost World)*〉(1997)에 수학자로 나와, 카오스 이론을 이용해 여자를 감탄하게 한다.

● **멜 깁슨**은 〈더 페이스〉에 사고로 얼굴이 흉하게 된 전직 교사로 나온다.

● **폴 뉴먼**은 〈찢어진 커튼*Torn Curtain*〉(1966)에 로켓 과학자·스파이로 나와, π를 비밀 암호로 사용하고, 동독의 한 동료와 수학적인 토론을 벌인다. 그는 〈허드서커 대리인*The Hudsucker Proxy*〉(1994)에서 둥근 물건을 팔기도 한다.

● **레너드 니모이**는 〈스타트렉〉에 미스터 스폭으로 나와 수학적인 상황을 몇 번 보여 준다. '늑대 떼Wolf in the Fold'(1967)에서는 컴퓨터로 하여금 π를 마지막 자리까지 계산하게 하고, '트리블 트러블The Trouble with Tribbles'(1967)에서는 암산 실력을 보여 준다.

● **샘 닐**은 〈이벤트 호라이즌〉에 과학자로 나와, 공간을 구부리면 우주선 이벤트 호라이즌호가 빛보다 빨리 이동할 수 있다는 것을 종이 한 장으로 설명해 준다.

● **맷 데이먼**은 〈굿 윌 헌팅〉에 수학 천재로 나온다.

● **오시 데이비스**는 〈자유인〉에 수학자 벤저민 배네커로 나온다.

● **제라르 드파르디유**는 〈단순한 형식〉에 수학을 좋아하는 작가로 나온다. 그는 무한 원점에 대해서도 알고 있다.

● **멕 라이언**은 〈아이큐〉에 아인슈타인의 수학자·물리학자인 조카딸로 나온다. 그녀는 제논의 역설에 대해 알고 있다.

● **팀 로빈스**는 〈아이큐〉에 수학자·물리학자인 척하는 인물로 나오고, 〈허드서커 대리인〉에 원을 좋아하는 주인공으로 나온다.

● **린제이 로한**은 〈퀸카로 살아남는 법〉에 수학을 아주 잘하는 학생으로 나와 교내 수학 동아리에도 가입한다. 〈프리키 프라이데이〉에서는 제이미 리 커티스의 딸 애나로 나오는데, 서로 몸이 뒤바뀐다. π를 기억해 내려고 애쓰는 장면이 있다.

● **피에르 리샤르**는 프랑스 코미디 영화 〈피에르의 외출〉에서 매우 재미있는 수학 교사로 나온다.

● **돈 리클스**는 〈켈리의 영웅들*Kelly's Heroes*〉(1970)에서 어떤 사람에게 문제를 하나 내며 (유감스럽게도) 암산을 해 보라고 한다. "한 상자에 8,400달러씩 125상자면…… 1,050만 달러."

● **마돈나**는 〈딕 트레이시〉에서 수학적인 노래를 부른다. "다행스러운 일을 세어 봐요, 하나, 둘, 셋. 점수 매기는 거라면 질색이에요. 어떤 수든 다 좋아요. 많기만 하면. 많기만 하면! 난 수학자가 아니에요. 아는 거라곤 덧셈뿐. 계산은 지루해요. 수를 계속 늘리고, 계산은 회계사가 하게 해요……."

● **하포 막스**는 〈인류 이야기〉에 아이작 뉴턴으로 나온다.

● **막스 형제**는 〈식은 죽 먹기*Duck Soup*〉(1933), 〈인류 이야기〉, 〈코코넛 대소동 *The Cocoanuts*〉(1929)에서 수학적인 코미디 연기를 멋지게 보여 준다.

● **토비 맥과이어**는 〈스파이더맨 2*Spider-Man 2*〉(2004)에 스파이더맨으로 나오는데, 베르누이가 최단 강하 곡선을 발견했음을 알고 있다. 또 고윳값에 대해서도 잘 알고 있다.

● **이완 맥그리거**는 〈입체 기하학*Solid Geometry*〉(2002)에 주인공으로 나와, '표면 없는 평면'을 이용해 아내를 사라지게 한다.

● **미샤 바턴**은 〈줄리 존슨〉에서 주인공의 딸로 나오는데, 엄마에게 칸토어 집합을 설명해 달라고 하지만, 그 설명을 듣고 전혀 감탄하지 않는다.

● **조지 번스**는 〈오, 하느님! 2〉에 신으로 나와 한 소녀의 수학 문제 풀이를 돕는다. 그는 수학을 너무 어렵게 만든 것이 실수라고 인정하기도 한다.

● **드류 베리모어**는 〈25살의 키스〉에서 수학 동아리에 들어가 수학 경시대회에 참가한다.

● **킴 베이싱어**는 〈새엄마는 외계인〉에 외계인 새엄마로 나오는데, 수학을 (아주 조금) 공부하고 재미로 그래프를 그린다.

● **데이비드 보위**는 〈라비린스〉에 고블린 왕으로 나온다. 거짓말쟁이의 역설을

언급하고, 에셔의 〈상대성〉 그림을 연상시키는 미로에서 뛰어다니며 즐거워한다.

● **제프 브리지스**는 〈로즈 앤드 그레고리〉에 세상 경험이 부족하고 소수를 좋아하는 수학자로 나온다.

● **잭 블랙**은 〈스쿨 오브 락〉에서 아주 우스운 수학 노래를 즉흥적으로 만들어 부른다.

● **윌리엄 샤트너**는 〈스타트렉〉에서 매우 수학적인 상황을 몇 번 보여 준다. '군법 회의'에서는 컴퓨터의 성능을 '1의 네제곱 배'로 향상시키고, '늑대 떼'에서는 풀이가 불가능한 문제를 내어 컴퓨터에서 어떤 외계 세력을 내쫓자는 의견을 낸다. 그리고 '트리블 트러블'에서는 기하급수적으로 번식하는 트리블이라는 동물 때문에 곤란을 겪는다.

● **우마 서먼**은 〈어벤저스〉에서 에셔풍의 끝없는 계단을 달려 내려가 팩맨 미로 방으로 들어간다.

● **틸다 스윈튼**은 〈컨시빙 에이다〉에 러브레이스 백작 부인 에이다 바이런으로 나온다.

● **샤론 스톤**은 〈디아볼릭〉(1996)에 살인하는 수학 교사로 나온다.

● **지미 스튜어트**는 〈마법의 도시*Magic Town*〉(1947)에 여론 조사원으로 나와, 여론 조사에 이상적인 마을을 발견한다. 그곳 주민들은 정확히 미국 전체처럼 생각한다. 또 〈하늘에는 고속도로가 없다〉에 과학자로 나와 여가 시간에 골드바흐의 추측을 연구하기도 한다.

● **패트릭 스튜어트**는 〈스타트렉〉의 '로열'에 피카드 함장으로 나와 페르마의 마지막 정리를 연구하며 긴장을 푼다. TV 미니시리즈 〈원:아워*Eleventh Hour*〉의 '크립토스Kryptos'(2006)에서 스튜어트는 기후 변화에 대한 어떤 연구물에서 피보나치 수열을 알아본다.

● **바브라 스트라이샌드**는 〈로즈 앤드 그레고리〉에 문학 교수로 나온다. 그녀는 소수에 대해서도 알고, 우둔한 수학자를 다루는 법도 안다.

● **제임스 스페이더**는 〈에이리언 헌터〉에 암호 해독자로 나온다. 고차원 폭탄이

나오는 〈수퍼노바〉에서는 주인공을 맡았다. 그리고 〈스타게이트〉에서 매우 설득력 없는 수학적 해법을 내놓기도 한다.

● 케빈 스페이시는 영화 〈21〉에 수학 교수로 나와, 제자들을 모아 블랙잭 팀을 만든다.

● 애벗과 코스텔로는 〈인 더 네이비〉, 〈벅 프라이빗〉 등의 수많은 영화에서 수학 코미디 연기를 멋지게 보여 준다.

● 존 애스틴은 〈이블 로이 슬레이드〉에 수학을 좀 아는 무법자로 나온다. "산수를 좀 해 보죠. 당신한테 사과가 여섯 개 있었는데 이웃 사람이 그중 세 개를 가져갔으면 뭐가 남아 있을까요?"라는 질문에 그는 이렇게 대답한다. "죽은 이웃 사람과 사과 여섯 개 전부."

● 우디 앨런은 〈사랑과 죽음〉과 〈스몰 타임 크룩스〉에서 수학적인 농담을 몇 마디 한다.

● 로완 앳킨슨은 〈미스터 빈〉에서 수학 코미디를 몇 번 시도한다. 미스터 빈 사상 최초의 촌극인 에피소드 1.1에서 그는 미적분 문제로 가득한 수학 시험을 보며 속수무책으로 헤맨다. 미적분 말고 삼각법을 공부해 두었기 때문이다. 그러다 시험 시간이 2분 남았을 때 가서야 양자택일 가능한 삼각법 시험지를 발견한다. '잘 자요, 미스터 빈'에서 그는 그림 속의 양을 센다. 그러다 인내심이 바닥나 계산기를 사용해 그 양을 27 × 15마리로 세고 나서 곧바로 곯아떨어진다. 〈블랙애더 2〉 '머리'에서 앳킨슨은 볼드릭에게 2 더하기 2의 계산법을 가르쳐 주려다 실패한다.

● 도널드 오코너는 〈아 유 위드 잇?〉에 춤추는 보험 게리인으로 나온다.

● 에드워드 제임스 올모스는 〈스탠드 업〉에서 전설적인 수학 교사 하이메 에스칼란테로 나온다.

● 레이첼 와이즈는 〈아고라〉에 수학자 히파티아로 나온다.

● 코넬 와일드는 〈오마르 하이얌〉에 유명한 시인이자 수학자인 오마르 하이얌으로 나온다.

● 일라이저 우드는 〈옥스퍼드 살인 사건〉에 수사관 역할을 하는 젊고 뛰어난 수

학자로 나오고, 〈아이스 스톰〉에서 기하학 숙제 때문에 곤란을 겪는다.

● **덴젤 워싱턴**은 〈말콤 X*Malcolm X*〉(1992)에서 X의 중요성을 설명한다. 〈데자뷰〉에서는 한 과학자가 주인공인 워싱턴에게 시공간에서 지름길 만드는 법을 종이를 접어 설명해 준다.

● **크리스토퍼 월켄**은 〈프라퍼시*Prophecy*〉(1995)에 아주 무서운 천사로 나와 좋은 충고를 한다. "안녕, 애들아. 수학 공부를 열심히 해라. 우주의 열쇠란다."

● **리즈 위더스푼**은 〈플레전트빌〉에서 마을의 이상한 지리 때문에 당황스러워한다.

● **케이트 윈슬렛**은 〈타이타닉*Titanic*〉(1997)에 로즈로 나와, 구명정이 충분히 많지 않다는 것을 계산으로 알아낸다.

● **브루스 윌리스**는 〈다이 하드 3〉에서 중요한 물통 퍼즐을 푼다.

● **로빈 윌리엄스**는 〈죽은 시인의 사회*Dead Poets Society*〉(1989)에 문학 교사로 나와, 시의 위대함을 수학적인 방식으로 평가하는 일을 못마땅하게 생각한다. 〈플러버〉에서 그가 연기하는 필립 브레이너드 교수는 실수로 사생 수업에 들어가 중력에 대한 강의를 시작한다. 〈굿 윌 헌팅〉에서 윌리엄스는 수학 천재를 도와주는 심리학자로 나온다. 〈패치 아담스*Patch Adams*〉(1998)에서 그가 연기하는 주인공은 한 뛰어난 과학자이자 수학자를 만난다.

● **새뮤얼 잭슨**은 〈다이 하드 3〉에서 물통 문제를 풀고, 〈스피어*Sphere*〉(1998)에 뛰어난 수학자로 나온다.

● **데릭 제이코비**는 〈암호 해독〉에 앨런 튜링으로 나온다.

● **짐 캐리**는 〈넘버 23〉에서 23이라는 수에 집착한다.

● **제이미 리 커티스**는 〈프리키 프라이데이〉에서 딸 애나(린제이 로한)와 몸이 뒤바뀐다. 그런 상태에서 π를 기억해 내려고 애쓰는 장면이 나온다. '그런데 파이가 뭐더라? 3 점 어쩌고 하는 거? 아, 이건 말도 안 돼. 난 파이를 지금껏 사용해 본 적이 한 번도 없는걸. 애나도 파이를 사용할 일이 절대 없을 거야. 그나저나 그걸 왜 파이라고 부르지? 자, 집중해야지……'

● **대니 케이**는 〈메리 앤드류〉에서 피타고라스 정리를 노래하며 춤춘다.

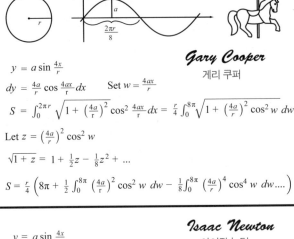

$\mathcal{G}ary\ \mathcal{C}ooper$

게리 쿠퍼

$$y = a \sin \frac{4x}{r}$$

$$dy = \frac{4a}{r} \cos \frac{4ax}{r} dx \qquad \text{Set } w = \frac{4ax}{r}$$

$$S = \int_0^{2\pi r} \sqrt{1 + \left(\frac{4a}{r}\right)^2 \cos^2 \frac{4ax}{r}} \, dx = \frac{r}{4} \int_0^{8\pi} \sqrt{1 + \left(\frac{4a}{r}\right)^2 \cos^2 w} \, dw$$

Let $z = \left(\frac{4a}{r}\right)^2 \cos^2 w$

$$\sqrt{1 + z} = 1 + \frac{1}{2}z - \frac{1}{8}z^2 + \ldots$$

$$S = \frac{r}{4}\left(8\pi + \frac{1}{2}\int_0^{8\pi} \left(\frac{4a}{r}\right)^2 \cos^2 w \, dw - \frac{1}{8}\int_0^{8\pi} \left(\frac{4a}{r}\right)^4 \cos^4 w \, dw \ldots\right)$$

$\mathcal{I}saac\ \mathcal{N}ewton$

아이작 뉴턴

$$y = a \sin \frac{4x}{r}$$

$$dy = \frac{4a}{r} \cos \frac{4x}{r} dx \qquad \text{Set } w = \frac{4x}{r}$$

$$S = \int_0^{2\pi r} \sqrt{1 + \left(\frac{4a}{r}\right)^2 \cos^2 \frac{4x}{r}} \, dx = \frac{r}{4} \int_0^{8\pi} \sqrt{1 + \left(\frac{4a}{r}\right)^2 \cos^2 w} \, dw$$

Let $z = \left(\frac{4a}{r}\right)^2 \cos^2 w$

$$\sqrt{1 + z} = 1 + \frac{1}{2}z - \frac{1}{8}z^2 + \ldots$$

$$S = \frac{r}{4}\left(8\pi + \frac{1}{2}\int_0^{8\pi} \left(\frac{4a}{r}\right)^2 \cos^2 w \, dw - \frac{1}{8}\int_0^{8\pi} \left(\frac{4a}{r}\right)^4 \cos^4 w \, dw \ldots\right)$$

그림 20.6. 〈크로크 앤드 대거〉에서 쿠퍼가 한 계산과 쿠퍼가 했어야 했던 계산.

● 제니퍼 코넬리는 〈라비린스〉에 주인공으로 나와 거짓말쟁이의 역설을 해결하고, 〈뷰티풀 마인드〉에 얼리샤 내시로 나와 수학을 공부한다.

● 게리 쿠퍼는 〈크로크 앤드 대거*Cloak and Dagger*〉(1946)에서 회전목마 뒤에서 발이 묶인다. 시간을 때우려고 그는 목마 하나의 경로를 나타내는 사인 곡선의 선적분을 계산한다. 그림 20.6에 재현해 놓은 식에서 r은 회전목마의 반지름이고, a는 한 목마가 움직이는 진폭이다. 여러분이 쿠퍼의 실수를 발견할 수 있는지 살펴보시라. 〈볼 오브 파이어〉에서 쿠퍼는 'two plus two is/are five'의 문법을 논한다.

● 다니엘 크레이그는 〈코펜하겐〉에 베르너 하이젠베르크로 나와 수학의 아름 다움과 확률에 대해 이야기한다.

● 러셀 크로는 〈뷰티풀 마인드〉에 수학 천재 존 내시로 나온다.

● 빙 크로스비와 밥 호프는 〈홍콩으로 가는 길〉에서 아주 익살맞은 수학 우스 개 패턴을 두어 번 보여 준다.

● 조지 클루니는 〈오션스 일레븐*Ocean's Eleven*〉(2001)에서 '계산을 하고' '확률 을 추측'한다. 〈인 디 에어*Up in the Air*〉(2009)에서 클루니는 동료가 공항에서 짐 을 부치느라 낭비하는 시간을 이렇게 계산한다. "비행기 한 번 탈 때마다 35분 씩이야. 나는 1년에 270일을 여행하지. 그럼 157시간이야. 7일이나 되지." 나중에 그는 1,000만 마일리지 모으기라는 그의 목표에 대해 질문을 받는다. "1,000만 은 숫자일 뿐이잖아요?" "파이도 숫자일 뿐이야."

● 발 킬머는 〈레드 플래닛*Red Planet*〉(2000)에서 멋진 반사 수법으로 곤경에서 벗 어난다. 그때 이렇게 말한다. "바로 이거야. 고등학교 선생님들이 언젠가 대수학 이 우리 목숨을 구할 거라더니 바로 그때가 왔어."

● 벤 킹슬리는 〈21〉의 발리우드 버전인 〈틴 패티*Teen Patti*〉(2010)에 수학 교수로 나온다.

● 오드리 토투는 〈다빈치 코드*The Da Vinci Code*〉(2006)에 암호 전문가로 나와, 13-3-2-21-1-1-8-5가 모두 피보나치 수열에 속한다는 것을 알아차린다.

● 미셸 트라첸버그는 〈아이스 프린세스*Ice Princess*〉(2005)에서 피겨 스케이팅 루 틴을 완벽하게 하기 위해 기하학을 이용한다. 그녀는 수학 영재와 그의 가족을 다룬 〈뷰티풀 오하이오*Beautiful Ohio*〉(2006)에도 나온다.

● 사라 제시카 파커는 〈섹스 앤 더 시티*Sex and the City*〉에서 수학적인 상황을 조 금 보여 준다. '옛 애인과 친구 사이Ex and the City'(1999) 에피소드에서는 옛 애인 ex을 일반적인 수학 미지수 x와 관련지어 생각한다.

● 기네스 팰트로는 〈프루프〉에 수학자로 나온다. 〈월드 오브 투모로우*Sky Captain and the World of Tomorrow*〉(2004)에는 아이작 뉴턴의 책 《자연 철학의 수

학적 원리》와 함께 있는 모습이 나오기도 한다.

● **조디 포스터**는 〈콘택트〉에 SETI 과학자로 나와 소수와 관련된 연기를 보여 주고, 〈꼬마 천재 테이트〉에 수학 신동의 어머니로 나온다.

● **시드니 포이티어**는 〈언제나 마음은 태양*To Sir, with Love*〉(1967)에 교사로 나와 수학적인 상황을 두어 번 보여 준다.

● **헨리 폰다**는 〈12명의 성난 사람들*12 Angry Men*〉(1957)에 배심원으로 나와 확률을 이용해 자기주장의 타당성을 보여 준다.

● **빈센트 프라이스**는 〈신드바드의 아들〉에 시인 오마르 하이얌으로 나온다. 물론 오마르 하이얌은 유명한 수학자이기도 했지만, 이 점은 영화에서 언급되지 않는다.

● **브렌든 프레이저**는 〈조지 오브 정글*George of the Jungle*〉(1997)에 조지로 나온다. 그는 금문교 케이블에 걸린 낙하산병을 구하러 줄을 타고 내려가기 전에, 줄 타는 각도와 속도를 미리 계산해 본다.

● **대릴 한나**는 〈동굴곰 부족〉에 사상 최초의 수학자로 나온다.

● **톰 행크스**는 〈빅*Big*〉(1988)에서 한 소년의 대수학 숙제를 도와주고, 〈캐스트 어웨이*Cast Away*〉(2000)에서 무인도에 갇혔을 때 수학적으로 상황을 분석하고, 〈다빈치 코드〉에서 피보나치 수열을 만난다.

● **존 허트**는 〈옥스퍼드 살인 사건〉에 수사관 역할을 하는 오만한 일류 수학자로 나온다.

● **엘리자베스 헐리**는 〈일곱 가지 유혹〉(2000)에 악마·교사로 나와, 페르마의 마지막 정리를 쓸모없는 숙제라고 일축한다.

● **셔먼 헴슬리**는 〈환상특급〉 '뉴턴처럼'에 좌절한 수학자로 나와 이렇게 외친다. "이걸 바로잡을 수 있다면 영혼이라도 팔겠어." 그러자 곧바로 악마가 나타나 그 거래를 수락한다.

● **더스틴 호프만**은 〈어둠의 표적〉에 격노한 수학자, 〈레인 맨〉에 자폐증이 있는 수학 천재, 〈스피어〉에 스피어라는 물체의 비밀을 알아내는 사람으로 나온다.

● **밥 호프와 빙 크로스비**는 〈홍콩으로 가는 길〉에서 아주 익살맞은 수학 패턴을

두어 번 보여 준다.

● **안소니 홉킨스**는 〈프루프〉에 리만 가설을 연구하는, 미쳤지만 뛰어난 수학자로 나온다.

∴ 수학 자문 위원

다음은 영화의 수학 자문 위원을 맡았던 수학자들이다.

● 〈**굿 윌 헌팅**〉: 패트릭 오도널. 토론토 대학의 물리학과 교수다. MIT 수학과 교수 대니얼 J. 클라이트먼도 이 영화의 계획 단계에서 조언을 했다.

● 〈**뉴욕 소나타**〉: 베니딕트 H. 그로스. 하버드 대학의 수학과 교수다.

● 〈**로즈 앤드 그레고리**〉: 헨리 C. 핑컴. 컬럼비아 대학의 수학과 교수다.

● 〈**뷰티풀 마인드**〉: 데이비드 베이어. 컬럼비아 대학의 수학과 교수다. 이 영화에서 러셀 크로의 손 대역으로도 나왔으며, 한 장면에 단역으로 등장하기도 한다.

● 〈**수학 마법 나라의 도널드**〉: 하인츠 하버. 유명한 로켓 과학자이자 대중 과학서 저자다.

● 〈**스니커즈**_Sneakers_〉(1992): 레너드 애들먼Leonard Adleman. 유명한 RSA 암호화 시스템의 개발자(RSA의 'A')이자 서던 캘리포니아 대학 컴퓨터 공학과 교수다. 애들먼의 웹 페이지를 보면, 그가 이 영화에 기여한 바에 대해 잘 설명되어 있다.

● 〈**안토니아스 라인**〉: 빔 오슈른Wim Oudshoorn. 수학 박사 학위가 있다.

● 〈**콘택트**〉: 캘리포니아 공과 대학 제트 추진 연구소의 톰 카위퍼Tom Kuiper와 당시 UCLA 대학원생이었던 린다 월드Linda Wald가 영화 전체의 컴퓨터 화면 내용을 대부분 책임졌다.

● 〈**큐브**〉: 데이비드 W. 프래비카. 이스트 캐롤라이나 대학의 수학과 교수다.

21장

영화 속 수학적인 주제

이 장은 영화 속 수학적인 주제와 관련하여 주석 달린 몇 가지 목록을 정리한 것이다. (영화 제목으로) 0부터 101까지 세기, 제목이 수학적이지만 수학이 안 나오는 영화, 피타고라스 정리와 페르마의 마지막 정리, 기하학, 고차원, 위상기하학, 황금비와 피보나치 수열, 파이, 소수와 정수론, 카오스, 프랙털, 동역학계, 외계인과의 의사소통, 암호 해독, 미적분학, 무한, 역설, 확률, 도박, 백분율, 유명한 공식, 항등식, 마방진, 수학적인 게임 등.

∴ 101까지 세기

〈품행 제로*Zéro de Conduit*〉(1933), 〈뻐꾸기 둥지 위로 날아간 새*One Flew Over the Cuckoo's Nest*〉(1975), 〈언제나 둘이서*Two for the Road*〉(1967), 〈쓰리 아미고*¡Three Amigos!*〉(1986), 〈네 번의 결혼식과 한 번의 장례식*Four Weddings and a Funeral*〉

(1994), 〈잃어버린 전주곡*Five Easy Pieces*〉(1970), 〈5번가의 폴 포이티어*Six Degrees of Separation*〉(1993), 〈세븐*Se7en*〉(1995), 〈에이트 빌로우*Eight Below*〉(2006), 〈8과 2분의 1*8 1/2*〉(1963), 〈나인 테일러스*The Nine Tailors*〉(1974), 〈10〉(1979), 〈오션스 일레븐*Ocean's Eleven*〉(1960), 〈12명의 성난 사람들*12 Angry Men*〉(1957), 〈13일의 금요일*Friday the 13th*〉(1980), 〈7 플러스 7*7 Plus Seven*〉(1970), 〈15분*15 Minuties*〉(2001), 〈아직은 사랑을 몰라요*Sixteen Candles*〉(1984), 〈17번지*Number Seventeen*〉(1932), 〈18 어게인*18 Again!*〉(1988), 〈19 앤드 필리스*Nineteen and Phyllis*〉(1920), 〈20달러의 유혹*Twenty Bucks*〉(1993), 〈21〉(2008), 〈캐치 22*Catch 22*〉(1970), 〈넘버 23*The Number 23*〉(2007), 〈24〉(2001), 〈겨울의 25계단*25 Degrés en Hiver*〉(2004), 〈태그 26*Tag 26*〉(2003), 〈27번의 결혼 리허설*27 Dresses*〉(2008), 〈28일 후*28 Days Later…*〉(2002), 〈달려야 할 스물아홉 가지 이유*29 Reasons to Run*〉(2006), 〈30명의 아가씨와 피타고라스*30 Virgins and Pythagoras*〉(1977), 〈킬로미터 31*Kilómetro 31*〉(2006), 〈지구에서의 8월 32일*Un 32 Août sur Terre*〉(1998), 〈33*Tridtsat Tri(Nenauchnaya Fantastika)*〉(1965), 〈총알탄 사나이 3*Naked Gun 33 1/3*〉(1994), 〈34번가의 기적*Miracle on 34th Street*〉(1947), 〈캘리버 35*Kalibre 35*〉(2000), 〈오르페브르 36번가*36 Quai des Orfèvres*〉(2004), 〈질리안의 서른일곱 번째 생일에*To Gillian on Her 37th Birthday*〉(1996), 〈콜트 38 스페셜 스쿼드*Quelli Della Calibro 38*〉(1976), 〈39계단*The 39 Steps*〉(1935), 〈40살까지 못해 본 남자*The 40 Yea Old Virgin*〉(2005), 〈41〉(2007), 〈42번가*42nd Street*〉(1933), 〈셸 43*Shell 43*〉(1916), 〈문 44*Moon 44*〉(1990), 〈러브 앤 A. 45*Love and a .45*〉(1994), 〈코드 46*Code 46*〉(2003), 〈47 모르토 체 파를라*47 Morto Che Parla*〉(1950), 〈48시간*48 Hrs.*〉(1982), 〈북위 49도선*49th Parallel*〉(1941), 〈50피트 여인의 습격*Attack of the 50 Foot Woman*〉(1958), 〈51번째 주*The 51st State*〉(2001), 〈해리와 바바라*52 Pick-Up*〉(1986), 〈53일의 겨울*53 Días de Invierno*〉(2006), 〈지금은 순찰 중*Car 54, Where Are You?*〉(1994), 〈북경의 55일*55 Days at Peking*〉(1963), 〈나세르 56*Nasser 56*〉(1996), 〈패신저 57*Passenger 57*〉(1992), 〈국경역 58*Grenzstation 58*〉(1951), 〈사이키 59*Psyche 59*〉(1964), 〈식스티 세컨즈*Gone in Sixty Seconds*〉(2000), 〈하이웨이

61*Highway 61*〉(1991), 〈커버업 62*Cover-Up '62*〉(2004), 〈룰 63*Rule Sixty-Three*〉(1915), 〈64 스퀘어스*64 Squares*〉(2007), 〈이스탄불의 사나이*Estambul 65*〉(1965), 〈루트 66*Route 66*〉(1960), 〈돈 주앙 67*Don Juan 67*〉(1967), 〈'68〉(1988), 〈파이팅 69대대*The Fighting 69th*〉(1940), 〈세븐티*Seventy*〉(2003), 〈우연의 연대기에 관한 71개의 단편*71 Fragmente einer Chronologie des Zufalls*〉(1994), 〈영하 72도*72 Gradusa Nizhe Nulya*〉(1976), 〈윈체스터 73*Winchester '73*〉(1950), 〈언딘 74*Undine 74*〉(1974), 〈75센티리터의 기도*75 Centilitres de Prière*〉(1995), 〈세그먼트 76*Segment 76*〉(2003), 〈선셋 77번가*77 Sunset Strip*〉(1958), 〈78*Seventy-8*〉(2004), 〈79 스테이션*79 Af Stödinni*〉(1962), 〈80일간의 세계 일주*Around the World in 80 Days*〉(1956), 〈댄서 텍사스*Dancer, Texas Pop. 81*〉(1998), 〈메트로폴리탄 폴리스 브랜치 82*Metropolitan Police Branch 82*〉(1998), 〈집시 83*Gypsy 83*〉(2001), 〈1984*Nineteen Eighty-Four*〉(1984), 〈에어포트 85*Airport 85*〉(1983), 〈러브 86*Love 86*〉(1986), 〈서브젝트 87*Subject 87*〉(2007), 〈태너 88*Tanner '88*〉(1988), 〈정킷 89*Junket 89*〉(1970), 〈독일 90*Allemagne 90 Neuf Zéro*〉(1991), 〈기동전사 건담 F91*Kidô Senshi Gundam F91*〉(1991), 〈92 인 더 셰이드*92 in the Shade*〉(1975), 〈플라이트 93*United 93*〉(2006), 〈94 아카나 드라이브*94 Arcana Drive*〉(1994), 〈95 옥타니아*95 Oktaania*〉(1990), 〈넘버 96*Number 96*〉(1972), 〈가유희사 1997*97 Ga Yau Hei Si*〉(1997), 〈파워 98*Power 98*〉(1996), 〈컨빅트 99*Convict 99*〉(1938), 〈오케스트라의 소녀*One Hundred Men and a Girl*〉(1937), 〈101마리의 달마시안 개*One Hundred and One Dalmatians*〉(1961).

∴ 제목이 수학적이지만 수학이 안 나오는 영화

〈프루프*Proof*〉(1991), 〈머더 바이 넘버*Murder by Numbers*〉(2002), 〈초른의 보조정리*Zorn's Lemma*〉(1970), 〈나비효과*The Butterfly Effect*〉(2004), 〈테오레마*Teorema*〉(1968), 〈쓰리 바디 프라브럼*The Three Body Problem*〉(2004).

∴ 피타고라스 정리와 페르마의 마지막 정리

14장도 살펴보라.

● 〈더 페이스〉: 흉한 얼굴의 멜 깁슨이 한 소년에게 피타고라스 정리에 대해 질문한다.

● 〈메리 앤드류〉: 대니 케이가 피타고라스 정리를 노래와 춤으로 표현한다.

● 〈30명의 아가씨와 피타고라스〉: 수학 선생님이 〈고마워요, 피타고라스 선생님〉이라는 노래를 록 스타처럼 부른다.

● 〈스타트렉: 넥스트 제너레이션〉 '데이터로어Datalore'(1988): 라이커 부함장이 피타고라스 정리를 이용해 사악한 안드로이드 로어를 속여, 로어가 스스로 인정하는 것보다 더 많이 알고 있음이 탄로 나게 한다.

● 〈스타트렉: 넥스트 제너레이션〉 '로열': 피카드 함장이 페르마의 마지막 정리를 증명하려고 노력한다.

● 〈스타트렉: 딥 스페이스 나인〉 '측면': 댁스가 앤드루 와일스와 다른 방법으로 페르마의 마지막 정리를 증명해 보려 한다고 말한다.

● 〈심슨 가족〉: 심슨 가족은 피타고라스 정리와 페르마의 마지막 정리를 매우 좋아한다. '스프링필드' 에피소드에서는 호머가 헨리 키신저가 낄 법한 모양의 안경을 발견한 후, 곧바로 〈오즈의 마법사〉에 나오는 허수아비의 대사를 암송한다. '호머^3' 에피소드에서는 페르마의 마지막 정리를 '반증'하는 듯한 다음 식이 공중에 떠다닌다. $1782^{12} + 1841^{12} = 1922^{12}$ 그림 21.1을 보라. '에버그린 테라스의 마법사'에서는 호머가 또 다른 '반증'을 발견한다. $3987^{12} + 4365^{12} = 4472^{12}$

● 〈오즈의 마법사〉: 허수아비가 피타고라스 정리를 다음과 같이 암송해 봄으로써 자기가 두뇌를 얻었음을 (오로지) 자신에게(만) 증명해 보인다. "이등변 삼각형의 아무 두 변의 제곱근의 합은 나머지 변의 제곱근과 같다."

그림 21.1. 〈심슨 가족〉에 나오는 페르마의 마지막 정리에 대한 '반증.'

● 〈옥스퍼드 살인 사건〉: 교수가 강의 중에 '보르마Bormat의 마지막 정리'를 증
명해 보인다.

● 〈일곱 가지 유혹〉(2000): 수학적인 하이라이트는 엘리자베스 헐리가 연기하는
악마·교사가 페르마의 마지막 정리를 쓸모없다고 일축해 버리는 장면이다.

● 〈페르마의 마지막 탱고〉: 페르마의 마지막 정리에 대한 매우 멋진 뮤지컬. 피
타고라스 정리도 나오고, 수학계의 슈퍼히어로인 피타고라스, 유클리드, 페르마,
가우스, 뉴턴과 와일스도 나온다.

● 〈헬프Help〉 '1.5'(2005): 한 수학자가 페르마의 마지막 정리를 문외한인 정신과
의사에게 설명해 주려고 하는 아주 웃긴 장면이 나온다.

● 〈후루하타 닌자부로〉 '수학자 살인 사건': 두 수학자가 4차원 다양체의 동역학
계에 대한 연구로 권위 있는 상을 받는다. 그중 한 명이 죽자 형사 후루하타가 미
스터리를 푼다. 다른 수학자가 페르마의 마지막 정리 증명의 공을 인정받기 위해

그를 죽인 것이었다.

∴ 기하학

다음과 관련된 다른 목록들도 참고하라. 피타고라스 정리, 고차원 기하학, 위상 기하학, 황금비, π. 그리고 5장과 14장도 참고하라.

● 〈굿바이 칠드런〉: 한 선생님이 원의 외접 사각형에서 두 대변의 합은 나머지 두 대변의 합과 같다는 사실에 대해 이야기한다.

● 〈꼬마 천재 테이트〉: 두 수학 천재가 나오는 영화. 수학과 관련된 장면이 많이 나온다. 수학 경시대회, 텐세그리티 이십면체 만들기 등등.

● 〈단순한 형식〉: 한 유명 작가가 수학자 (클로드?) 섀넌에 대한 책을 썼고, 자기가 수학에 대해 열정을 품고 있는 것이 한 수학 선생님 덕분이라고 말한다. 그는 사영기하학에 대해 깊이 생각하기도 한다.

● 〈더 페이스〉: 전직 선생님인 멜 깁슨이 한 소년에게 피타고라스 정리에 대해 질문하고, 원의 중심을 찾는 법에 대한 유클리드 정리를 가르친다. 하지만 그러면서 바보 같은 실수를 저지른다!

● 〈디아볼릭〉(1955): 이 영화의 한 클로즈업 장면은 한 학생이 정육각형 면적을 외접원 반지름과 관련해 구하는 모습을 담고 있다.

● 〈라스트 카지노 *The Last Casino*〉(2004): 반스라는 수학 교수가 블랙잭 팀을 급히 증원하려고 웨이트리스 엘리스를 시험한다. 그는 그녀에게 엄청나게 복잡한 주문을 한다. 피자를 조리 중에 90도 회전하고 복합적인 토핑을 올리고 재료를 이리저리 바꿔 달라는 것이다. 엘리스는 그 주문을 제대로 이해한다

● 〈라이크 마이크 *Like Mike*〉(2002): 캘빈이 기하학과 관련하여 농구 선수 트레이

그림 21.2. 〈사랑과 죽음〉에 나오는 고급 팬케이크 디자인.

시 레이놀즈에게서 도움을 받는다. 그들은 트레이시 집의 한쪽에 커다란 삼각형을 그리는데, 유명한 농구 선수들을 꼭짓점으로 삼는다.

● 〈마녀의 집*Dreams in the Witchhouse*〉(2005): 비유클리드 기하학이 언급된다. 어떤 방의 기묘하게 뒤틀린 모퉁이가 마녀의 은신처 입구다.

● 〈맥스 군 사랑에 빠지다〉: 이 영화는 꿈 시퀀스로 시작한다. 한 수학 낙제생이 어려운 수학 문제를 풀어 반의 영웅이 되는 상황을 공상한다. 이 장면에서 보이는 문제는 타원의 면적을 구하라는 것인데, 사실 아주 쉽다.

● 〈메리 앤드류〉: 수학 선생님이 노래와 춤으로 피타고라스 정리와 '평행선들은 절대 만나지 않는다'는 사실을 가르친다. 14장을 참고하라.

● 〈배트맨〉: "펭귄, 조커, 리들러에다 캣우먼까지. 그 사각형 각의 합은 하도 무지막지해서 생각하기도 싫군!"

● 〈배틀필드〉: 주인공이 강제로 학습 기계에 들어가, 정삼각형, 2차 방정식 근의 공식 등의 간단한 수학을 배운다.

● 〈사랑과 죽음〉: 우디 앨런의 영화. 수학과 관련된 재미있는 장면이 두어 번 나온다. 예를 들어 한 장면에는 칠판에 적힌 기하학적 내용으로 팬케이크를 디자인

하는 모습이 나온다(그림 21.2).

● **〈셜록 홈스의 귀환***The Return of Sherlock Holmes***〉** '머스그레이브가의 의식The Musgrave Ritual'(1986): 보물찾기 중에 셜록 홈스가 넘어가 있는 느릅나무의 그림자 길이를 알아내야 한다. 그는 그 나무의 높이를 아는 상태에서, 낚싯대의 높이와 낚싯대 그림자의 길이를 이용해 나무 그림자 길이를 계산한다.

● **〈수학 마법 나라의 도널드〉**: 이 영화와 수학의 관계는 디즈니의 〈판타지아〉와 클래식 음악의 관계와 같다. 황금비, 원뿔 곡선 같은 기하학이 아주 많이 나온다. 5장을 참고하라.

● **〈스타트렉: 넥스트 제너레이션〉** '복수 요인': 웨슬리 크러셔가 자기 숙제에 대해 이렇게 설명한다. "이건 k배 반변 리만 텐서장의 국소 유클리드 거리화야."

● **〈스탠드인〉**: 수학자 애터버리 도드는 모든 일에 수학을 적용한다. 이를테면 수학을 이용해 춤을 추기도 하고, '두 점 사이의 최단 거리는 직선이다'라는 원리를 이용해 불량배를 물리치기도 한다.

● **〈스피어〉**: 이 영화에는 어떤 완벽한 구체가 주된 관심사로 나온다. 주인공 중한 명은 수학자인데, 말도 안 되는 암호 해독을 하기도 한다.

● **〈시라쿠사 포위전〉**: 아르키메데스가 주인공으로 등장하는 고대 영웅을 다룬 판타지 영화. 그는 흔히 알려진 대로 기하학 도형을 작도하고 포물면 거울로 로마 군함을 불태울 뿐만 아니라 그 거울로 여자의 옷을 태우기도 한다.

● **〈아이스 스톰〉**: 한 남자아이가 다른 아이의 숙제를 도와준다. "그러니까 이를테면 '2 제곱'이라고들 하잖아? 너는 그게 2 곱하기 2는 4라는 뜻이라고 생각하지? 하지만 그건 사실 정사각형을 의미해. 그건 사실 공간이야, 수가 아니라 공간이라고. 그것도 완벽한 공간이지. 하지만 머릿속에만 있는 공간이야. 물질계에서는 완벽한 정사각형을 그릴 수 없으니까. 하지만 마음속에는 완벽한 공간을 떠올려 볼 수 있지. 알겠어?"

● **〈H. G. 웰스의 무한한 세계〉**: 이 미니시리즈의 파이크래프트 에피소드는 한 점잖은 수학자에 대한 재미있는 판타지다. 무엇보다도 그는 수학에 관심 없는 한

반의 초등학생들에게 원의 반지름, 지름, 둘레를 설명해 주려고 애쓴다.

- 〈**에비에이터**_The Aviator_〉(2004): 하워드 휴스가 자기 영화에 반대하는 검열 위원회에 한 기상학자를 마치 수학자인 것처럼 내세운다. 이 '수학자'는 캘리퍼스를 이용해, 제인 러셀의 데콜테décolleté ▛가 다른 배우들의 것과 같은 수준임을 입증한다.

- 〈**에이미와 이사벨**_Amy & Isabelle_〉(2001): 한 선생님이 수학의 아름다움과 유용성에 대해 이야기한다. 직각 삼각형에 대한 수업 장면과, 밀레이의 유명한 시 "오로지 유클리드만 벌거벗은 아름다움을 보았네……"에 대한 장면이 있다.

- 〈**열정의 람바다**〉: 가장 인상적이고 유치한 장면. 멋쟁이 수학 교사 블레이드는 '직교 좌표계'와 각도기를 이용해 불가능에 가까운 스리 쿠션 당구 샷을 성공시켜 수학의 유용성을 보여 준다. 그는 각도, 직각 삼각형, $\sin^2\theta + \cos^2\theta = 1$에 대한 기본적인 사실도 조금 가르친다.

- 〈**오마르 하이얌**〉: 코넬 와일드가 사실성 떨어지는 오마르 하이얌을 연기하는 전기 영화. 시와 로맨스가 많이 나오고, 기하학은 조금만 나온다.

- 〈**왕자와 거지**〉: 미키 마우스 왕자가 아주 지루한 삼각법 수업을 듣고 앉아 있어야 한다.

- 〈**워터보이즈**_Waterboys_〉(2001): 남학생들이 싱크로나이즈드 스위밍을 배운다. 그중 한 명은 수학 천재로, 기하학 다이어그램을 이용해 스위밍 루틴 중 하나를 짠다.

- 〈**2010 우주 여행**_2010_〉(1984): 외계인들이 남겨 둔 돌기둥의 비율이 1:4:9다.

- 〈**입체 기하학**〉: 주인공은 '표면 없는 평면'에 대한 할아버지의 연구물을 읽고, 이를 이용해 아내를 사라지게 한다.

- 〈**잉글리시맨**_The Englishman Who Went Up a Hill but Came Down a Mountain_〉

▛ 패션 용어로 가슴, 어깨, 등을 크게 판 깃 트임의 총칭이며 프랑스어로 '목둘레를 파다'라는 뜻이다.

(1995): 마을 사람들이 언덕을 20피트 높여 공식적으로 산이 되게 하려고 애쓴다. 그들이 흙을 쌓아 올려 언덕을 14피트 높였을 때 목사는 문제의 고비를 넘겼다고 단언한다. 그러자 한 마을 사람이 그렇지 않다며 목사의 말을 바로잡는다. 그는 원뿔의 모양을 유지할 경우 원뿔의 부피는 그 높이에 일차적으로 종속되지 않는다는 점을 알아차린 듯하다.

● **〈자전거 주자의 죽음〉**: 주인공이 수학 교수다. 어떤 학생이 갖가지 굴림 곡선(사이클로이드 등)의 그림과 방정식으로 가득한 화려한 칠판에 공을 들이는 모습이 나온다.

● **〈작은 사랑의 기적〉**: 코미디 영화. 학생들이 말도 안 되는 기하학을 가르치는 수학 선생님을 좋아한다.

● **〈점과 선**The Dot and the Line**〉**(1965): 점과 선의 사랑을 이야기하는 매력적인 애니메이션.

● **〈제4의 종말**Phase IV**〉**(1974): 한 수학자가 지적인 개미들과 소통한다. 그가 정사각형을 보내자 개미들은 원으로 응답한다.

● **〈카르테시우스〉**: 로베르토 로셀리니 감독이 만든 데카르트의 전기 영화. 수학보다 철학에 중점을 두고 있다. 데카르트가 수학자 이사크 베크만이 낸 중력 문제를 푸는 장면이 나온다.

● **〈카비리아〉**: 아르키메데스가 컴퍼스를 이용해, 군함을 불태울 거울을 설계한다.

● **〈캐디쉑**Caddyshack**〉**(1980): 익살맞은 골프 장면이 나온다. 체비 체이스가 두 점 사이의 최단 경로는 직선임을 보여 주려고 자기 공이 다른 공을 뛰어넘어 홀에 들어가게 한다.

● **〈캐스트 어웨이〉**: 톰 행크스가 구조대가 수색해야 할 원형 영역의 면적을 계산한다.

● **〈컨시빙 에이다〉**: 수학자 에이다 바이런과 찰스 배비지에 대한 이야기를 소재로 삼았다. 몇몇 장면에서 기본적인 기하학이 언급된다. 평행선의 유일성이 나오

고, 에이다의 아버지가 딸을 '평행사변형 공주'라 부르고, 에이다와 연인의 분리된 삶이 '무한히 뻗어 있는 평행선'에 비유된다.

● **〈퀴리 부인*Madame Curie*〉**(1943): 마리 퀴리가 장차 남편이 될 사람에게 기하학적 대칭에 대한 수학적인 질문을 한다.

● **〈파수꾼: 오마르 카이얌의 전설〉**: 수학자 오마르 하이얌과 그의 한 후손에 대한 영화. 수학보다 로맨스에 중점을 두고 있지만, 유클리드가 언급되는 멋진 장면이 나온다.

● **〈프로스페로의 서재*Prospero's Books*〉**(1991): 프로스페로의 책 가운데 한 권은 기하학 도형의 애니메이션이 나오는 수학책이다.

● **〈행잉록에서의 소풍*Picnic at Hanging Rock*〉**(1975): 행잉록에서 행방불명되는 사람들 중 한 명이 수학 교사. 그녀가 기하학 교과서를 읽는 모습이 나온다.

● **〈허드서커 대리인〉**: 시종일관 원이 우아함과 단순함의 상징으로 쓰인다.

∴ 고차원

이 주제를 집중적으로 다루는 15장(4차원 세계에서 살아남기)도 참고하라.

● **〈데자뷰〉**: 종이를 접어 시공간의 지름길에 대해 설명해 주는 장면이 나온다.

● **〈백 투 더 퓨쳐 3〉**: 브라운 박사가 아직 놓이지 않은 다리로 기관차를 몰고 가려면 '4차원적으로 생각'해야 한다는 것을 깨닫는다.

● **〈사랑의 상대성〉**: 먼로는 장난감 기차와 손전등을 이용해 상대성 이론을 보여 준다. 아인슈타인은 먼로에게 우주의 모양을 3차원 구라고 (완전히 정확하지는 않게) 설명해 준다.

● **〈수퍼노바〉**: 한 우주선의 승무원들이 고차원 물질로 만들어진 폭탄을 발견한다. (어느 정도까지는 정확한) 아주 멋진 그래픽이 고차원 입방체의 2차원 사영 작도법을 보여 준다.

그림 21.3. 〈제3의 눈〉 에피소드 '에크를 보라!'에 나오는 2차원 외계인.

● 〈**슈리커**〉: 공포 영화로 고차원 괴물과, '다차원 지형학'을 전공하는 수학과 대학생이 나온다.

● 〈**스레숄드**〉 '유리로 만들어진 나무,' 2부: 어떤 4차원 외계 물체가 세계를 가로지르며 사람들을 미치게 만든다.

● 〈**심슨 가족**〉 '호머³': 호머가 우연히 3차원 세계로 가게 된다. 그곳은 이런저런 수학적인 요소들이 넘쳐 난다.

● 〈**이벤트 호라이즌**〉: 이 영화의 한 멋진 장면에서는 한 과학자가 종이를 접어, 공간을 구부리면 자기들의 우주선이 빛보다 빨리 이동할 수 있음을 설명해 준다.

● 〈**제3의 눈**_Outer Limits_〉 '에크를 보라!Behold Eck!'(1964): 이 멋진 에피소드에서는 한 2차원 외계인이 지구에서 발이 묶여, 벽을 (옆으로!) 걸어 다니고, 건물을 통과한다(그림 21.3).

● 〈**큐브 2**〉: 포로들이 속이 빈 초입방체로 추정되는 치명적인 미로에 갇힌다. 15장을 참고하라.

● 〈**플랫랜드**_Flatland_〉(1965): 2차원 세계에 대한 에드윈 애벗의 유명한 소설《이

상한 나라의 사각형》을 각색해 만든 멋진 애니메이션이다.

- 〈**플랫랜드: 더 무비**〉: 애벗의 《이상한 나라의 사각형》을 각색해 만든 또 다른 애니메이션으로, 영화의 마지막 부분에는 회전하는 초입방체가 3차원 세계를 통과하는 장면이 나온다.
- 〈**플랫랜드: 더 필름**_Flatland: The Film_〉(2007): 애벗 소설의 또 다른 각색물로 이 작품은 아주 지루하다.
- 〈**플랫랜디아**〉: 미켈레 에메르가 애벗의 유명 소설을 각색해 만든 점토 애니메이션이다.

∴ 위상기하학

이 목록에는 뫼비우스의 띠, 팩맨 공간, 에서풍 구조물이 많이 나온다. 고차원에 대한 목록과 15장(4차원 세계에서 살아남기)도 참고하라.

- 〈**뉴욕 소나타**〉: 여성 수학자가 주인공인 로맨틱 코미디 영화. 이 영화는 수학자들 사이에서 유명한데, 첫 장면에 뱀 보조정리의 증명법이 전부 나오기 때문이다. 그 밖에도 호몰로지 대수학과 관련된 이런저런 내용을 칠판에서 볼 수 있다. 12장을 참고하라.
- 〈**매트릭스 3**〉: 네오가 팩맨식으로 돌고 도는 구조의 기차역에 갇힌다.
- 〈**뫼비우스**〉: 한 지하철 열차가 부에노스아이레스 지하철망에서 행방불명된다. 위상기하학자가 이 사건의 조사를 의뢰받는다. 그는 지하철망의 새 구간이 뫼비우스의 띠처럼 작용하고 있다는 (의미가 불분명한) 결론을 내린다.
- 〈**묘지 소동**〉: 10대 몇 명이, 실현 불가능한 방식으로 돌고 도는 구조의 묘지에서 벗어나려고 애쓴다. 그들은 에서 및 비유클리드 기하학과 관련하여 그 상황에 대한 꽤 기괴한 논의를 벌인다.

- 〈**사랑의 상대성**〉: 아인슈타인은 먼로에게 우주의 모양을 3차원 구라고 (완전히 정확하지는 않게) 설명해 준다.
- 〈**스페인 죄수**〉: 어떤 중요한 산업 공정을 중심으로 이야기가 전개된다. 이런저런 수학적 요소가 장식으로 나온다. 루카 파촐리의 그림, 가환 다이어그램, 다변수 미적분 등등.
- 〈**안토니아스 라인**〉: 신동이 수학 교수가 되어서 가환 다이어그램이 칠판이 적혀 있는 가운데 호몰로지 대수학을 강의하는 장면이 나온다.
- 〈**어벤저스**〉: 우마 서먼이 에셔풍의 끝없는 계단을 달려 내려가 팩맨 미로 방으로 들어간다.
- 〈**이조***Izo*〉(2004): 사무라이 칼을 들고 뫼비우스의 띠 위에서 뛰어 다니는 남자가 나오는 영화.
- 〈**인피니티**〉: 리처드 파인만의 전기 영화. 뫼비우스의 띠와 주판, 무한대에 대한 설명이 나온다. 파인만은 뫼비우스의 띠를 이용해 여자 친구를 감동시키려 한다.
- 〈**플레전트빌**〉: 플레전트빌이라는 시트콤 세계에서 지리 교사가 그 마을의 돌고 도는 구조를 설명해 준다. 그것은 아주 재미있는 장면이지만, DVD 해설을 들어 보면 작가·감독이 전혀 갈피를 못 잡고 있다는 것을 알 수 있다.
- 〈**핑키와 브레인***Pinky and the Brain*〉 '미로The Maze'(1997): 핑키와 브레인이 어떤 홀로그램 미로에 들어가게 되는데, 그곳에는 아주 멋진 에셔풍의 구간이 있다.

∴ 황금비와 피보나치 수열

4장, 5장, 16장도 참고하라.

- 〈**다빈치 코드**〉: 다양한 장면에 피보나치 수열이 나온다.
- 〈**마고리엄의 장난감 백화점***Mr. Magorium's Wonder Emporium*〉(2007): 더스틴 호

프만이 연기하는 미스터 마고리엄이 계약 가능성이 있는 회계사(마고리엄은 그를 '뮤턴트'라는 별명으로 부른다)에게 문제를 낸다. "피보나치 수열의 열한 번째 정수부터 열여섯 번째 정수까지 말해 보게." "음, 89, 144, 233, 377, 610 아닌가요?" "정답! 숫자 4 말인데, 우리한테 그 수가 정말 필요한가?" "사각형을 좋아하신다면 필요하죠." "아, 사각형이야 좋아하지!" 물론 뮤턴트는 사실 피보나치 수열의 열다섯 번째 '정수'까지만 말했다.

● 〈브루털〉: 한 온순한 과학 교사가 꽃과 피보나치 수열을 이용해 섬뜩한 살인을 계획한다.

● 〈수학 마법 나라의 도널드〉: 이 디즈니 고전에는 자연 속의 황금비와 기하학 이론상의 황금비가 두드러지게, 때때로 정확하게 나온다. 5장을 참고하라.

● 〈암호 해독〉: 앨런 튜링이 솔방울에 나타나는 피보나치 수열에 대해 이야기한다.

● 〈애프터 미드나잇After Midnight〉(2004): 주인공들이 피보나치 수열의 처음 몇 항의 수로 복권을 사서 당첨된다. 그들은 자연 속의 피보나치 수열에 대해 흔히들 하는 얘기를 해 댄다.

● 〈원:아워〉: '크립토스' 에피소드에서 한 뛰어난 기상학자가 피보나치 수열을 이용해 기후 변화 모델을 만든다.

● 〈21〉: 한 수학 교수가 제자들을 모아 블랙잭 팀을 만든다. 피보나치 수열이 잠깐 나온다.

● 〈테이큰Taken〉 '신의 방정식God's Equation'(2002): 신의 방정식은 '하늘에 역력히 나타나 있는' 피보나치 수열인 것으로 밝혀진다. 그런 결론은 햄스터 한 마리를 막 터뜨린 두 남자에게서 나왔다. 그 두 사람은 피보나치 수열을 이용해 외계인을 추적해 보려 하기도 한다. 그들에 따르면 외계인은 번식을 하는 개체가 55쌍, 총 개체가 46,368명 등등이라고 한다. 피보나치 수열은 나중에 방영되는 '존 John' 에피소드에서도 잠깐 언급된다. 이 에피소드에서는 사람들이 외계인의 언어를 이해하려고 노력한다.

● 〈파이〉: 수학 천재 맥스가 자연과 주식 시장에서 패턴을 찾고 있다. 피보나치

수열과 황금비 모두 두드러지게 나온다. 4장을 참고하라.

∴ 파이

4장도 참고하라.

● 〈닥터 후〉'다섯 닥터The Five Doctors'(1983): 닥터가 치명적인 체스보드를 건너가기 위한 열쇠가 π의 소수 전개에 있다는 것을 알아낸다.

● 〈닥터 후〉'한밤중Midnight'(2008): 스카이가 어떤 지적인 존재에 지배당하여, 남이 무슨 말을 하든 곧바로 따라 하게 된다. 닥터가 그런 스카이의 정확성을 시험하는데, 스카이는 닥터의 말을 0.5초 후에 똑같이 되풀이한다. "파이의 제곱근은 1.77245385090551602729816748341, 와."

● 〈라스트 카지노〉: 블랙잭 팀 후보 중 한 명인 조지는 여가 시간에 π의 소수 전개를 외운다.

● 〈붉은 행성 화성〉: 한 남자아이가 파이를 한입 먹다가, π의 소수 전개를 이용해 외계인과 교신해 보자는 아이디어를 낸다.

● 〈수학 마법 나라의 도널드〉: 새처럼 생긴 작은 동물이 π의 소수 전개를 암송한다(중간부터 틀린다). 5장을 참고하라.

● 〈스타트렉〉'늑대 떼': 스폭이 외계 세력에 지배당한 컴퓨터로 하여금 π를 마지막 자릿수까지 계산하게 함으로써 그 컴퓨터를 고친다.

● 〈심슨 가족〉: 심슨 가족은 π를 대단히 좋아한다. '두 얼굴의 전학생Bye, Bye Nerdie'(2001) 에피소드에서는 프링크 교수가 대형 강의실에서 청중들을 주목시키려고 이렇게 말한다. "과학자 여러분…… 과학자 여러분! 질서를 좀 지킵시다. 질서를 좀 지켜요. 눈은 앞을 보고, 손은 단정히 모으고, 주목해 주세

요…… 파이는 딱 3입니다!"' '마지, 감옥에 가다Marge in Chains'(1993) 에피소드에서는 아푸가 이렇게 말한다. "사실 나는 파이를 4만 번째 자릿수까지 외울 수 있어. 마지막 자릿수는 1이야!" 그러자 호머가 하는 말. "음, (먹는) 파이." '리사의 색소폰Lisa's Sax'(1997)에서는 영재 학교의 두 여학생이 줄넘기 노래로 π의 소수 전개를 암송한다. "하늘에 맹세코 장담해. 파이의 소수 전개는 이거야. 3.1415926535897932384…." 끝으로 '심플 심슨Simple Simpson'(2004)에서는 파이 맨Pie Man으로 변장한 호머가 리치 텍산에게 파이pie를 던진다. 그러자 어떤 사람이 하는 말. "'파이 아르 제곱pi r squared'이야 다들 알고 있었지만, 오늘은 '파이가 곧 정의pie are justice'군. 반가운 일이야."

● 〈알래스카의 빛*Northern Exposure*〉 '완벽한 건 없어Nothing's Perfect'(1992): 이 에피소드에는 애완동물을 끔찍이 좋아하며 π에 대한 논문을 쓰고 있는 수학자가 나온다. 그녀는 π가 초월수임을 알고 있으며, 그 소수 전개에서 패턴을 찾고 있다.

● 〈25살의 키스〉: 아주 재미있는 수학 노래가 나오는 가운데 수학 동아리 디노미네이터스의 구성원들이 수학적인 활동을 하는 장면이 나온다. 이 영화에는 우스꽝스러울 만큼 심하게 틀린 π의 소수 전개도 나온다. 그림 18.2를 보라.

● 〈찢어진 커튼〉: 알프레드 히치콕의 영화. 폴 뉴먼이 동독으로 망명하는 척하는 미국 과학자로 나온다. 수학 이론들이 상충하는 멋진 장면이 나온다. 칠판에 적힌 수식이 많이 보이는데, π 기호가 비밀 암호로 사용된다.

● 〈처녀 자살 소동〉: 한 교사가 벤 다이어그램을 다루는 장면이 나온다. 거기서 칠판 중 하나에 π의 소수 전개가 엉터리로 적혀 있다. 또 다른 장면에서는 한 칠판에 2차 함수의 도함수 구하기와 관련된 문제들이 적혀 있다.

● 〈트와일라잇*Twilight*〉(2008): 벨라가 뱀파이어 에드워드를 이해해 보려고 노력하고 있다. "설명을 좀 해 줘." "그래…… 안 돼…… 다른 쪽으로 건너가려면…… 1.77245…." "파이의 제곱근이 얼마인지는 알고 싶지 않아." "알고 있었니?"

● 〈파이〉: 수학 천재 맥스가 자연, π, 주식 시장에서 패턴을 찾고 있다. 4장을 참고하라.

∴ 소수와 정수론

피타고라스 정리와 페르마의 마지막 정리에 대한 목록도 참고하라. 이 주제를 더 상세히 다루는 장은 2장, 6장, 11장, 18장이다.

● 〈뉴욕 소나타〉: 12장을 참고하라. 영화의 마지막 부분에서 주인공인 여성 수학자는 한 아이와 소수에 대해 이야기한다.

● 〈닥터 후〉 '42'(2007): 비상사태 때 보안 문을 통과하려면 닥터의 조수들이 수열 '313, 331, 367' 다음의 수를 타이핑해야 한다. 닥터는 곧바로 답이 379임을 알아차린다. "행복한 소수들의 수열이야…… 각 자릿수의 제곱을 더하고 그 결과 값을 또 그런 식으로 계산하길 반복해서 마지막에 1이 나오는 수를 행복한 수happy number라고 해…… 행복한 소수란 행복한 수이면서 소수인 수를 말하지. 이제 타이핑해! 나 원 참, 더 쉬운 설명은 모르겠군. 요즘엔 놀이용 수학도 안 가르치나?"

● 〈로즈 앤드 그레고리〉: 소수와 쌍둥이 소수 추측이 많이 언급된다. 11장을 참고하라.

● 〈모차르트와 고래〉: 같은 아스퍼거 증후군을 앓는 도널드와 소렌슨에 대한 멋지고 낭만적인 영화. 도널드는 수학적인 능력이 매우 뛰어나다(그림 21.4). 그가 숫자들의 의미를 풀이하고 자동차 번호판의 수를 인수분해하는 재미있고 감동적인 장면이 나온다.

● 〈뷰티풀 마인드〉: 영화의 후반부에서 존 내시는 리만 가설을 연구한다. 2장을 참고하라.

● 〈스니커즈〉: 한 수학자의 암호 해독 장치가 스파이 게임에 영향을 미친다. 한 장면에서 그는 다음과 같은 내용을 강의한다. "수체 선별법이 현재 알려진 최선책이긴 하지만, 훨씬 우아한 접근법이 있을 흥미진진한 가능성도 존재합니다. 여

그림 21.4. 〈모차르트와 고래〉에서 도널드가 589에 소수들을 쏘는 상상을 하며 인수분해를 하고 있다.

기서 우리는 확대 구조를 발견할 수 있습니다. 각각이 유리수체의 아벨 확대체이므로 하나의 원분체에 포함되죠. 아르틴 사상을 사용하면, 그런 각 체들의 주요 순서에서 준동형사상을 유도해 낼 수 있는데…… 그런 사상들을 이용하면, 온갖 체에 분해되어 있는 정보를 조합할 수 있습니다." 그림 21.5를 보라.

● 〈스레숄드〉 '유리로 만들어진 나무, 2부': 한 수학자가 '동형 집단 요법,' 단조 영렬, 2차 상호성을 언급한다.

● 〈H. G. 웰스의 무한한 세계〉: 이 미니시리즈의 파이크래프트 에피소드는 한 점 잖은 수학자에 대한 재미있는 판타지다. 한 장면에서 그가 리만 가설을 증명했다는 이야기가 나온다.

● 〈인스펙터 루이스〉: 골드바흐의 추측과 한 필즈상 수상자가 어떤 살인 미스터리의 중심에 있다.

● 〈찬스〉: 두 남자가 복권 번호를 소수로 선택해서 당첨된다.

● 〈첸징룬〉: 유명한 중국 수학자 첸징룬에 대한 아홉 시간짜리 드라마. 첸징룬이 권위주의적인 폭력배에 힘겹게 맞서면서 골드바흐의 추측과 씨름한 과정이

그림 21.5. 〈스니커즈〉에서 스크린에 극적으로 비춰진 수체들.

기록되어 있다.

● 〈코어〉: 처음 소수 몇 개(1부터 시작한다!)를 이용해 어떤 비밀 메시지를 암호화하고 해독한다.

● 〈콘택트〉: SETI 연구원들이 외계인의 신호를 탐지한다. 그들은 소수와 정육면체를 통해 다양한 수준의 정보에 접근할 수 있다.

● 〈큐브〉: 수학적 단서로 가득한 치명적인 미로에서 여섯 사람이 깨어난다. 어떤 수들을 인수분해하여 소수 여부를 판별하는 일이 그들의 생존에 대단히 중요한 것으로 밝혀진다. 6장을 참고하라.

● 〈페르마의 밀실〉: 수학자 네 명이 크기가 줄어드는 방에 갇힌다. 골드바흐의 추측이 중요한 역할을 한다. 7장을 참고하라.

● 〈퓨처라마〉 '둘 중 그나마 덜 악한 쪽The Lesser of Two Evils'(2000): 로봇 벤더와 플렉소가 자기들의 일련번호에 공통점이 있다며 함께 웃는다. 두 번호 모두 다음과 같이 세제곱의 합으로 표현할 수 있다는 것이다. $3,370,318 = 119^3 + 119^3$과 $2,716,057 = 952^3 + (-951)^3$.

● 〈프루프〉: 천재 수학자였지만 정신분열증과 불안 장애를 겪다 세상을 떠난

아버지. 딸(기네스 팰트로)은 아버지의 정신 질환을 물려받을까봐 심한 불안 증세를 보인다. 이 부녀는 리만 가설을 연구하고 있었다.

● 〈플래시 고든〉: 자코브 박사가 엘리베이터의 암호를 '제이만 수열▶의 소수들 중 하나'로 추측해 알아맞힘으로써 궁지에서 벗어난다.

● 〈하이 스쿨 뮤지컬*High School Musical*〉(2006): (고등학교!) 선생님이 $\frac{1}{\pi}$에 대한 라마누잔의 공식 두 개를 적는다. 포흐하며 기호도 들어 있는 식이다. 그러자 버네사가 곧바로 두 번째 식에서 실수를 집어낸다. 선생이 $\frac{8}{\pi}$ 대신 $\frac{16}{\pi}$이라고 적었다는 것이다.

∴ 카오스, 프랙털, 동역학계

상당수의 영화에서 카오스 등을 다소 모호한 방식으로 언급한다. 다음은 그런 내용을 비교적 구체적으로 언급하는 영화들이다.

● 〈드로잉 다운 더 문*Drawing Down the Moon*〉(1997): 수학자가 나쁜 사람이고, 마녀 같은 괴짜 캐릭터가 좋은 사람이다. 도저히 이해할 수 없는 이유로 프랙털이 몇 개 나온다.

● 〈매직과 장미〉: 스퀘어 댄스를 추며 달팽이 알을 양식하는 농부가 수학 천재로 밝혀진다. 그는 프랙털에서 카오스 이론에 이르기까지 무엇이든 알고 있다.

● 〈뱅크〉: 한 수학 천재가 은행을 상대로 복수를 한다. 만델브로 집합과 카오스 이론이 두드러지게 나온다.

● 〈스레숄드〉: 이 단명한 TV 드라마에는 아주 재미있는 수학자가 나온다. 그는 입이 거친 난쟁이로, 스트립쇼 클럽에서 시간 보내길 좋아한다. 특정 프랙털 하

▶ 허구적인 수열. 실제로 이런 수열은 없다.

나가 이 시리즈 내내 불길하게 등장한다.

● 〈줄리 존슨〉: 줄리 존슨은 학대받는 가난한 백인 주부인데, 수학 천재로 밝혀진다. 지루하고 재미없는 영화이지만, 카오스 이론을 비롯한 수학이 많이 나온다. 미샤 바턴이 연기하는 딸은 엄마에게 칸토어 집합을 설명해 달라고 하지만, 그 설명을 듣고 전혀 감탄하지 않는다.

● 〈쥬라기 공원〉: 제프 골드브럼이 멋쟁이 수학자로 나온다. 그는 어떤 여자의 손에 나비 효과를 예시하는 간단한 실험을 하며 카오스 이론을 설명해 그녀를 감탄시킨다.

● 〈쥬라기 공원 2: 잃어버린 세계〉: 제프 골드브럼이 다시 멋쟁이 수학자로 나온다. 하지만 이번엔 수학은 안 나온다.

● 〈쥬라기 공원 3.*Jurassic Park III*〉(2001): 제프 골드브럼이 안 나오지만, 그와 카오스 이론에 대한 그의 책이 비웃음을 받는다.

● 〈카오스*Chaos*〉(2005): 자신을 로렌츠라고 부르는 범죄자가 (이 영화에 따르면 에드워드 로렌츠Edward Lorenz▼가 창안한) 카오스 이론과 관련된 단서를 남긴다.

∴ 외계인과의 의사소통

여기에는 외계인이 영어를 하지 않는 사례들만 열거했다.

● 〈금지된 세계〉: 모비우스 박사는 멸망한 외계 문명의 언어를 익혔는데, 기하학 정리들을 그 출발점으로 삼았다.

● 〈미지의 혹성에서 온 사나이*The Man from Planet X*〉(1951): 외계인과의 교신 방법으로 기하학을 사용해 보자는 이야기가 나온다.

▼ 에드워드 로렌츠(1917~2008)는 미국의 수학자이자 기상학자로, 카오스 이론의 선구자로 널리 알려져 있다. 카오스(혼돈) 이론의 토대가 된 '나비 효과'의 개념을 처음 제시했다.

- 〈**붉은 행성 화성**〉: 한 남자아이가 파이를 한입 먹다가, π의 소수 전개를 이용해 외계인과 교신해 보자는 아이디어를 낸다.
- 〈**스피어**〉: 이 영화에는 우주에서 온 신비로운 완벽한 구체가 주된 관심사로 나온다. 주인공 중 한 명은 수학자인데, 말도 안 되는 암호 해독을 하기도 한다.
- 〈**에이리언 헌터**〉: 주인공이 전문적인 암호 해독자다. 그가 어떤 확률이 99.999…이긴 하지만 100은 아니라고 말하는 아주 우스운 실수 장면이 나온다.
- 〈**제4의 종말**〉: 한 수학자가 지적인 개미들과 소통한다. 그가 정사각형을 보내자 개미들은 원으로 응답한다.
- 〈**콘택트**〉: SETI 연구원들이 외계인의 신호를 탐지한다. 그들은 소수와 정육면체를 통해 다양한 수준의 정보에 접근할 수 있다.
- 〈**콜차크**_Kolchak_〉 '전에도 지금도 앞으로도They Have Been, They Are, They Will Be' (1974): 우주 통신에 인공 언어를 사용하는 상황을 다룬 꽤 재미있는 이야기. 한 남자가 부적절한 종류의 외계인과의 교신을 시도한다. "당신의 현재 위치는 우리 태양계의 세 번째 행성입니다. 우리는 평화를 사랑합니다. 이제 보편적인 언어인 수학으로 이야기하겠습니다…… 아악!"

∴ 암호 해독

외계인과의 의사소통에 대한 바로 앞의 목록도 참고하라.

- 〈**격정의 프라하**_The Amateur_〉(1981): 한 스파이가 엘리자베스 1세 시대의 암호에 대한 책을 쓴다.
- 〈**다빈치 코드**〉: 주인공들은 피보나치 수열이 갖가지 퍼즐의 열쇠임을 알아차린다.
- 〈**불멸의 사나이**_A Man Called Intrepid_〉(1979): 두 등장 인물이 에니그마 기계에

대해 이야기한다.

- 〈뷰티풀 마인드〉: 게임 이론 연구로 노벨 경제학상을 받은 수학자 존 내시에 대한 영화. 영화의 앞부분에 존 내시가 암호 해독자로 일하는 모습이 나온다. 2장을 참고하라.

- 〈살인자의 손Hands of a Murderer〉(1990): 셜록 홈스와 모리어티 간의 싸움이 수학 및 암호와 어느 정도 관련하여 구성되어 있다. 하지만 그 암호의 열쇠는 진짜 수학과 무관한 것으로 드러난다.

- 〈세바스찬Sebastian〉(1968): 한 수학자가 젊은 미녀로만 구성된 특수 암호 해독 팀을 이끈다.

- 〈스니커즈〉: 한 수학자의 암호 해독 장치가 스파이 게임에 영향을 미친다.

- 〈시크릿 에니그마Sekret Enigmy〉(1979): 2차 세계 대전 때 에니그마 암호 해독에 폴란드가 기여한 바(실제로는 무시된다)를 다룬 폴란드 영화. 에니그마 기계 설정의 천문학적인 경우의 수를 계산하는 장면이 나온다.

- 〈암호 해독〉: 수학자이자 암호학자인 앨런 튜링에 대한 훌륭한 영화. 그는 에니그마 암호 해독에 기여한 주요 인물이다.

- 〈야수의 날The Day of the Beast〉(1995): 낱낱의 종이에 적힌 글자들로 구성된 악마의 메시지를 세 주인공이 종합해 보려고 애쓰고 있다. "세상에." "조합이 수백 가지는 나오겠군." "수십억 가지야. 열다섯 글자가 있지. 세 글자가 두 번씩 나오고, 두 글자가 세 번씩 나오는 열다섯 원소의 순열을 계산해 보면 총 4,540,536,000가지 가능성이 나와." (정확한 계산이다.) 하지만 그러는 사이에 세 등장 인물 중 가장 멍청한 사람이 메시지를 알아낸다.

- 〈에니그마〉: 블레츨리 파크와 에니그마 기계에 대한 영화. 앨런 튜링을 모델로 삼아 만든 인물이 주인공으로 나오지만, 수학은 많이 나오지 않는다.

- 〈엑소시즘Lost Souls〉(2000): 악령에 사로잡힌 남자가 적그리스도의 이름을 숫자로 된 암호로 계속 적는다.

- 〈컴퓨터 인간Deadly Friend〉(1986): 한 로봇이 0~40에서 세 수를 뽑는 조합을 일

일이 해 보는 동안, 그 로봇을 만든 사람이 그런 조합의 가지 수에 대해 이야기한다.

● 〈큐브〉: 수학적 단서로 가득한 치명적인 미로에서 여섯 사람이 깨어난다. 6장을 참고하라.

● 〈퍼스트 서클*First Circle*〉(1992): 주인공 가운데 한 명이 소련의 과학자 특수 교도소에 수감되어 있는 수학자다. 교도소 관리자들이 이 수학자를 그의 전 지도 교수가 이끄는 암호 해독 팀에 넣어 보려 한다.

∴ 미적분학

1장, 3장, 11장에서 미적분학과 관련된 내용을 제법 많이 찾아볼 수 있다.

● **〈그녀가 책을 썼다〉**: 한 수학 여교수가 복소 멱급수의 수렴 반지름에 대해 강의한다.

● **〈나폴리 수학자의 죽음〉**: 이탈리아 수학자 레나토 카초폴리의 자살에 대한 이야기. 멋진 미적분 장면이 있는데, 샌드위치 정리도 나온다. 그림 21.6을 보라.

● **〈달의 어두운 면의 언덕〉**: 수학자 소피야 코발렙스카야의 전기 영화. 대형 강의실 장면이 조금 나온다. 그림 21.7을 보라. 수학자 바이어슈트라스와 미타그레플러도 잠깐 등장한다.

● **〈라스트 에너미*The Last Enemy*〉**(2008): 이 미니시리즈의 첫 에피소드에서는 스티븐 이자드 박사가 자신의 연구 내용을 설명한다. "'Ric'을 리치 곡률이라고 하자. 감마는 크리스토펠 기호야. 나는 리치 흐름에서 양의 곡률은 일반적으로 바깥쪽으로 퍼져 나간다는 걸 보여 주려고 해. 음, 그러니까 무한 시간에서 다양체가 상수 곡률을 이룰 때까지 말이야. 자, 이걸 일반화해서 생각해 보자. F라는 형식은 멋진 매끄러운 함수지. 그런 상태에서도 그 흐름은 무한 시간에서 특이점을 산출할 거야. 하지만 그로모프 콤팩트성 정리*의 국소적 버전을 이용함으로

그림 21.6. 〈나폴리 수학자의 죽음〉에서 환멸을 느끼는 레나토 카초폴리가 샌드위치 정리를 가르치고 있다.

그림 21.7. 〈달의 어두운 면의 언덕〉에서 강의하고 있는 소피야 코발렙스카야.

써 나는 모든 특이점의 모델을 얻을 수 있었어." 이것은 그리고리 페렐만Grigori Perelman[▼▼]의 푸앵카레 추측 증명의 바탕을 이루는 진짜 수학이다.

● 〈로즈 앤드 그레고리〉: 수학이 아주 많이 나온다. 확실히 이 영화는 미적분과 관련된 영화 클럽을 얻기에 매우 좋은 자료로 꼽을 만하다. 음함수 미분법, 연쇄 법칙, $e^{x+y} = e^x e^y$의 미적분 증명 등등을 볼 수 있다. 11장을 참고하라.

● 〈맥스 군 사랑에 빠지다〉: 이 영화는 꿈 시퀀스로 시작한다. 한 수학 낙제생이 어려운 수학 문제를 풀어 반의 영웅이 되는 상황을 공상한다. 그 장면에서 보이는 문제는 타원의 면적을 구하라는 것인데, 사실상 꽤 쉬운 미적분 연습 문제다. 그림 21.8을 보라.

● 〈스탠드 업〉: 수학 교사 에스칼란테는 학생들에게 수학 AP 시험을 준비시키기로 마음먹는데, 이 시험은 주로 미적분 문제로 구성되어 있다. 영화에서 그는 학생들에게 회전체 부피 계산법, 부분 적분법 등을 가르친다. 3장을 참고하라.

● 〈에이리언 지구 위기〉: 뛰어난 괴짜 수학자가 화분에 미적분 식을 적는다. "자네와 나머지 사람들은 뭔지 보고 들은 후에야 알지. 나는 당신네 모두보다 유리한 점이 딱 하나 있어. 미적분이지."

● 〈열차의 이방인Strangers on a Train〉(1951): 알프레드 히치콕의 영화. 술에 취한 수학자가 미적분을 논하는 아주 재미있는 장면이 나온다.

● 〈21〉: 한 수학 교수가 제자들을 모아 블랙잭 팀을 만든다. 뉴턴의 미적분 방법이 잠깐 나온다.

● 〈이노센트 러브Innocent Love〉(1982): 한 남학생이 여자 상급생에게 미적분을 가르쳐 준다. 사실 그는 다항식을 미분하는 법만 가르쳐 주는 듯하다.

[▼] 고정된 차원을 갖고 리치 곡률과 직경인 유계인 리만다양체들의 집합이 그로모프–하우스도르프 거리에 대해서 콤팩트하다(조건을 만족하면서 리만다양체를 지속적으로 변형시키면 궁극에는 적당한 공간으로 수렴한다)는 정리.

[▼▼] 그리고리 페렐만(1966~)은 위상기하학의 중요하고 오래된 문제인 '푸앵카레 예상'을 증명한 유명한 러시아 수학자다.

그림 21.8. 〈맥스 군 사랑에 빠지다〉에서 주인공이 '세상에서 가장 어려운 기하학 방정식'을 풀고 있다.

● 〈찢어진 커튼〉: 알프레드 히치콕의 영화. 폴 뉴먼이 동독으로 망명하는 척하는 미국 과학자를 연기한다. 칠판에 미분 방정식이 많이 적혀 있는 가운데 수학 이론들이 상충하는 멋진 장면이 나온다.

● 〈7퍼센트 용액〉: 셜록 홈스가 말한다. "모리어티 교수가 정말 내 강적이었던 적은 그가 나한테 기본 미적분의 미스터리를 이해시키는 데 3주가 걸렸을 때뿐이었어."

● 〈콜로서스〉: 두 슈퍼컴퓨터가 서로 교신할 방법을 알아내는 과정에서, 먼저 구구단을 이용하고 그다음에 미적분으로 넘어간 후 훨씬 더 멀리까지 일을 진전시킨다.

● 〈퀸카로 살아남는 법〉: 주인공은 아주 예쁜 여학생인데 수학도 아주 잘한다. 선생님의 격려를 받은 그녀는 친구들의 충고("그건 사회적 자살이야")를 거스르며 교내 수학 동아리에 들어간다. 그리고 수학 경시대회에 출전해, 다음을 구하라는 문제를 받는다.

$$\lim_{x \to 0} \frac{\ln(1-x) - \sin x}{1 - \cos^2 x}$$

칠판에 극한과 미분 방정식이 적혀 있는 멋진 수업 장면도 몇 번 나온다.

● 〈크로크 앤드 대거〉: 게리 쿠퍼가 숨어 있는 동안 시간을 때우느라 벽에 사인

곡선의 선적분을 적으며 계산한다. 그의 계산을 재현해 놓은 식을 보려면 그림 20.6을 보라.

● 〈퓨처라마〉 '벤더의 성공': 할렘 글로브트로터스가 '와글와글 글로브트로터스 미적분'(매개변수 변환법과 론스키 행렬식 전개)을 이용해 모순 없는 시간 여행의 가능성을 증명한다.

∵ 무한

역설에 대한 목록과 위상기하학에 대한 목록, 그리고 기하학에 대한 목록에서 '평행선들은 절대 만나지 않는다'라는 구절이 나오는 항목도 보라. 16장도 참고하라.

● 〈금지된 세계〉: 모비우스 박사는 어느 멸망한 외계 문명의 언어를 익힌 사람이다. 한 장면에서 그는 그 외계인들의 엄청난 동력원을 아주 멋지게 설명하면서, 설정된 눈금의 수치가 기하급수적으로 증가하는 막대한 일련의 측정기들을 자랑하듯이 보여 준다.

● 〈로즈 앤드 그레고리〉: 주인공인 수학 교수는 어떤 학생에게 실망하자 이렇게 소리친다. "무한 집합에서 무한개의 원소를 제거해도 여전히 무한개의 원소가 남아 있을 수 있다는 점을 모르겠니?"

● 〈뫼비우스〉: 한 지하철 열차가 부에노스아이레스 지하철망에서 행방불명된다. 위상기하학자가 이 사건의 조사를 의뢰받는다. 그는 지하철망의 새 구간이 뫼비우스의 띠처럼 작용하고 있다는 (의미가 불명확한) 결론을 내리고, 지하철망의 (의미가 불명확한) 새로운 무한성에 대해 언급한다.

● 〈뱅크〉: 한 수학 천재가 은행을 상대로 복수를 한다. 수학적인 요소가 아주 많이 나오는데, 무한대 기호도 몇몇 장면에 등장한다. 특히 한 장면에서는 무한

대 기호가 은행의 컴퓨터 스크린에 나와, 은행의 손실액이 컴퓨터가 표시할 수 있는 범위를 넘어서 버렸음을 나타낸다.

● 〈뷰티풀 마인드〉: 존 내시가 자전거를 타고 무한대 기호 모양을 그리는 아름다운 장면이 나온다. 그림 16.7을 보라.

● 〈사라고사 매뉴스크립트〉: 몇몇 귀족들이 무한성에 대해 곰곰이 생각한다.

● 〈스타트렉〉 '늑대 떼': 스폭이 외계 세력에 지배당한 컴퓨터로 하여금 π를 마지막 자릿수까지 계산하게 함으로써 그 컴퓨터를 고친다.

● 〈A특공대The A-Team〉 '라스베이거스를 먹어치운 토끼The Rabbit Who Ate Las Vegas'(1983): 한 수학자가 '감소하는 수들의 무한 개념'을 이용해 도박에서 이기는 시스템을 알아낸다.

● 〈에이리언 헌터〉: 주인공이 전문적인 암호 해독가다. 그가 어떤 확률이 99.999…이긴 하지만 100은 아니라고 말하는 아주 우스운 실수 장면이 나온다.

● 〈엑설런트 어드벤처 2〉: 빌과 테드(키아누 리브스)가 오츠 대령과 마주치는데, 대령은 그 둘에게 팔굽혀펴기 무한개를 시킨다. 그러자 빌과 테드는 팔굽혀펴기를 여자들처럼 하게 해 주면 그게 가능할지도 모르겠다는 생각을 한다.

● 〈인피니티〉: 리처드 파인만에 대한 영화. 무한대에 대한 아주 흥미로운 논의가 나온다.

● 〈차례로 익사시키기〉: 피터 그리너웨이 감독의 영화. 한 소녀가 줄넘기를 하면서 1부터 100까지 세는 장면이 나온다. 소녀는 사실 별을 세고 있는데, 100에서 멈추는 이유는 '일단 100까지 세고 나면 나머지 수백 개는 다 똑같기' 때문이라고 한다. 1부터 100까지 세는 숫자가 영화 내내 차례로 나온다.

● 〈파이〉: 수학 천재 맥스는 자연, 주식 시장, π의 무한 소수 전개에서 패턴을 찾고 있다. 한 장면에서 어떤 소녀가 그에게 73 나누기 22를 해 보라고 하자 그는 이렇게 대답한다. "3.3181818…." 그는 계속 한 계단에 '1,' 다음 계단에 '8'이라고 말한다. 맥스의 목소리는 그가 계단을 내려감에 따라 점점 멀어지며 작아진다. 그 수의 무한 소수 전개를 아주 멋지게 묘사한 장면이다. 4장을 참고하라.

- 〈팬텀 툴부스〉: 마일로가 디지토폴리스를 방문할 때, 그곳을 지배하는 수학 마법사는 1을 거듭 더해서 마일로에게 수의 무한성을 납득시킨다.
- 〈호텔 힐베르트〉: 다비드 힐베르트가 상상한 무한대 개념에 생기를 불어넣은 근사한 교육 영화. 이 영화에는 제논의 화살 역설, 톰슨의 램프, 세계의 모래를 알알이 다 세는 아르키메데스 같은 인물, 그 밖에 무한과 관련된 여러 퍼즐이 나온다.

∴ 역설

위상기하학에 대한 목록에 포함된 여러 역설적인 에서풍 구조도 참고하라.

거짓말쟁이의 역설과 퍼즐
- 〈라비린스〉: 거짓말쟁이 퍼즐의 재미있는 판타지 버전. 문 하나는 참말 하는 사람이 지키고 다른 문 하나는 거짓말쟁이가 지키고 있을 때 둘 중 어느 문으로 나가야 할지 결정해야 한다.
- 〈일곱 가지 유혹〉(1967): 피터 쿡이 연기하는 악마가 더들리 무어에게 자기가 해 준 말은 모두 거짓말이라고 일러 준다. 거짓말쟁이의 역설을 아주 재미있게 표현한 장면이다.
- 〈페르마의 밀실〉: 수학자 네 명이 점점 크기가 줄어드는 방에 갇힌다. 그 방은 퍼즐을 풀어야만 줄어드는 것을 멈출 수 있다. 그 수학자들이 풀어야 하는 문제 중 하나가 거짓말쟁이 퍼즐이다. 7장을 참고하라.
- 〈하늘은 스스로 돌보는 자를 돌보지 않는다〉: 젠체하는 교수가 카스파어 하우저에게 거짓말쟁이 퍼즐을 잘못 이야기해 준다. 이런 질문 하나만 달랑 던진 것이다. 어떤 사람이 거짓말쟁이인지 아닌지 알아내려면 어떻게 해야 하느냐? 카스파어의 간단하고 매우 재미있는 해법은 '당신은 청개구리입니까?' 하고 그에게 물어보는 것이다. 교수는 전혀 재미있어 하지 않는다.

제논의 역설

- 〈아이큐〉: 멕 라이언과 팀 로빈스가 제논 역설의 낭만적인 예를 보여 준다.
- 〈잼 필름스 2: 탁상공론Jam Films 2: Armchair Theory〉(1994): 한 판타지 시퀀스에서 한 일본 무사가 달아나고 있는 두 번째 무사에게 화살을 쏘는데, 이는 제논 역설의 또 다른 예를 보여 준다. 즉 화살이 발사 당시 두 번째 무사가 있던 곳에 이르면 그 무사는 이미 두 번째 지점으로 이동해 있을 것이고, 화살이 그 지점에 이르면 그는 또 세 번째 지점으로 이동해 있을 것이고…… 등등인 것이다(그림 21.9).
- 〈팬텀 툴부스〉: 마일로가 디지토폴리스를 방문할 때, 그곳을 지배하는 수학 마법사는 1을 거듭 더해서 마일로에게 수의 무한성을 납득시킨다. 그러기 전에 그 수학 마법사는 일종의 제논의 역설을 노래하면서 마일로에게 골칫거리는 사라질 때까지 계속 2로 나눠 보라고 일러 주기도 한다.

자기 언급Self-Reference

- 〈H. G. 웰스의 무한한 세계〉: 이 미니시리즈의 파이크래프트 에피소드는 점잖은 수학자 파이크래프트에 대한 재미있는 판타지다. 한 장면에서 파이크래프트

그림 21.9. 〈잼 필름스 2: 탁상공론〉에 나오는 제논의 역설. 무사가 화살에게서 달아나고 있다.

는 이렇게 말한다. "사실 39라는 수에 딱히 흥미로운 점은 없습니다. 하지만 물론 39에 대해 그렇게 생각하면 그 수는 특별히 흥미로운 수가 되지요. 그런 속성이 있는 가장 작은 수이니까요." "흥미롭지 않다는 속성이 있는 가장 작은 수라는 말입니다. 그러므로 39는 흥미로운 동시에 흥미롭지 않은 수인 것입니다."

∴ 확률, 도박, 백분율

● 〈그들이 정말 갔던 오리 사냥*A-Ducking They Did Go*〉(1939): 바보 삼총사가 백분율에 대한 짤막한 농담을 한다.

● 〈라스베이거스 셰이크다운〉: 한 수학 교사가 책을 쓰기 위해 연구차 라스베이거스에 간다. 그 책은 카지노가 늘 돈을 딸 수밖에 없음을 보여 주기 위한 것이라고 한다. 한 동반자의 도박 방식에 대한 익살스러운 대사가 나온다.

● 〈라스베이거스 위크엔드〉: 블랙잭 우승 전략을 갖춘 한 수학자에 대한 코미디 영화. 무한대와 확률에 관한 기이하고 익살스러운 대사가 나온다.

● 〈로센크란츠와 길던스턴이 죽다〉: 로센크란츠와 길던스턴이 동전을 던지는데 잇달아 157번이나 앞면이 나온다. 그러는 내내 둘은 그 의미를 논한다.

● 〈마법의 도시〉: 어떤 사람이 여론 조사에 이상적인 마을을 발견한다. 그곳 주민들은 정확히 미국 전체처럼 생각한다.

● 〈마이 리틀 치카디〉: W. C. 필즈의 아주 우스운 짤막한 농담. 포커가 기술보다 운에 좌우되는 게임인가에 대한 한마디. "내가 치는 방식에서는 안 그래."

● 〈스레숄드〉 '발생Outbreak'(2006): 수학자 램지가 '확률 변수 체계의 대응하는 확률론적 특성'을 밝힌다(시장에서 사람들에게 토마토를 몇 개 샀으며 가족이 몇 명인지 물어봄으로써).

● 〈시카고*Chicago*〉(2002): "47년 동안 쿡 카운티에서는 여자를 교수형에 처한 적이 한 번도 없어. 그러니까 그들이 너를 교수형에 처하지 않을 가능성이 47 대 1

인 셈이지."

- 〈13일의 금요일 10 - 제이슨 X〉: 케이엠이라는 매력적인 여자 인조인간이 팀의 생존 확률을 12%로 계산한다. 하지만 친구 추나론의 키스를 받은 후에는 그 확률을 53%로 다시 계산한다. 그러자 추나론은 100%가 나오도록 해 보자고 말한다.
- 〈어라이벌〉: 백분율을 부적절한 방식으로 합산하는 아주 우스운 실수가 나온다.
- 〈에이리언 헌터〉: 주인공이 전문적인 암호 해독자다. 그가 어떤 확률이 99.999…이긴 하지만 100은 아니라고 말하는 아주 우스운 실수 장면이 나온다.
- 〈에이시즈 _Aces_〉(2006): 수학을 전공하는 여학생 세 명이 포커 게임을 하며 여름을 보낸다. 그들의 확률은 그리 좋지 않다.
- 〈12명의 성난 사람들〉: 배심원 가운데 한 명이 확률을 이용해 피고의 혐의에 의혹을 제기한다.
- 〈집단 소송〉: 한 보험 계리인이 자동차 회사에서 어떤 차종의 치명적인 결함을 바로잡는 것보다 피해자들의 소송을 처리하는 편이 더 비용이 적게 드는 이유를 보여 준다.
- 〈초콜릿 천국〉: 백분율과 관련된 재미있는 장면이 몇 번 나온다. 한 장면에서는 선생님이 웡카 바를 이용해 백분율을 가르친다. 또 다른 장면에는 합계가 105%로 나온다. 한 컴퓨터는 '컴퓨터 확률 법칙'에 기초해 황금 티켓을 찾도록 프로그래밍된다.
- 〈콰이강의 다리〉: "한 번 뛰어내리면 부상 입을 가능성이 50%에 불과하지만, 두 번 뛰어내리면 그게 80%이고, 세 번 뛰어내리면 크게 다칠 수밖에 없다고들 합니다. …… 일단 그냥 뛰어내리고 다 잘되길 바라는 겁니다." 그러자 뛰어내릴 사람이 이렇게 말한다. "낙하산을 메고, 아니면 안 메고?"
- 〈패자 독식!_Loser Takes All!_〉(2003): 한 수학 교수가 당첨 복권 예측법을 알아냈다고 주장하고, 두 번 당첨됨으로써 이를 증명한다. 그러자 경찰이 기억력이 비상한 전문 도박꾼을 불러 상황을 파악하게 한다. 수학, 도박, 사고방식이 수학적인 사람들이 많이 나오는 재미있는 영화다.

∴ 유명한 공식, 항등식, 마방진

$a^2 + b^2 = c^2$ 및 $x^n + y^n = z^n$과 관련된 피타고라스 정리와 페르마의 마지막 정리에 대한 목록, 14장도 참고하라.

$1 + 1 = 2$, $2 + 2 = 5$

$1 + 1 = 2$는 〈심슨 가족〉 에피소드 '호머³'에서 호머가 가게 되는 이상한 수학 나라에 떠다니는 항등식 중 하나다. 〈1984〉에서는 어떤 사람이 $2 + 2 = 5$임을 믿도록 세뇌되고, 〈볼 오브 파이어〉에서는 학자들이 'two and two is five'와 'two and two are five' 중 어느 것이 문법적으로 옳은가에 대해 토론을 벌인다. 〈겜블러*The Gambler*〉(1974)에서는 도박꾼이 자기가 확률을 극복할 수 있다고 믿는 메타포로 $2 + 2 = 5$가 쓰인다. 〈홍콩으로 가는 길〉에서는 빙 크로스비가 밥 호프의 기억력을 시험하려고 그에게 $2 + 2$가 얼마인지 묻는다. 갱스터 영화 〈포스 오브 이블*Force of Evil*〉(1948)에는 '2 더하기 2Two and Two'라고 불리는 회계사가 나와 뛰어난 암산 실력을 보여 준다.

구구단

〈콜로서스〉에서는 두 슈퍼컴퓨터가 서로 교신할 방법을 찾는데, 구구단을 그 출발점으로 삼는다. 〈달빛 상자*Box of Moon Light*〉(1996)에서는 아주 꺼벙한 아버지가 아들에게 커다란 플래시카드로 구구단을 외우게 한다. 〈화씨 451*Fahrenheit 451*〉(1966)에서는 초등학생들이 9단을 웅얼웅얼 외운다. 〈칼라부체*Calabuch*〉(1956)에서는 멋진 구구단 노래도 감상할 수 있다.

$e^{\pi i} + 1 = 0$

수학에서 가장 아름다운 것으로 꼽히는 오일러 항등식은 〈심슨 가족〉 '호머³' 에피소드에서 호머가 가게 되는 이상한 수학 나라에 떠다니는 항등식 중 하나이기도 하다. 〈박사가 사랑한 수식The Professor and His Beloved Equation〉(2006)은 짧은 시간 동안만 기억하는 수학 교수에 대한 아름다운 영화다. 그는 완전수와 친화수를 좋아하는데, 그가 가장 좋아하는 수식은 오일러 항등식이다.

$$\sin^2\theta + \cos^2\theta = 1$$

이 항등식은 〈열정의 람바다〉에 나온다.

2차 방정식 근의 공식

2차 방정식의 근의 공식은 〈배틀필드〉에서 주인공이 어떤 기계에서 학습하는 내용 중 하나다. 〈펜잔스의 해적The Pirates of Penzance〉(1983)에 나오는 유명한 수학 노래에서도 2차 방정식 근의 공식이 언급된다. "나는 그야말로 현대식 장군의 본보기야…… 나는 수학적인 문제도 훤히 꿰고 있지. 1차 방정식도 잘 알고 2차 방정식도 잘 알지. 이항 정리에서는 새로운 것들이 넘쳐 나지……." 〈패밀리 가이〉 '춤추러 가자Let's Go to the Hop'(2000) 에피소드에서는 한 회상 장면에서 어떤 순례자가 2차 방정식 근의 공식을 정확히 암송한다. 그녀는 칭찬을 받지만, 그런 다음에 수학 문제를 풀 줄 아는 여자라는 이유로 마녀로 몰린다.

이항 공식

위에서 언급한 〈펜잔스의 해적〉의 유명한 수학 노래에는 이항 공식도 나온다.

마방진

〈비앙카〉의 한 수업 장면에는 뒤러의 유명한 마방진이 눈에 띄게 나온다. 그 특별한 마방진은 〈뮌히하우젠Münchhausen〉(1943)에서도 한 장면의 배경에 나온다. 무협 영화 〈사조영웅전 3〉에서는 여주인공이 일반적인 3 × 3 마방진을 이용해 마방진의 속성을 설명한다. 그녀는 그런 속성을 이용해 10 × 10 마방진을 완성하기도 한다(그림 21.10).

13	2	3	16
11	8	5	10
6	9	12	7
4	15	14	1

二	九	四
七	五	三
六	一	八

그림 21.10. 한자로 된 두 마방진은 〈사조영웅전 3〉에 나오는 것이고, 나머지 하나는 〈비앙카〉에 나오는 것이다. 10×10 마방진은 가로, 세로, 대각선 각 수열의 합이 모두 505다. 영화에서 동그라미 속의 63은 하나 작은 62로 잘못 적힌다.

원의 둘레와 면적

〈캐스트 어웨이〉에서는 톰 행크스가 원의 면적 공식을 이용해, 구조대가 수색해야 할 원형 영역의 면적을 계산한다. 〈H. G. 웰스의 무한한 세계〉의 파이크래프트 에피소드에서는 주인공이 아주 뚱뚱한 수학자다. 관련 공식이 적혀 있는 칠판 앞에서 그가 원의 둘레에 대해 이야기할 때 학생들은 그의 '둘레'를 비웃는다. 그림 18.3도 보라. 〈파이〉에서는 수학 천재 맥스가 자연, 주식 시장, π에서 패턴을 찾고 있다. π에 대해 곰곰이 생각하면서 맥스는 신문지에 두 가지 공식을 모두 적는다. 〈붉은 행성 화성〉에서는 한 남자아이가 파이를 한입 먹다가, π의 소수 전개를 이용해 외계인과 교신해 보자는 아이디어를 낸다. 그의 추론인즉 외계인이 접시 안테나를 만들려면 원둘레와 지름의 비, 즉 π를 알아야 한다는 것이다.

구의 부피

구의 부피 공식은 〈H. G. 웰스의 무한한 세계〉의 파이크래프트 에피소드와 〈세인트 트리니안스〉에서 찾아볼 수 있다. 하지만 두 영화 모두에서 πr^3으로 틀리게 제시된다. 그림 18.3을 보라.

∴ 수학적인 게임

● 〈뷰티풀 마인드〉: 뛰어난 수학자 존 내시에 대한 영화. DVD 부가 영상을 보면, 내시가 헥스Hex 게임▼에 대해 이야기하는, 영화에서는 삭제된 장면이 나온다. 헥스는 존 내시가 발명한 게임이다.

● 〈21〉: 한 수학 교수가 제자들을 모아 블랙잭 팀을 만든다. 몬티 홀 문제가 두드러지게 나온다.

● 〈지난 해 마리앙바드에서Last Year at Marienbad〉(1961): 님이라는 수학적인 게임을 우스꽝스러운 방식으로 이용하는 영화. 이 영화에서 게임은 항상 성냥개비들을 네 행으로 배열한 상태에서 시작한다. 각 행의 성냥개비 수는 1, 3, 5, 7이다. 게임 참가자는 한 번에 한 행에서만 원하는 만큼의 성냥개비를 집어 들어낸다. 그렇게 해서 마지막 성냥개비를 집게 될 때 게임이 끝난다. 그 마지막 성냥개비를 집는 참가자가 지는 것이다. 이 영화의 특정 시작 상태에서는 두 번째로 성냥개비를 집는 참가자가 항상 무조건 이길 수 있다. 훨씬 더 재미있는 〈후루하타 닌자부로〉 '수학자 살인 사건'에서도 형사와 살인범 수학자가 님과 비슷한 게임을

▼ 헥스는 육각형으로 이루어진 마름모 형태의 보드 위에서 두 명의 참가자에 의해 진행된다. 각 참가자는 서로 다른 지정된 색을 사용하여 게임을 진행한다. 보드에서 서로 마주보고 있는 두 변은 같은 색으로 정해져 있고, 이 두 개의 변이 한 명의 참가자에게 배정되고, 나머지 두 변은 다른 참가자에게 배정된다. 두 참가자는 차례대로 보드의 육각형 위에 자신에게 배정된 색의 칩 등을 이용하여 그 칸을 자신의 것으로 만들 수 있다. 단, 다른 참가자가 먼저 차지한 육각형을 다시 빼앗는 것은 불가능하다. 이러한 방법으로 게임을 진행하여 먼저 자신에게 배정된 마주보는 두 변을 자신의 색으로 잇는 참가자가 승리하게 된다.

한다.

● **〈틴 패티〉**: 〈21〉의 기이한 발리우드 버전. 수브라마니암 교수는 무작위성에 대한 어떤 이론을 알고 있는데, 그와 제자들은 그 이론을 적용해 틴 패티(기본적으로 스리 카드 포커와 같은 게임)에서 이기려고 한다. 그 교수는 몬티 홀 문제를 터무니없이 부정확하게 설명하기도 한다(그에 따르면 열릴 문이 무작위로 선택된다).

● **〈파이〉**: 수학 천재 맥스가 자연과 주식 시장에서 패턴을 찾고 있다. 맥스는 전 지도 교수와 바둑을 두는데, 그런 복잡한 게임도 종반전은 예측 가능하다는 점을 근거로 삼아 자연, 주식 시장, π의 소수 전개처럼 비슷하게 복잡한 체계에도 어떤 패턴이 있을 것이라고 주장한다.

1	Keith Devlin, Math becomes way cool, Devlin's Angle, November 1998. Ivars Peterson, Abbott and Costello's wacky math, Ivars Peterson's Math Trek, March 2000.

2	특히 다음을 보라. Michele Emmer & Mirella Manaresi, *Mathematics, Art, Technology, and Cinema*, Springer, New York, 2003.

3	오도널이 이 문제를 가져온 출처는 다음과 같다. P. W. Kasteleyn, Graph theory and crystal physics, in *Graph Theory and Theoretical Physics*, Frank Harary (ed.), Academic Press, New York, 1967, pp.63~65.

4	F. Harary & G. Prins, The number of homeomorphically irreducible trees, and other species, *Acta Mathematica* 101, 1959, pp.141~162. 특히 p.150과 p.161의 부록 II를 보라.

5	이 문제의 출처는 다음과 같다. J. W. Moon, Counting labeled trees, in *Lectures delivered to the Twelfth Biennial Seminar of the Canadian Mathematical Congress*, Vancouver, 1969, Canadian Mathematical Monographs 1, Canadian Mathematical Congress, Montreal, 1970. 특히 p.3의 요약을 보라. p.2의 그래프 목록도 오도널이 이 장면의 칠판에 사용하려고 표시해 둔 자료 중 하나였다.

6	그 문제는 다음 출처에서 가져온 예제다. R. Brualdi, *Introductory Combinatorics* (third edition), Prentice Hall, Englewood Cliffs, NJ, 1999, p.514.

7	단순한 '새' 방식 때문에 타도되는 '복잡한' 방정식과 그래프들은 다음 자료에서 영감을 받아 만든 것이다. 각주 12에 참고 자료로 밝힌 J. W. Moon의 책(특히 pp.58, 59). 그리고 J. W. Moon, Graphical enumeration problems, in *Graph Theory and Theoretical Physics*, Frank Harary (ed.), Academic Press, London, 1967, pp.1~41.

8	Blake Eskin, A beautiful hand, *The New Yorker*, March 11, 2002; Dana Mackenzie, Beautiful mind's math guru makes truth = beauty, *Science* 295, 2002, pp.789~791; Cynthia Wu, Math prof behind "A Beautiful Mind" speaks, *The Phoenix*, April 24, 2003; The ultimate backstage pass, *SIAM News*, December 13, 2001. 이 글을 쓸 당시에 이 기사들은 온라인으로도 볼 수 있었다.

9	www.msri.org/publications/ln/msri/2002/non-workshop/nassar/1/

10	David Bayer, Theater review of the play *Proof*, *Notices of the American Mathematical Society* 47, 2000, pp.1082~1084.

11	Harold William Kuhn & Sylvia Nasar (eds.), *The Essential John Nash*, Princeton University Press, Princeton, NJ, 2001.

12	L. M. Butler, Movie review of *A Beautiful Mind*, *Notices of the American Mathematical Society* 49, 2002, pp.455~457; J. Milnor, John Nash and *A Beautiful Mind*, *Notices of the American Mathematical Society* 45, 1998, pp.455~457.

13	이를 수학적으로 해석하려는 한 시도는 〈미국수학학회보〉에 실린 린 M. 버틀러의 〈뷰티풀

마인드〉 리뷰에서 찾아볼 수 있다. 주 12를 참고하라.

14 실화에 대한 명쾌하고 깊이 있는 이야기를 읽고 싶으면 다음을 참고하라. Jay Matthews, *Escalante: The Best Teacher in the World*, Henry Holt, New York, 1988.

15 0의 역사에 대한 훌륭한 설명을 읽고 싶으면 다음 책을 참고하라. Robert Kaplan, *The Nothing That Is*, Penguin, London, 1999.

16 D. H. Baily, P. B. Borwein, & S. Plouffe, On the rapid computation of various polylogarithmic constants, *Mathematics of Computation* 66, 1997, pp.903~913.

17 아직도 바이블 코드를 심각하게 받아들이는 사람이 있는가? 만약 있다면, 오스트레일리아 컴퓨터 공학자 브렌던 매케이의 아주 재미있고 잡설을 철저히 반증하는 웹 사이트에 가 봐야 한다. 그 사이트에서는 《모비 딕*Moby Dick*》에 숨어 있는 메시지에 대해서도 알 수 있다.

18 그런 개념에 대해 이해하기 쉽게 잘 쓴 설명을 읽고 싶으면 마리오 리비오의 명저 《황금 비율의 진실*The Golden Ratio*》(Broadway, New York, 2003)을 보라.

19 C. Falbo, The golden ratio — A contrary viewpoint, *College Mathematical Journal* 36, 2005, pp.123~134.

20 사실과 허구를 구별하는 탁월한 설명을 읽고 싶으면, 앞에서 언급한 마리오 리비오의 책을 보라.

21 이를 아주 철저히 파헤친 연구물을 보고 싶으면 다음을 참고하라. Walter Burkert, *Lore and Science in Ancient Pythagoreanism*, Harvard University Press, Cambridge, 1972.

22 음계의 역사와 수학에 대한 훌륭한 설명을 읽고 싶으면 다음을 보라. Trudy Garland & Charity Kahn, *Math and Music*, Dale Seymour, Palo Alto, CA, 1995.

23 황금 분할(황금비)을 간단히 소개하는 글을 읽어 보려면 4장을 보라.

24 다이아몬드 시스템에 대한 탁월한 논의를 읽어 보고 싶으면 다음을 보라. G. L. Cohen, Three cushion billiards: notes on the diamond system, *Sports Engineering* 5, 2002, pp.43~51.

25 〈큐브〉와 큐브에 대한 흥미로운 자료를 더 읽고 싶으면 다음을 보라. Michele Emmer and Mirella Manaresi, *Mathematics, Art, Technology, and Cinema*, Springer, New York, 2003. 특히 큐브의 수학에 대한 데이비드 W. 프래비카와 헤더 리스의 글과 〈큐브〉의 빈센조 나탈리 감독과의 인터뷰를 잘 읽어 보라.

26 그 번호는 영화에 직접적으로 나오진 않지만, 주 25에서 언급한 데이비드 프래비카와 헤더 리스의 글에 따르면 그러하다.

27 주 25에서 언급한 데이비드 프래비카와 헤더 리스의 글을 참고하라.

28 매우 비슷한 플롯이 TV 드라마 〈로 앤드 오더*Law and Order: Criminal Intent*〉의 에피소드 '똘똘한 사내아이Bright Boy'(2006)의 기반을 이룬다.

29 Academic Press, New York, 1974.

30 더 많은 스크린샷과 더 상세한 정보를 보고 싶으면, 우리 웹 사이트에서 그 에피소드를 다룬 페이지(http://www.qedcat.com/cityhomicide.html)를 살펴보라.

31 이 방법에 기초한 기계 장치가 다음에 설명되어 있다. *Martin Gardner's Sixth Book of Mathematical Diversions from Scientific American*, University of Chicago Press, Chicago, 1984, p.214.

32 각각 에피소드 2.36과 1.8.

33 W. H. Freeman & Company, London, 1984.

34 이 주장은 멜 왓킨스가 《실상에 관하여: 아프리카계 미국인 코미디의 역사*On the Real Side*》(Simon and Schuster, New York, 1994, p.163)에서 한 것이다. 그만큼 명확하진 않지만 같은 주장이 로널드 스미스의 《78RPM의 코미디 스타들*Comedy Stars at 78 RPM*》 (McFarland, 1998, p.149)에도 나온다. 하지만 두 책 모두 이를 뒷받침하는 참고 자료는 전혀 언급하지 않는다. 우리는 이 루틴을 언급하는 동시대의 공연 리뷰도 전혀 알지 못한다. 아그네스 스콧 칼리지의 데이비드 톰슨과 이 문제를 논의해 보니, 그 주장을 의심할 만한 이유가 분명히 있음을 알 수 있었다. 데이비드와 동료인 린 셴벡과 콘스턴스 힐은 〈서플 얼롱*Shuffle Along*〉 대본의 원전 비평 연구판을 만들었는데, 1921년 작업 대본일 가능성이 농후한 여러 문서(하나는 플러노이 밀러가 가지고 있던 대본이었다)에 기초했다. 그런 대본들과 거기 덧붙은 주석에는 그 루틴에 대한 언급이 전혀 없다.

35 얼마 후 〈에이머스 앤드 앤디*Amos 'n Andy*〉라는 라디오 프로그램을 기반으로 만든 영화 〈체크 앤드 더블 체크*Check and Double Check*〉(1930)에도 약하게나마 관련성이 있는 루틴이 나왔다. 이 루틴은 훨씬 단순하긴 하지만, 그래도 꽤 재미있다.

36 에피소드 3.4.

37 다음 글도 참고하라. J. Jaroma & A. Kumar, Ma and Pa Kettle Arithmetic, *Journal of Recreational Mathematics* 33, 2004~2005, pp.22~28.

38 그 분류에 대한 이해하기 쉬운 설명을 읽고 싶으면 마커스 드 사토이의 《대칭*Symmetry: A Journey into the Patterns of Nature*》을 보라.

39 J. H. Conway, R. T. Curtis, S. P. Norton, R. A. Parker, & R. A. Wilson, *Atlas of Finite groups: Maximal Subgroups and Ordinary Characters for Simple Groups*, Oxford University Press, Oxford, 1985. 이것은 매우 특이하게도 A3 크기의 책이다. 진정한 수학도라면 꼭 읽어 봐야 할 책.

40 Robert Osserman, Fermat's last tango, *Notices of the American Mathematical Society* 48, 2001, pp.1330~1332.

41 Kenneth Jones, From page to stage: Einstein's dreams, the Musical, gets NYC reading, *Playbill On Line*, January 16, 2003.

42 Edwin A. Abbott, *Flatland: A Romance of Many Dimensions*, Seeley & Co., London, 1884.

43 〈플랫랜디아〉에 대한 논의를 읽고 싶으면 다음 책에서 미켈레 에메르의 같은 제목의 글을 보라. Michele Emmer and Mirella Manaresi, *Mathematics, Art, Technology, and Cinema*, Springer, New York, 2003, pp.197~201.

44 그런 관점에서 쓴 훌륭한 대중 수학서를 읽고 싶으면 다음을 보라. John Stillwell, *Yearning for the Impossible*, A K Peters, Wellesley, MA, 2006.

이 책의 번역을 맡았을 때 솔직히 많이 기대하지 않았다. 물론 번역으로 먹고사는 사람으로서 일감을 받는 것이야 늘 반갑고 고마운 일이지만, 일감의 질이 어떤가 하는 것은 또 다른 문제다. 책에 대한 정보를 검색하다 두 저자의 홈페이지를 죽 둘러보고 든 첫인상은 '아니, 뭐 이런 마니아들이 다 있나!' 하는 것이었다. 마니아 같은 두 수학자가 영화 속 수학에 대해 쓴 책이라……. 왠지 그들이 자기들만의 세계에 파묻혀 자기네 관심거리를 지나치게 깊이 파고들며 신 나게 열변을 토하는 장면, 그런데 정작 그 얘기를 듣는 사람들은 '왜들 저런대?' 하며 시큰둥해 하는 장면이 떠올랐다. 무엇이든 주는 쪽에서 너무 적극적이면 받는 쪽에서는 부담스러워지기 마련이다. 그럴 때 중간에서 그걸 전달해야 하는 사람이 있다면 그 역시 부담스러워지긴 마찬가지다. 이 책을 맡으면 나는 그런 전달자가 되어야 할 것만 같았다.

괜한 걱정이었다. 언제부턴가 '웬걸, 이거 의외로 괜찮은 책이군!' 하는 생각이 들었다. 결국은 영화 속 수학을 종합적으로 다룬 책 중 이만 한 책은 없지 않을까 하고 생각하기에 이르렀다. 번역을 하면서 생각이 180도 바뀐 가장 큰 이유는 이 책이 여러모로 '적절하다'는 데 있다. 두 저자는 애초에 이 책을 쓸 목적으로 일부러 영화 속 수학을 연구한 것이 아니었다. 오히려 그들은 언제부턴가 그냥 재미로 수학과 관련된 영화를 수집하게 되었고, 또 그런 수학에 대한 소견을 칼럼, 강의 등을 통해 가볍게 피력하게 됐는데, 수년간 그러다 보니 자료가 쌓이고 쌓여 자연스레 그걸 '책으로 내볼까?' 하는 생각을 하게 된 것이다. 그래서 두 저자는 영화 속 수학에 대한 연륜과 여유가 있다. 그들은 자기네 관심사에 성급히 달려들지 않고 적절히 거리를 두면서 적절한 주제에 대해 적절한 관점으로 이야기를 재치 있게 풀어 나갈 줄 안다. 물론 둘은 '마니아'답게 때때로 특정 주제를 꽤 깊이 파고들긴 하지만, 그런 집요함은 어쨌든 이런 종류의 책을 쓰는 데 꼭 필요한 태도다. 그러면서도 그들은 독자에게 부담보다는 재미를 더 많이 안겨 준다.

이 책은 처음부터 순서대로 읽을 필요가 없다. 저자가 머리말에서 밝혔듯이 각 장이 거의 독립적으로, 주제에 맞게 다른 스타일로 쓰여 있기 때문이다. 한 장을 좀 읽어 보다 거기가 썩 재미있진 않다 싶으면 다음 장으로 넘어가도 좋고, 애초에 차례를 보고 관심 가는 장부터 골라 읽어도 좋을 것이다. 아마 그렇게 띄엄띄엄 보더라도 (영화 속 수학에 관심이 많은 독자라면) 결국은 전부 다 읽게 되겠지만 말이다.

나의 경우 주제로 보자면 몇몇 장에 나오는 파이, 다차원, 황금비에 대한 내용이 특히 재미있었고, 장 중에서는 영화 〈파이〉를 다룬 4장이 가장 인상적이었다. 나는 대학에서 자연과학을 전공하긴 했지만 어찌어찌 살다 보니, 과학적 사고방식을 과대평가하는 태도나, 다양한 현상을 한 가지 원리로 설명하려는 환원주의 등을 경계하게 되었는데, 나의 그런 세계관 변화에는 이 책의 4장을 읽어 본 경험도 어느 정도 영향을 미쳤다. 독자에 따라서는 이 책이 단순히 지적 욕구를 충족하는 수단을 넘어, 그런 개인적 변화의 계기가 될 수도 있을 거라 생각한다.

책이 마음에 든 만큼 번역에도 내 나름대로 각별히 공을 들였다. 당연한 일이라면 당연한 일이겠지만, 영화 대사는 대부분 해당 작품을 전부 다 보고, 혹 부득이하면 부분이라도 충분히 보고 맥락을 파악한 후에 옮겼고, 수학과 직접적으로 관련된 내용은 오류가 없도록 최대한 정확히 옮기려고 애썼다. 그래도 부족한 점이야 수없이 많겠으나, 컬처룩 편집진이 그런 점을 두루 보완해 준 것으로 안다. 아무튼 독자들이 이 책을 재미있게 읽고 조금이라도 유익하게 생각해 준다면 더 바랄 것이 없겠다.

박유진